U0909118

塔里木河下游尾闾台特玛湖生态监测与保护

周海鹰　徐海量　王光焰　赵新风　主编

中国林业出版社
CFPH China Forestry Publishing House

塔里木河下游尾闾台特玛湖生态监测与保护

周海鹰　徐海量　王光焰　赵新风　主编

图书在版编目(CIP)数据

塔里木河下游尾闾台特玛湖生态监测与保护 / 周海鹰等主编 .—北京：中国林业出版社，2024. 1

ISBN 978-7-5219-2508-1

Ⅰ. ①塔…　Ⅱ. ①周…　Ⅲ. ①湖泊-水环境-环境监测-新疆②湖泊-生态环境保护-新疆　Ⅳ. ①X832

中国国家版本馆 CIP 数据核字(2024)第 004701 号

策划编辑：贾麦娥
责任编辑：贾麦娥
特约编辑：塔世根·加帕尔
封面设计：睿思视界视觉设计

出版发行　中国林业出版社
(100009，北京市西城区刘海胡同 7 号，电话 83143562)
网　　址　www. forestry. gov. cn/lycb. html
印　　刷　河北京平诚乾印刷有限公司
版　　次　2024 年 1 月第 1 版
印　　次　2024 年 1 月第 1 次印刷
开　　本　710mm×1000mm　1/16
印　　张　15
字　　数　261 千字
定　　价　128. 00 元

资助项目： 新疆维吾尔自治区塔里木河流域干流管理局委托项目“台特玛湖生态监测与分析”“台特玛湖 2022—2023 年生态监测与评估”

塔里木河下游尾闾台特玛湖
生态监测与保护

主　　编： 周海鹰　徐海量　王光焰　赵新风

编写人员：

中国科学院新疆生态与地理研究所

张　琴　刘　坤　塔世根·加帕尔　张广朋　杨永强
王楚含　王　佳　盛方毓　谢英英　张　鹏

新疆塔里木河流域管理局

郑　刚　程　勇　徐永波　何　宇　魏光辉　魏　军

新疆维吾尔自治区塔里木河流域干流管理局

徐生武　肖玉磊　谢志勇　马晓磊　张晓清　章　瑜
丁　培　陈世平　冯　娟

内容提要

本书系统总结和梳理了 20 多年来向塔里木河下游生态输水恢复尾闾台特玛湖所取得的成功经验和科研成果。通过大量的实地调查与研究，利用遥感影像和 GIS 技术手段，从地理、生态、水文、经济等不同学科，多角度探讨和分析了塔里木河下游河岸带及尾闾台特玛湖周边生态与环境特征，生态系统的退化原因、恢复方法、恢复过程与机理，生态输水实践出现的水资源利用问题，并提出了以塔里木河下游河岸带与尾闾台特玛湖保护为目标的生态水高效利用的具体措施。为继续开展塔里木河流域综合治理工程，尤其上下游、左右岸、干支流协同治理，持续加大水生态保护与修复力度，推动解决新疆可持续发展的水资源约束瓶颈，为经济社会高质量发展，推进"一带一路"绿色发展和建设"丝绸之路经济带"核心区，提供重要科技支撑和决策参考。可供地理学、生态学、水文学、经济学领域以及环境保护、国土规划、水利工程、农业工程和旅游探险等相关行业的科研、教学、管理及其他人员参考使用。

前言

随着《塔里木河流域近期综合治理规划报告》中将“水流到达台特玛湖”作为塔里木河治理的标志性目标被国务院批复后，台特玛湖作为塔里木河的当代尾闾，其生态地位和社会影响力迅速提升。当2001年水流首次到达台特玛湖，断流三十年的塔里木河下游终于又恢复了生态水文过程的完整，下游生态与环境初步改善。随着水流的不断汇入，台特玛湖生态与环境迅速恢复，现在的台特玛湖与黄文弼、陈宗器、斯文·赫定等国内外专家学者在自己的专著里所描绘的画面几近一样，重新成为野生动物的乐园，白鹭、野鸭等成群的飞鸟在翱翔，野猪、黄羊、马鹿、狐狸等肆意奔跑，重现了历史时期的自然景观。

但是，随着湖面的不断扩大，应该如何认识台特玛湖的生态地位、湖面应维持多大等新问题又接踵而至，这不仅引起了科技界的关注，也得到了新疆塔里木河流域管理局、新疆维吾尔自治区塔里木河流域干流管理局等部门的重视。为此，从2014年至今，相继委托中国科学院新疆生态与地理研究所及其塔里木河生态水文研究团队开展了“塔里木河干流生态水配置关键技术研究”“塔里木河流域河道水量损耗占比研究”“台特玛湖生态监测”和“台特玛湖输水量及适宜面积的研究”等项课题研究。通过对塔里木河下游及其尾闾台特玛湖生态监测及保护的深入研究，最终提出塔里木河下游及台特玛湖区域生态的科学合理保护修复策略、措施及高效利用水资源、生态环境综合治理方案，为塔里木河下游台特玛湖环境保护管理决策提供科学依据和技术支撑，对未来新疆生态保护修复及水资源高效利用具有十分重要的科学价值和经济社会意义。

中国科学院新疆生态与地理研究所塔里木河生态水文研究团队连续地开展研究、调研和监测等工作，并在运用遥感和地理信息系统的理论和方法的基础上，经过反复推算和数据支撑，目前初步得到了台特玛湖的历史演变、天然—人工绿洲水量转化关系、台特玛湖与植被变化关系、台特玛湖生态保护目标及适宜规模等科研成果，集成《塔里木河下游尾闾台特玛湖生态监测及保护》专著。其创新之处在于：

(1)利用遥感和地理信息系统的理论和方法，数字化重现了50年来台特玛湖的历史演变过程，揭示了台特玛湖与植被变化耦合关系，并初步制定了其生态保护目标下的适宜规模。

(2)深刻分析了台特玛湖的两大补给来源——车尔臣河与塔里木河水文要素变化特征，为建立两河统一管理、两河互联互调机制，有效实现台特玛湖的生态保护目标奠定了科学依据和理论基础。

(3)选取车尔臣河流域与阿克苏河流域典型年，厘清生产、生活用水与生态用水的内涵与关系，创新性提出基于发挥生态效益为依据的人工与天然绿洲规模划分，探讨人工、天然绿洲用水消长关系综合分析技术及应用，极大地丰富了绿洲生产与生活用水—生态用水关系转化的科学内涵，为流域的水资源优化配置和生态修复提供了合理的理论依据和技术支撑。

(4)厘清车尔臣河下游跑水口耗散损失水量，判断其生态经济价值变化，评估跑水口围堵后的可节约水量及其成效；首先，为统筹兼顾上游和下游生产、生活用水以及生态用水需求的科学调度开展提供了必要的科学依据和技术参考；其次，探讨了罗布泊历史演变及复苏的可行性；最后，全面系统地提出台特玛湖保护及修复措施，取得了一批具有实际应用价值的成果。

全书由徐海量、赵新风、塔世根·加帕尔、刘坤、张广朋、张琴、杨永强、王楚含、王佳、谢英英、盛方毓、张鹏执笔。书稿经主编周海鹰、徐海量、王光焰审核，项目组成员塔世根·加帕尔对全书进行了统稿。郑刚、程勇、徐永波、何宇、魏光辉、魏军、徐生武、肖玉磊、谢志勇、马晓磊、张晓清、章瑜 、丁培、陈世平、冯娟组成的技术组为本项目所做的卓有成效的工作，为完成本专著提供了保障，在此表示衷心的感谢！

同时，感谢中国科学院新疆生态与地理研究所的领导和同事们的关怀和支持。

作者

2023 年 11 月 19 日

目　录

第 1 章　塔里木河下游台特玛湖的变迁及自然现状

塔里木河是中国最长的内陆河，也是中亚乃至世界上一条著名的内陆河。塔里木河流域在地域上包括塔里木盆地周边向心聚流的阿克苏河、喀什噶尔河、叶尔羌河、和田河、开都河—孔雀河、迪那河、渭干河与库车河、克里雅河和车尔臣河九大水系大小 144 条河流和塔里木河干流、塔克拉玛干沙漠及东部荒漠三大区，总计流域面积 $102\times10^4km^2$，涵盖新疆南部 5 个地(州)45 个县(市)、新疆生产建设兵团 4 个师 55 个团场，总计人口为 1185. 86 万人，占全疆总人口的 47. 69 %(夏婷婷，2022)。塔里木河可分为源流区和干流区，塔里木河干流自身不产流，塔里木河干流区又可分为上游段(肖夹克至英巴扎)、中游段(英巴扎至恰拉)和下游段(恰拉至台特玛湖①,)。现在人们习惯所称的塔里木河，系指阿克苏河、叶尔羌河及和田河三条支流交汇处至台特玛湖段，即塔里木河干流段，河长 1321km。早年塔里木盆地内的水系，较大河流均可入塔里木河，过去塔里木河从南部经当代尾闾台特玛湖最后流入罗布泊；孔雀河则从塔里木河北部直接注入罗布泊；历史时期，罗布泊曾经是塔里木河与其相关联的车尔臣河等河流的最终归宿地。如图 1-1 所示。

众多学者(中国科学院新疆综合考察队，1966；中国科学院新疆分院罗布泊综合科学考察队，1987；杨川德 等，1993；加帕尔 · 买合皮尔 等，1996)认为，罗布洼地，包括塔里木河、孔雀河、车尔臣河的下游地区，也是塔里木盆地东部的凹陷中心，其环境演变，是整个塔里木盆地环境演变的缩影。由于降水稀少，未见较显明的地表径流，虽有发源于阿尔金山的十几条小河，但河水流出山口后，就在山前戈壁滩上渗漏，或被引入绿洲无法到达罗布洼地。因此，罗布洼地补给的主要水源来自塔里木盆地周围的天山、帕米尔高

---

① 台特玛湖(Tetima Hu)：目前，不同学者对“Tetima Hu”这一民族语地名表达习惯不一，如台特马湖、台特玛湖等，鉴于此种情况，为了规范表达民族语地名，本专著使用了“台特玛湖”表达，是依据国家测绘局地名研究所编，中国地图出版社于 1995 年 6 月出版(第 2 版)的《中国地名录：中华人民共和国地图集地名索引》或新疆维吾尔自治区测绘局编制，中国地图出版社于 2005 年 6 月出版发行(第 1 版)的《新疆维吾尔自治区地图集》，以及星球地图出版社编制，星球地图出版社 2020 年出版(第 2 版)的《新疆维吾尔自治区地图册》为标准进行规范表达，特此说明。

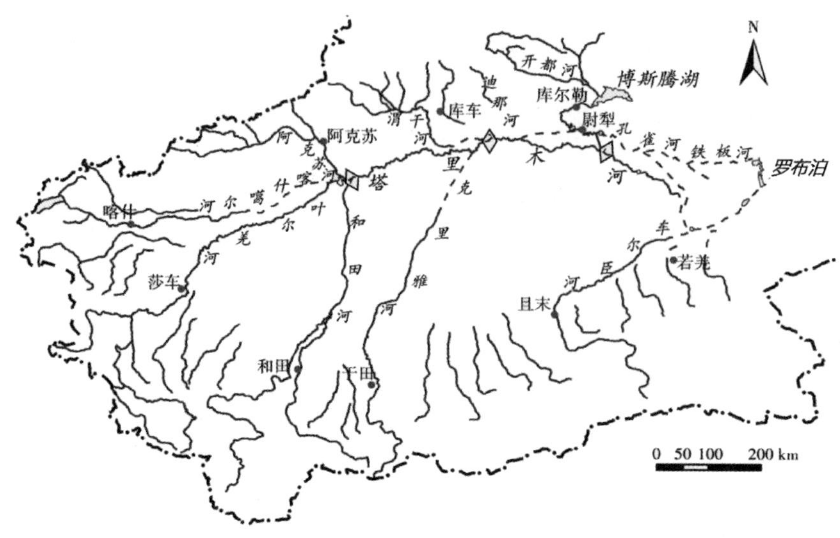

图 1-1　塔里木河流域水系示意

原、昆仑山、喀喇昆仑山等高山形成的塔里木河、孔雀河和车尔臣河。罗布洼地有三个相对较低的积水洼地，最南的是湖底海拔为 807m 的台特玛湖，中间的是湖底海拔为 788m 的喀拉和顺湖，最北的是湖底海拔为 778m 的罗布泊。在历史上，塔里木河下游时而改道汇入孔雀河向东流下，从北面注入罗布泊，有时孔雀河向南分支汇入塔里木河再从南面汇入罗布泊，一般情况下车尔臣河从南边经台特玛湖、喀拉和顺湖最后注入罗布泊。河水将这三个洼地彼此联通，根据 1969 年出版的 1：100 000 地形图可知，三个湖泊被连接起来的干河床痕迹至今可见(图 1-2)。

加帕尔・买合皮尔等(1996)认为，罗布泊面积曾在中亚地区仅列于里海、咸海和巴尔喀什湖之后的第四位。然而，近代以来，随着自然因素变化和人类社会的发展，特别是人类在塔里木河干流和源流修建了大量的引、蓄水工程，使喀什噶尔河、克里雅河、迪那河、渭干河与库车河 4 条源流相继脱离了塔里木河干流，以及塔里木河的下游地区大西海子水库与恰拉水库、孔雀河中游的拦河坝修建起来以后，原可以向塔里木河补充水的支流也发生了很大变化，导致塔里木河下游在 1972 年、孔雀河则在 1976 年完全断流，塔里木河的河道缩短了约 300km，使罗布泊和罗布洼地生态与环境完全衰败。目前，只有和田河、叶尔羌河、阿克苏河与开都河—孔雀河汇入塔里木河干流，车尔臣河与塔里木河干流下游段共同注入台特玛湖，成为“五源一干”的水系新格局(孙嘉 等，2022)。

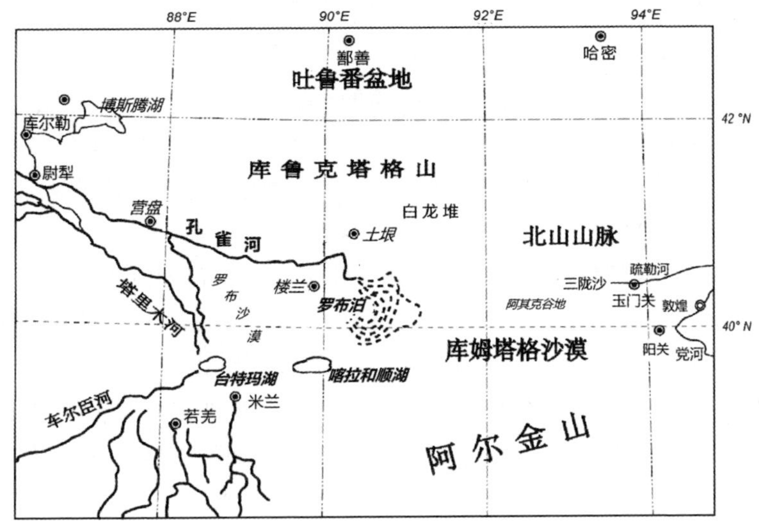

图 1-2　罗布洼地地理位置示意

1.1　古代历史书籍记载的台特玛湖(1840 年以前)

台特玛湖最早见之于《钦定河源纪略》(纪昀，2016)附图(公元 1784 年)，把它绘在罗布泊之南，形成罗布泊、台特玛湖与尕斯湖(在青海境内)三足鼎立之势。

在《辛卯侍行记》(陶保廉，2000)中，把台特玛湖称为“喀喇布朗海子”，维吾尔语意为“黑风海子”，“四境多沮洳，即蒲昌海之西畔自罗布庄南行，盐水泥潭四十里……有 21 家，半渔半猎”。

罗布泊曾是罗布洼地三个湖泊(罗布泊、喀拉和顺湖、台特玛湖)中量大的湖泊，史书《山海经 · 西山经》(刘歆，2019)中，对罗布泊的记述为：“春秋战国(公元前 7—前 2 世纪)，罗布泊的面积很大，东至阿其克谷地①的西部，湖洼地基本上充满了水”。

《汉书 · 西域传》(班固撰，105 年)中，记载了罗布泊的始名——蒲昌海，

① 阿其克谷地(Aqqikkol)：目前，不同学者对“Aqqikkol”这一民族语地名表达习惯不一，如阿奇克谷地、阿其克谷地等，鉴于此种情况，为了规范表达民族语地名，本专著使用了“阿其克谷地”表达，是依据国家测绘局地名研究所编，中国地图出版社于 1995 年 6 月出版(第 2 版)的《中国地名录：中华人民共和国地图集地名索引》或新疆维吾尔自治区测绘局编制，中国地图出版社于 2005 年 6 月出版发行(第 1 版)的《新疆维吾尔自治区地图集》，以及星球地图出版社编制，星球地图出版社 2020 年出版(第 2 版)的《新疆维吾尔自治区地图册》为标准进行规范表达，特此说明。

初名盐泽，亦名盐水，还记载了罗布泊的面积："蒲昌海……广袤三百里，其水停居，冬夏不增减。"可见当时水域面积是很大的。

黄文弼(2023)根据《新唐地书》拟绘的《唐蒲昌海之推测》一图，将图中在塔里木河下游包括阿拉干和台特玛湖东北部在内的大片地区被绘制成蒲昌海(当时塔里木河从西面、孔雀河从西北面、车尔臣河从西南边注入蒲昌海)的面积量测为约 3000km^2。

宋、元、明等朝代有关罗布泊的情况虽有记载，但对其面积却不明。

到了清代(1782 年)，阿弥达等人从青海来罗布泊地区考察，记述了罗布泊"为西域巨泽，在西域近东偏北，合受西偏众山水""……罗布淖尔东西二百余里，南北百余里冬夏不盈不缩"。徐松(2005)所著的《西域水道记》(1812年)里，将喀拉和顺湖绘制在了实际位置上，当时喀拉和顺湖水域面积约为 400km^2。清朝末，史书《辛卯侍行记》(1891 年)记述，罗布泊的面积"水涨时东西长八九十里，南北宽二三里或一二里不等"。也就是说与清朝初期相比，面积已缩小相当程度。

从以上古代历史记载，证明了罗布泊面积逐渐缩小，而水面在缩小的过程中，伴随的是罗布泊植被的衰亡与沙漠化的发展：唐代《隋书 · 裴矩传》(魏征，1973)记载，罗布泊沙漠(库鲁克沙漠)是隋朝时发展起来的。据史书《汉书 · 西域传》和《水经注》(郦道元，1995)记载，晋之前，罗布洼地的东部已形成沙漠；楼兰衰落之前，罗布泊西部地区河网紧密，草场丰盛，森林茂密，塔里木河和孔雀河三角洲当时形成繁荣的楼兰国。

据史书《汉书 · 西域传》记载，"楼兰国最在东陲，近汉当白龙堆，乏水草""楼兰国地沙卤，少田"。这里所说的"白龙堆"就是风蚀形成的罗布洼地范围内的雅丹地貌。"沙卤"指盐碱化的沙漠。此外，在罗布泊地区可以找到的 2000 年前遗址的每座坟墓周围都有像坟圈似的栽着七圈木桩，也可以看成当时防风沙的一种措施。以上说明罗布泊地区的沙漠化经历了一个很长的历史发展过程。

黄文房在《罗布泊地区考察史》一文(中国科学院新疆分院罗布泊综合科学考察队，1987)中记述，罗布泊植被的衰亡大约是在楼兰开始衰败——即孔雀河改道同时发生的：因为在 6—10 世纪，孔雀河自身改道向东南方向流去时，楼兰地区的植被虽然开始衰亡，但在形成的新河岸边植被仍然相当茂盛；孔雀河汇入塔里木河后，从罗布洼地的南部流入罗布泊时期，老河道植被的衰亡更加迅速，到了清代，罗布洼地的很多地方，沙漠化的土地范围并不是很大，也仍有很多地方生长着胡杨林。

1.2　近代历史文献记载的台特玛湖(19 世纪末至 20 世纪中期)

19 世纪后半期，俄国著名探险家和旅行家普尔热瓦尔斯基(普尔热瓦尔斯基著，黄建民译，1999)在《走向罗布泊》里把台特玛湖称为“哈拉布然湖”。描述“春天翱翔在湖上的鸟，成天叫声不绝，成千上万的水鸟嬉戏、觅食于此”。“在引水处汇集着野骆驼、澄羊这些胆怯沙漠动物的足迹。这里是各种鸟类的天堂，共有 19 种之多，最多的是野鸭、天鹅”；他还记载台特玛湖是候鸟从喜马拉雅山飞往天山的一个栖息地，在春天“候鸟云集的高峰期，从早到晚，甚至到了半夜，鸟群一批一批地飞来，一群就有几千只”；“只有俄国远东地区与中国东北地区兴凯湖的水鸟数量可与其相匹敌”。

19 世纪末 20 世纪初，瑞典著名探险家斯文·赫定(斯文·赫定，1934)来该地区考察时，曾遇到风暴，并看到周围有很多“木乃伊”似的干枯的胡杨树；在描述塔里木河时，两岸仍有“向荣的森林”。他还记述了河岸上有野骆驼和澄羊的足迹，在湖边和河口三角洲上高大的芦苇地里，可以看到老虎捕捉野猪的景象。在临近台特玛湖不远的七克里克时他看到“在深邃的树丛中，不时有马鹿、野猪、黄羊出没；在河岸湖旁生长的芦苇密得像一堵墙一样，挡着船的去路”“最高的苇管从根到花锥高达 8 公尺，苇管厚至用手刚能握一圈”。普尔热瓦尔斯基、斯文·赫定等均描述当时喀拉和顺湖为淡水湖，周边有很多的淡水螺壳及残余泥炭沼泽。

台特玛湖，在《新疆图志》(王树枏，2017)中，称之为“阿不旦海”。书中记述，该时期台特玛湖除有塔里木河、车尔臣河流入外，还有来自阿尔金山的瓦石峡河、若羌河、米兰河流入；台特玛湖的面积最大时，延伸到罗布庄的东部，接近阿不旦。塔里木河从七克里克，一直流到喀拉和顺湖。

《新疆游记》(谢彬，2010)记载，罗布庄“居民十余家，男女共六十余人，捕鱼为食，编苇为屋”“庄前海子周五十里，后十余里”。在台特玛湖东北 1km 处，见到用高大芦苇编制而成的破损房子数十座，被当地认为是百年前遗留下来的，就是原来的罗布庄旧址。

从以上近代历史记载中，可知，近代罗布洼地自然环境虽比 4—5 世纪之前发生了很大变化，但还没有完全衰落，人还可以生活。

关于近代台特玛湖面积的变化，在阿布都米吉提·阿布力克木(2016)研究成果中有记录：约瑟夫·查凡内(Joseph Chavanne)在 1880 年所绘制的 1∶5 000 000 中亚地图中，孔雀河在阿拉干一带汇入塔里木河，然后在七克里克附近与车尔臣河一同注入台特玛湖，在台特玛湖地区有面积约 230km² 的水域，台特玛湖东北有河道注入喀拉和顺湖(图中称谓罗布泊)，在喀拉和顺湖有水域面积约 1100km²；由斯文 · 赫定(Sven Hedin)所绘制的 1899 年至 1902 年塔里木河下游图中，台特玛湖水域面积为 208km²，喀拉和顺湖水域面积为 1960km²；以及 1903 年埃尔斯沃思 · 亨廷顿(Ellsworth Huntington)在其《塔里木盆地及周围地区图》中，台特玛湖地区绘制水域面积为 76.6km²，在喀拉和顺地区绘制 1400km² 的水域；斯坦因(Aurel Stein)在 1911 年、1916 年、1919 年、1925 年、1933 年所绘制的中国新疆和河西走廊西部地图中，在塔里木河下游绘制的台特玛湖水域面积为 70km² 有余。

关于近代人类对当地土地资源的开发过程，可从一些权威专家学者的专著中找到相对细致的描述。在加帕尔 · 买合皮尔与 A. A. 图尔苏诺夫主编的《亚洲中部湖泊水生态学概论》(加帕尔 · 买合皮尔 等，1996)，文中叙述，从清代 19 世纪下半叶起，开始了对下游绿色走廊的开发，清光绪十一年(1885 年)，铁干里克附近建起蒲昌城，清光绪二十五年(1899 年)，新平县设立，清光绪二十九年(1903 年)，卡拉库克改为若羌县，因此，从库尔勒到若羌之间前后在 13 个地方建起了驿站，除了陆运外，还有水运，可从罗布庄沿塔里木河经过英苏到达新平县的蒲昌。20 世纪 20 年代之前，是塔里木河下游绿色走廊的兴盛时期。从上到下水草丰盛，铁干里克附近的人口超过 140 余户，英苏的北面是“望草湖”，“村舍不断”，麻扎、草湖地区“沧冻水，种小麦、苞谷。”阿不旦地区长满了胡杨林，从依坎布吉玛勒①至罗布庄，到处分布着小湖和盐碱滩，湖边的罗布庄人靠“捕鱼为食、编芦为业”维持生活。在阿拉干附近，1880 年以前没有流动沙丘，20 世纪 40 年代初，仍是长满树木花草的草场，若羌县在这里放牧的牲畜(1943 年)超过 1 万头。进入 20 世纪 20 年代中期以后，塔里木河中游由于河水带来的泥沙堆积严重，加上人为在中游多处拦河坝引水，结果使塔里木河改道流入拉依河，又朝东北方向流去，汇入孔雀河，最后流入罗布泊；塔里木河老河道水量大幅减少，造成下游绿色走廊生态恶化。

在杨川德和邵新媛(1993)编著的《亚洲中部湖泊近期变化》一书中叙述，汉代(公元前 206 年—公元 220 年)，塔里木盆地人口约 23 万人，虽有一定的

---

① 依坎布吉马勒(Ikanbujmal)：目前，不同学者对“Ikanbujmal”这一民族语地名表达习惯不一，如依干不及麻、依坎布吉马勒、依坎布吉玛勒等，鉴于此种情况，为了规范表达民族语地名，本专著使用了“依坎布吉马勒”，是依据国家测绘局地名研究所编，中国地图出版社于 1995 年 6 月出版(第 2 版)的《中国地名录：中华人民共和国地图集地名索引》或新疆维吾尔自治区测绘局编制，中国地图出版社于 2005 年 6 月出版发行(第 1 版)的《新疆维吾尔自治区地图集》，星球地图出版社编制，星球地图出版社 2020 年出版(第 2 版)的《新疆维吾尔自治区地图册》为标准进行规范表达，特此说明。

农业生产，但规模小，从河流中引水灌溉有限，河流基本上处于自然状态。塔里木盆地中的河流，最后均汇集于罗布泊，湖泊面积最大。唐代(公元 618—907 年)，塔里木盆地农业有了进一步发展，灌溉面积扩大，引水量增加，使一些较大支流与干流(塔里木河)只有季节性联系，夏季洪水期流入干流，冬春两季断流，塔里木河水量减少，入湖水量相应亦减少，湖泊缩小。清代(公元 1616—1911 年)，塔里木盆地农业又有发展，特别是乾隆年间，鼓励开荒和兴修水利，农业发展较快，到 20 世纪初期，塔里木盆地人口增至 150 万人，耕地面积 $60\times10^4hm^2$。塔里木河三大支流地区目前的毛灌溉定额：叶尔羌河灌区为 $1.65\times10^4 \sim 2.10\times10^4m^3/hm^2$；和田河灌区为 $2.59\times10^4m^3/hm^2$；阿克苏河灌区为 $2.12\times10^4m^3/hm^2$。平均毛灌溉定额 $2.20\times10^4m^3/hm^2$；用水量的增大对入湖水量有较大影响，湖泊进一步缩小。50 年代以后，塔里木盆地农业发展迅速，80 年代，人口已有 650 万人，耕地面积达到 $133\times10^4hm^2$。

罗布泊地区环境急剧变化的大自然奥秘及古代丝绸之路灿烂文化，吸引了不少中外学者对该地区进行探险和考察。同时，对"罗布泊是否游移湖或交替湖?"持有各自的观点与辩论。一种是以斯文·赫定为代表的观点，他前后(1895—1899 年，1901 年)三次来罗布泊地区考察，他认为，4 世纪初之前，罗布泊的位置在罗布洼地的偏北，后来，因泥沙堆积作用，河道改变，在 4 世纪初，北部的湖缩小，进而消失，但在罗布洼地的南部又重新形成了湖。此后，南部的湖由于堆积物的淤积抬高了湖底，而北部原已干涸的湖底遭受风蚀而降低，最后湖水又重新回到北部原来的湖盆中，这个交替周期约为 1500 年，从而提出罗布泊是"游移湖"的理论。后来的(1930—1931 年和 1934 年)陈宗器、1959 年的中国科学院新疆综合考察队地貌组、1980—1981 年中国科学院新疆分院夏训诚和樊自立等经考察分析研究，最终认为，因受地形影响，塔里木河与孔雀河无论从南或从北各自分流，最后都要归宿到罗布泊，在两河没有发生显著减少情况下，罗布泊是一个经常有水停积的湖泊，只有形状大小的变化，而无游移和交替的可能。在此，笔者也认同后者观点。

1.3　现代历史监测中的台特玛湖(20 世纪中期至末期)

中国科学院新疆分院罗布泊综合科学考察队(1987)汇编的《罗布泊科学考察与研究》一书中肯定，塔里木河下游绿色走廊在现代历史变迁中，首先是塔里木河下游的流程开始缩短。1928 年之前，塔里木河的终点是在喀拉和顺湖，喀拉和顺湖在当时还是个流动的淡水湖，湖的四周长满芦苇。到 1928 年，喀拉和顺湖完全干涸(加帕尔·买合皮尔 等，1996)。到了 1949 年，从铁干里克到若羌之间逾 240km 路内，沿途站口均无饮水。铁干里克附近的乌鲁克(100 户)，库兹勒克(200 户)等村庄的人们，由于缺水被迫迁往外地，村里无人留下。塔里木河下游严重缺水的情况一直持续到 1952 年，塔里木河中游的拉依河口修坝以后，塔里木河通过原有的旧河道，从铁干里克、阿拉干等地流向台特玛湖向东南方向流去，最后注入台特玛湖。1957—1959 年间平均每年向台特玛湖输水达 $4\times10^8\sim5\times10^8m^3$，因此，又恢复了远至罗布庄的摆渡。从 20 世纪 50 年代到 70 年代初，是塔里木河下游绿色走廊生态环境较好的时间，而塔里木河下游绿色走廊的生态环境重新恶化始于 20 世纪 70 年代。

根据 1959 年国家测绘总局航摄，1969 年外业调绘的 1：100 000 影像地形图，显示“218”国道从台特玛湖中通过，把台特玛湖分为东西两部分(图 1-3)，入西湖由车尔臣河供水，水域面积稍大；入东湖由塔里木河从北面供水，水域面积稍小。东西两湖水域面积合计 $183km^2$。水域周边是高大的芦苇沼泽，离湖远处是低矮芦苇和罗布麻草甸，再远处为盐碱滩地。后来，塔里木河的水断流，车尔臣河在某些年份洪水到来时补充了一些水。但在有些年份，由于车尔臣河也没有水，台特玛湖也变成盐壳和沙滩。

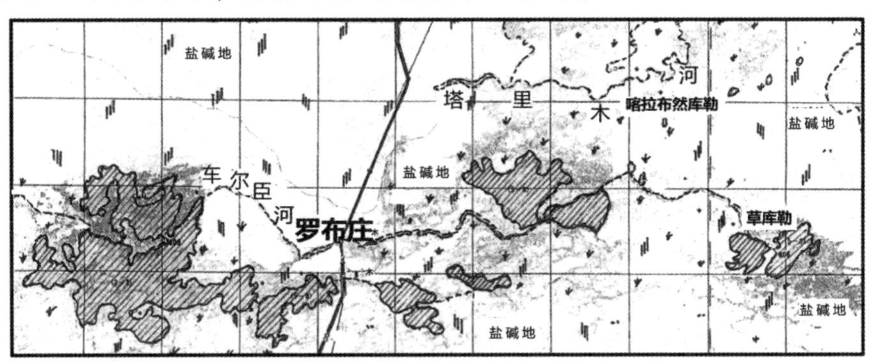

图 1-3 1959 年航摄、1969 年调绘的影像地形图中的台特玛湖

1958—1978 年，从库尔勒至罗布泊之间沙漠化的土地面积增加了 12%，达到 52%，库尔干①北部的森林土地沙漠化，1978 年与 1958 年的相比，增加 49%；黄文房在《罗布泊地区考察史》一文(中国科学院新疆分院罗布泊综合科

① 库尔干(Korgan)：目前，不同学者对“Korgan”这一民族语地名表达习惯不一，如库尔干、考干等，鉴于此种情况，为了规范表达民族语地名，本专著使用了“库尔干”表达，是依据国家测绘局地名研究所编，中国地图出版社于 1995 年 6 月出版(第 2 版)的《中国地名录：中华人民共和国地图集地名索引》或新疆维吾尔自治区测绘局编制，中国地图出版社于 2005 年 6 月出版发行(第 1 版)的《新疆维吾尔自治区地图集》，以及星球地图出版社编制，星球地图出版社 2020 年出版(第 2 版)的《新疆维吾尔自治区地图册》为标准进行规范表达，特此说明。

学考察队，1987）讲到，1942 年阿拉干与罗布泊沙漠之间距离仅为 15km。罗布泊的真正干涸是在 1972 年美国第一颗人造地球资源卫星拍摄的照片上反映出来的。

1966 年出版的《新疆水文地理》（中国科学院新疆综合考察队，1966）记述，台特玛湖的形状是东北西南方向长，南北方向窄，最窄处不到 1km。塔里木河从湖的东面注入，卡墙河（车尔臣河）从湖的西面注入，河口有较多的汊流。湖的位置变化不大，但是随着河流下游注入水量的日渐减少，湖泊面积正在逐渐收缩，面积约为 88km^2，湖中已有沙埂和小岛露出。湖底浅平，从北岸至湖心岛最深处不及 0.8m，平均水深 30~40cm。湖周是一大片光板盐土。在湖的西岸，湖水的矿化度为 8.56g/L。

梁匡一（1990）在《塔里木河的归宿地——台特玛湖》一文中讲到，湖面的大小取决于每年塔里木河与车尔臣河来水量的多寡，根据实际考察，百年以来湖水面积东西长 14km，南北宽 12km。1964 年 10 月 9 日所见为一不规则的圆形湖体（图 1-4），极目眺望满湖盈水，看不到湖的东缘，估算湖的体积为 14 000m×12 000m×（0.8~1.2m）= $1.34\times10^8 \sim 2.02\times10^8$m^3。湖的西岸和西北岸比较明显，而东岸界线已被风蚀，新月形沙丘大量发育，沙丘逐渐侵入湖区内。1983 年拍摄的 1∶25 000 黑白航片显示，除车尔臣河河床还残留有几小片水塘外，其他已全部干涸，台特玛湖的外形已不可辨认，极目一望，只是沙海和盐壳。

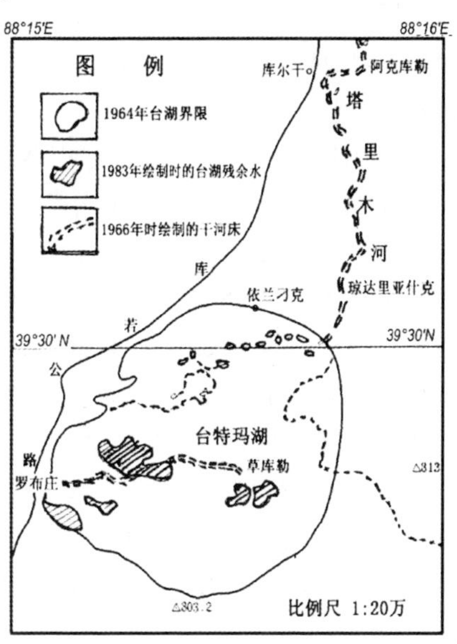

图 1-4　台特玛湖变化情况

（据梁匡一，1990）

樊自立（2009）在《塔里木河的变迁与罗布泊的演化》一文中讲到，1979 年台特玛湖北岸的罗布庄还有养路道班和工人，车尔臣河通过罗布庄大桥时河道中还有积水，河中还有一艘独木舟（图 1-5），两岸生长着茂密的芦苇。1982 年车尔臣河西侧还残存积水，“218”国道还没有改建，穿过台特玛湖公路东侧，上风向路肩完全被沙埋，形成 1~2m 高的沙堆，路面有 30~50cm 厚的积沙。以后每次来都看到沙漠化不断扩张。1999 年，大桥全被沙埋，桥面上积沙厚度 1m 多，车尔臣河东西两岸形成 2~5m 高的半流动沙丘，湖底是 0.5~1.0m 高的舌状或盾状沙丘（图 1-6）。

图 1-5 1982 年车尔臣河残存积水旁独木舟

图 1-6 1999 年车尔臣河河床两侧半流动沙丘

根据科学出版社 1987 年出版的《罗布泊科学考察与研究》(中国科学院新疆分院罗布泊综合科学考察队，1987)一书中对 1980—1981 年的考察结果，1981 年 5 月，台特玛湖湖水全部干涸，只有车尔臣河形成的一些牛轭湖有水，湖水矿化度高达 17.6g/L。

中国统计出版社 2000 年出版的《塔里木河中下游实际踏勘报告》(刘宴良等，2000)中讲到，1982 年台特玛湖的情况与梁匡一先生记载的情况相同，罗布庄以东和车尔臣河有残存积水，矿化度为 17.69g/L。干涸的湖底为一层不厚的松软盐壳，盐壳以下的沉积物为细砂和粉砂，1m 以上是干沙层，没有见到地下水，盐壳被风蚀后吹起的沙子已形成 0.5m 高的舌状沙丘。1982 年后，台特玛湖再没有看到有积水，直到 1999 年才见到有车尔臣河水流入，在公路两侧形成了一定的湖面。

由夏训诚主编、科学出版社于 2007 年出版的《中国罗布泊》一书中讲到，喀拉和顺湖与罗布泊之间有约 40km 河道沟通，两者地形有 10m 高差，由喀拉和顺湖流出的水入罗布泊时在河口形成明显四级套生的三角洲。

1.4 塔里木河下游生态输水后的台特玛湖(2001 年至今)

2000 年塔里木河下游实施生态输水工程，2001 年塔里木河下游生态输水水头达到台特玛湖，2003 年塔里木河从大西海子水库下泄水量 $3.4\times10^8m^3$，车尔臣河也有一定水量注入，使台特玛湖水域面积达 $190km^2$，使湖周生态环境好转。2006 年塔里木河水只流到库尔干，未入湖；2007—2009 年适逢连续枯水年，大西海子水库无水下泄，台特玛湖水域面积缩小至 $6km^2$；2010 年是特大丰水年，这一年大西海子水库下泄水量 $4.0\times10^8m^3$，加上车尔臣河的入湖水量，遥感监测数据显示台特玛湖的水域面积达 $340km^2$(含跑水区)。2015—2017 年，恰逢塔里木河干流与车尔臣河共同丰水期，在 2017 年 10 月，两河形成的水域面积达到 511km²，至此，台特玛湖成为新疆南疆第二大湖泊。2021 年 4 月、7 月，以及 2022 年 2 月两河形成的水域面积分别为 214km²、152km² 和 229km²，2021 年平均水域面积达 169km²，形成的植被面积约为 515hm²。图 1-7 为不同季节的台特玛湖景色。

图 1-7　不同季节的台特玛湖景色(左为夏季，右为冬季)

1.5　车尔臣河改道与台特玛湖

(1)车尔臣河改道跑水前的台特玛湖(1972—1989 年)

1972—1989 年，塔里木河断流无水注入，仅有车尔臣河①间歇性有水补给台特玛湖，在丰水年形成 30～90km² 的台特玛湖水面(图 1-8)，其余年份基本干涸；2000 年出版的《塔里木河中下游实际踏勘报告》记录 1982 年台特玛湖罗布庄以东和车尔臣河有残存积水。

(2)车尔臣河改道跑水后的台特玛湖(1989—2002 年)

1989—2002 年，塔里木河仍然无水注入，仅有车尔臣河注水给台特玛湖。但由于风向、地势等原因，导致车尔臣河严重跑水，导致水量未全部入湖，除了在丰水年份(1989、1991、2001、2002 年)可形成 30～70km² 的水域面积(图 1-9)，其余年份台特玛湖干涸。

---

① 车尔臣河(Qarqan He)：目前，不同学者对“Qarqan He”这一民族语地名表达习惯不一，如车尔臣河、卡墙河、且末河等，鉴于此种情况，为了规范表达民族语地名，本专著使用了“车尔臣河”表达，是依据国家测绘局地名研究所编，中国地图出版社于 1995 年 6 月出版(第 2 版)的《中国地名录：中华人民共和国地图集地名索引》或新疆维吾尔自治区测绘局编制，中国地图出版社于 2005 年 6 月出版发行(第 1 版)的《新疆维吾尔自治区地图集》，以及星球地图出版社编制，星球地图出版社 2020 年出版(第 2 版)的《新疆维吾尔自治区地图册》为标准进行规范表达，特此说明。

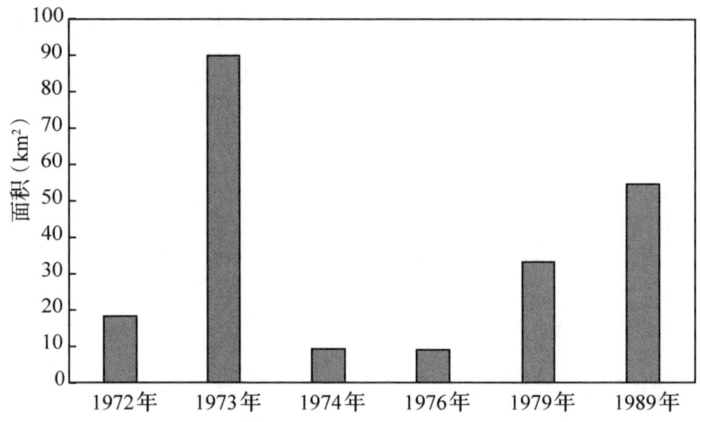

图 1-8　1972—1989 年台特玛湖水域面积（注：遥感实测）

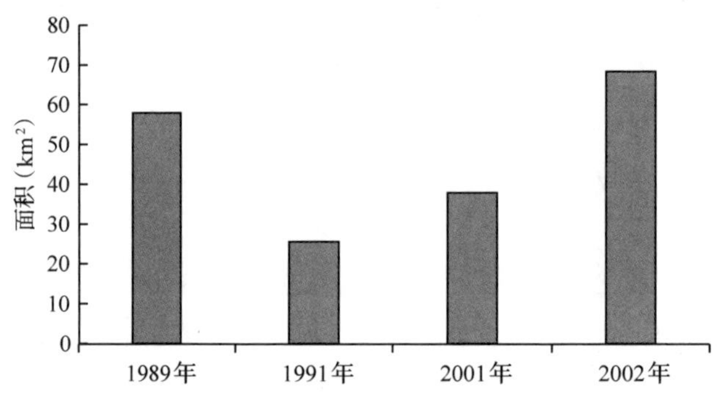

图 1-9　1989—2002 年车尔臣河丰水季形成的水域面积(注：遥感实测)

自 1989 年车尔臣河河流逐步改道，在沙漠中形成一些水坑洼地。1989 年 5 月，形成了第一个面积较大的跑水区(约 15km^2)，而在 1991 年和 2001 年，分别增加了 1 个较大的跑水区(面积约 11km^2)和 4 个的小跑水区(面积约 25km^2)；在 1989—2001 年，车尔臣河原主河道仍与台特玛湖联通并有水注入，除了维持台特玛湖水面在几平方千米之间的较小湖面(图 1-10)，在此需要强调，在 2000 年前由于车尔臣河来水形成的湖面过小，基本上表现为间歇性有水，因此无论是塔里木河流域综合规划还是其他研究成果，都对此表述为随着塔里木河下游的断流，台特玛湖干涸。

综上所述，将台特玛湖的历史演变过程可以分为历史文献记载与有监测资料变迁过程，历史文献记载中，台特玛湖最早见之于《河源纪略》附图(1784 年)；在《辛卯侍行记》(1891 年)中把台特玛湖称为“喀喇布朗海子”，维吾尔语意为“黑风海子”；《新疆图志》(1911 年)称台特玛湖为“阿不旦海”；《新疆

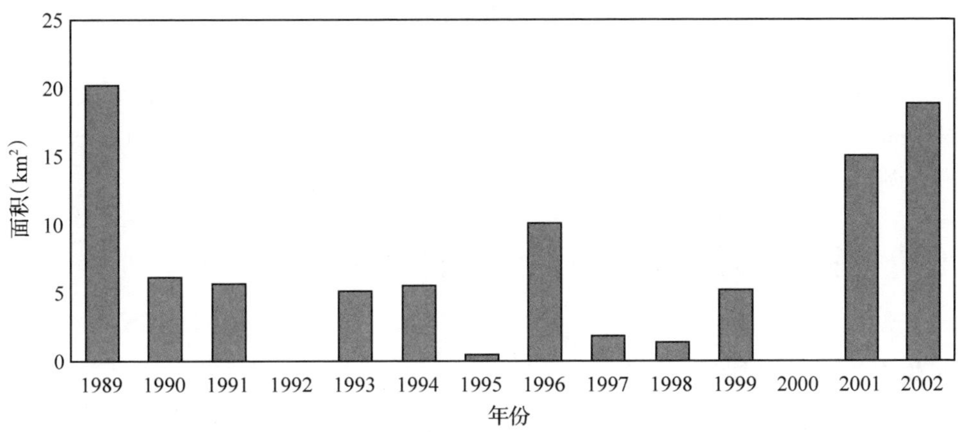

图1-10 1989—2002年车尔臣河枯水季形成的水域面积(注：遥感实测)

游记》(1917年)记载罗布庄“居民十余家，男女共六十余人，捕鱼为食，编苇为屋”，“庄前海子周五十里，后十余里”；19世纪20年代初，斯文·赫定、普尔热瓦尔斯基等外国探险家看见这里是老虎、马鹿、野猪、黄羊、天鹅等野生动物的天堂，苇密厚度像一堵墙，苇管厚至用手刚能握一圈；根据国家测绘总局1959年航摄图，“218”国道从湖中通过，把湖分为东西两部分，入西湖由车尔臣河供水，水域面积稍大，而入东湖由塔里木河从北面供水，水域面积稍小，东西两湖水域面积合计183km^2；1966年出版的《新疆水文地理》记载台特玛湖面积为88km^2，到1981年5月调查时，湖水全部干涸，只有由车尔臣河的一些河曲形成的牛轭湖，还有一些残存的积水，矿化度高达17.6g/L。

以上主要是历史文献记载的台特玛湖历史变迁过程，大约在1970年以后，研究者就开始了对台特玛湖的连续监测，主要由以下时段组成：①车尔臣河改道跑水前的台特玛湖。1972—1989年，塔里木河断流无水注入，仅有车尔臣河间歇性有水补给台特玛湖，在丰水年形成30~90km^{2}的台特玛湖水面。②车尔臣河改道跑水后的台特玛湖。1989—2002年，由于车尔臣河河流逐步改道并在沙漠中形成一些水坑洼地。在1989—2001年时段内，车尔臣河原主河道仍与台特玛湖联通并有水注入(阿布都米吉提·阿布力克木，2015)，维持台特玛湖水面间断性在几平方千米之间的较小湖面(樊自立 等，2013)；在2000年前，由于车尔臣河来水形成的湖面过小，基本上表现为间歇性有水，而塔里木河下游断流，台特玛湖几乎干涸。③塔里木河下游生态输水后的台特玛湖。2001年，塔里木河下游生态输水后，水头达到台特玛湖，车尔臣河也有一定水量注入，使台特玛湖水域面积达 190km^2 以上。2007—2009 年适逢连续枯水年台特玛湖水域面积小。2010 年水域面积达 340km^2(含跑水区)。2017 年，丰水期的到来，台特玛湖的水域面积达到近百年历史最高 511km^2(含跑水区)。2021 年 4 月、7 月、9 月两河形成的台特玛湖的水域面积分别为 214km^2、152km^2 和 114km^2，平均水域面积为 160km^2。

1.6 塔里木河下游台特玛湖的自然现状

1.6.1 地貌特征

塔里木河下游及尾闾湖主要位于罗布泊微弱拗陷区，构造稳定，第四纪沉积物厚约 350m，地层平缓，沉积物以沙质和黏土质河湖相沉积物为主。海拔 850~800m，微向东南倾斜，地形坡度约为 3‰。地貌类型有 3 种：①河流冲积平原。分布在沿河道两侧，河道下切深度一般 3~5m，地形平缓，风蚀沙化较轻，植被稍好。②风蚀风积地貌。在植被枯死的地方暴雨形成的间歇性积水作用下，湿胀干裂，形成光板地，寸草不生；受风力吹蚀，形成风蚀沟槽和雅丹土丘；风积地貌有草灌丛沙堆和沙丘、半固定沙丘、半流动沙丘和流动沙丘，分布最广。③湖积平原。地形十分平缓，沉积物以细砂和亚黏土为主，有灰蓝色潜育层出现，地表偶见螺壳，在干涸的湖底表层为松软的盐壳。

台特玛湖地区为冲积平原—湖积地貌，湖区平坦开阔，平均海拔 805m 左右，主要包括河流冲积物、湖泊沉积物以及风积物等(阿布都米吉提·阿布力克木 等，2014)。地表由盐壳或蓬松盐土组成，盐壳较坚硬，盐土松软，地表植被稀少。湖岸和湖滨区地势微有起伏，地表洼地发育，地形高差小于 1m(邓正波，2005)。地表岩性主要为粉细砂与亚砂土、亚黏土互层，局部地区含有砂砾，距离河流与湖泊位置较近的区域沉积物质地较细，亚黏土、粉砂、细砂是主要的组成物质(樊自立 等，2013)。塔里木河与车尔臣河下游地区地貌类型主要为新月形沙丘链、复合型沙丘链及纵向沙垄与灌丛沙堆等，沙丘之间植被较为稀疏。土壤类型主要为风沙土、胡杨林土和沼泽土。

1.6.2 气候特征

塔里木河下游恰拉—台特玛湖段地处塔里木盆地东部尉犁县和若羌县境内，来自西部的大西洋湿润气流和东部的太平洋季风气流均很难到达，所以降水十分稀少，属极端干旱大陆性气候区，降水较少，蒸发旺盛(Zhao *et al.*，

2022)。台特玛湖地处若羌县境内，依据若羌县气象站数据，本地区年均降水量为28.5mm，蒸发量高达2920mm，干燥指数为63.0；年平均气温11.5℃，1月平均气温-8.5℃，7月平均气温27.4℃，极端最低气温为-27.2℃，极端最高气温为43.6℃，日较差最大达到24℃。若羌县是塔里木盆地年平均风速最大、年累计大风日数最多的地区，曾出现过40m/s的最大瞬时风速。8级以上大风年平均16天，最多达37天，使得台特玛湖一旦干涸极易形成新的风沙源地，多年平均沙尘暴日数、扬沙日数、浮尘日数分别达24天、55天、194天。

1.6.3　水文特征

塔里木河下游大西海子水库至台特玛湖河道总长度约501.4km，分为两段，西支老塔里木河143.8km，东支其文库勒河204.5km，两河在阿拉干汇合后至台特玛湖153.1km。塔里木河过去水量很大，在中游被描述为“河水汪洋东逝”，下游水量减少是在19世纪末和20世纪初开始的。如《辛卯侍行记》(1889年)所记载，塔里木河下游“罗布庄各屯，当播种时，上游库车以西，城郭遏流，河水浅涸，难以灌溉，至秋又泄水入河，又苦泛滥。”《新疆图志》(1910年)亦云：“西南上游，近水城邑田畴益密，则渠浍益多，而水势日渐分流，无复昔时浩大之势。”自20世纪50年代有水文记录以来，下游恰拉水文站由50年代的$13.53\times10^8m^3$，到90年代下降为$2.38\times10^8m^3$。大西海子水库修建之前，下泄水量$8\times10^8\sim9\times10^8m^3$，阿拉干经常过水；60年代修了大西海子水库，下泄水量仅$0.06\times10^8m^3$，最远只能流到英苏；阿拉干从70年代到2000年一直干涸。20世纪50年代塔里木河入台特玛湖水量$4\times10^8\sim5\times10^8m^3$，60年代减少为$0.23\times10^8m^3$，此后均无水补给。直到2000年塔里木河下游应急生态输水工程起动，前几次的生态水未入湖，2003年水头首次到达台特玛湖。

1.6.4　地下水特征

塔里木河两岸地下水十分重要，由于降水稀少，降水对植物生长几乎不起作用，而植物生存主要依靠地下水，因而地下水埋深对植物生存有十分重要的意义。塔里木河两岸带地下水主要是依靠地表水入渗转化成地下水储存于土壤孔隙中，因此，地下水埋深与地表水变化有十分密切关系。20世纪50年代，大西海子水库以下每年下泄水量达$5\times10^8\sim6\times10^8m^3$，地下水埋深3~4m，所以沿河两岸植被茂密，这从现在还残存的植物根系可以看出，在灌木中有大量铃铛刺(生长在地下水位高、矿化度低的地方)；60年代水量减少，地下水位开始下降；1973年从维马克南(34团团部东南约15km)到台特玛湖的7个监测孔，最浅的是罗布庄2.33m，最深的在依坎布吉马勒南4km处

7.92m；1989年罗布庄3.1m，依坎布吉马勒下降为12.75m；1997年罗布庄5.69m，依坎布吉马勒12.92m，阿拉干12.65m；1989年与1973年比较下降幅度最大的是喀尔达依和依坎布吉马勒，分别为6.55m和4.14m。1997年与1989年比较下降幅度最大的为维马克南和罗布庄，分别为3.4m和2.59m；1997年与1973年比较下降幅度最大的是阿拉干和喀尔达依，分别为5.65m与6.27m。随着地下水位下降，地下水矿化度不断升高，从英苏到依坎布吉马勒1983年矿化度为1.44~3.8g/L，1997年升高到4.37~11.11g/L，升高1.81~9.67g/L。罗布庄附近矿化度由8.60g/L升高到37.28g/L。

随着2000年塔里木河下游生态应急输水工程的持续实施，河岸带地下水得到补充，台特玛湖地下水埋深也逐渐得到了抬升：2019—2023年，考米线（考干-米兰）（昆金公路）方向固定监测井（88.473819°~88.479523°，39.446746°~39.451248°）地下水埋深2~5m；康拉克公路方向固定监测井（88.13085343°8~8.12376033°，39.4618067°~39.45712497°）地下水埋深在1.5~4m。以上监测井地下水盐分以SO_4^{2-}、Cl^-、K^+、Na^+、Mg^{2+}等为主，水中离子含量、矿化度等指标在监测期间变化趋势基本相同，数值与湖面积、塔里木河下泄水量呈显著负相关关系（程皓，2007）。

1.6.5 土壤特征

本区自然条件严酷，对土壤形成发育十分不利。土壤为湖相沉积物，多呈黏土和沙粒互层结构，土壤质地较黏重。其他土壤类型多为荒漠土，但分布很少，主要是初育土，包括大面积的风沙土、小块龟裂土及冲积土。

入湖口两岸在过去水分条件好时发育有林灌草甸土和草甸土，还有面积不大的沼泽土和盐碱土。经过台特玛湖的“218”国道沿线土壤盐渍化程度空间变异性很大，整体呈由西向东逐渐增加趋势，土壤含盐量在5%~30%（俞祥祥，2016）。

1.6.6 动物资源

夏训诚（2007）在《中国罗布泊》一书中论述：关于罗布泊地区的动物区系，钱燕文等（1965）和高行宜等（1987）曾作过论述，此外未见系统报道。罗布泊地区，包括孔雀河和塔里木河下游地区、库鲁克沙漠、库姆塔格沙漠、台特玛湖地区和罗布泊湖盆及其邻近地区。罗布泊地区记录的各类陆栖脊椎动物共计202种，其中两栖纲1种，爬行纲17种，鸟纲151种，哺乳纲33种。张荣祖（1999）将我国脊椎动物划分为18个分布型，其中与罗布泊地区相关的有7个类型。

1.6.7　植被资源

本区属暖温带极干旱气候区，降水稀少，地带性植被属温带灌木、荒漠半灌木，但是由于有地表水和地下水的补给，台特玛湖地区植被多分布在地下水位较高的河漫滩、低阶地、湖滨及低洼地，形成高低错落、断断续续的由灌、草组成的一定面积的非地带性草甸植被(俞祥祥，2016)。台特玛湖于20 世纪七八十年代曾经干涸，大片的胡杨林死亡，植被衰退，生态环境日趋恶化，造成台特玛湖周围的动植物资源锐减。自然植被主要由柽柳(*Tamarix* sp.)、芦苇(*Phragmites communis*)、盐穗木(*Halostachys caspica*)、盐节木(*Halocnemum strobilaceum*)及骆驼刺(*Alhagi sparsifolia*)等植物组成，其中，芦苇、柽柳、盐节木的面积最大。植被生长的繁茂程度与地形、地貌、水系和水文地质条件密切相关，距河道、湖泊越近，植物类型越丰富，生长情况越良好；水资源条件差的区域，植物种类单一且易衰败。湖区外围水分条件差，多为风蚀劣地和流动沙丘，只在一些 0.5~3m 高的半固定沙丘上才生长着柽柳。

1.7　小结

2018 年 5 月 18 日，习近平总书记在全国生态环境保护大会上发表重要讲话，强调“生态兴则文明兴，生态衰则文明衰。生态文明建设是关系中华民族永续发展的根本大计。中华民族向来尊重自然、热爱自然，绵延 5000 多年的中华文明孕育着丰富的生态文化。”

台特玛湖作为塔里木河的当代尾闾，是塔里木河干流生态水文完整性的一个重要标志，具有重要的生态经济功能，在内陆河湖生态健康中更有重要地位，更是我国面积最大的县——若羌县的重要生态屏障，是保证新疆与内地连接的第二条战略通道，是保证生态安全的交通通道，在沙害防治中也有重要的屏障功能。自 20 世纪 60 年代以来，由于塔里木河干流的上游和中游水资源的不合理开发利用，导致河流下游及台特玛湖干涸，尤其是湖区地下水位大幅度下降，植被也大面积衰亡，生物多样性严重下降，干涸的湖底荒漠化快速发展，沙化过程加剧(韩桂红 等，2008)。为拯救台特玛湖的生态环境，新疆维吾尔自治区人民政府组织开展塔里木河流域综合治理工作，自2000 年 5 月起，在经历向塔里木河下游生态应急输水、常态化输水等阶段后，截至 2023 年 4 月前，已经实施了 23 次向塔里木河下游生态输水，从下游大西海子水库累计下泄生态水 $95.13\times10^8m^3$。台特玛湖生态随着输水的进行发生了肉眼可见的改善，开始形成湖面，湖泊面积逐渐恢复并扩大，地下水位也有所抬升，湖区周边柽柳、芦苇、盐穗木、盐节木等植物盖度、种类、数量有所增加，周边区域及湿地生态环境有所恢复，荒漠化现象逆转(王慧玲 等，2020；邓铭江 等，2016)。但是，从台特玛湖生态环境的现状分析可以看出，由于监测数据不够和科学研究不系统，台特玛湖生态功能定位、水资源保护和水污染防治、水环境治理、水生态修复等管理保护目标难以确定，台特玛湖在水资源保护方面缺乏统一有序的管理保护规划，水资源管理制度和执法监督制度的不完善等，台特玛湖的生态环境依然存在一些亟待解决的问题。此外，由于台特玛湖湖面过大、水深过浅，引起蒸发量大。虽然生态输水过后台特玛湖形成了一定的湖面，但是研究区平坦的地势条件，地势高差<5‰，决定了台特玛湖大多由不到1m深的水面在当地大于2000mm的蒸发量下很快干涸(魏光辉 等，2014；崔旺诚，2004)。

党的十八大要求，把生态文明建设放在突出地位，融入经济建设、政治建设、文化建设、社会建设各方面和全过程，努力建设美丽中国。党的十九大将“美丽中国”纳入社会主义现代化强国建设“两步走”的目标。党的二十大进一步明确，未来五年，美丽中国建设成效显著；到2035年，美丽中国目标基本实现，为美丽中国建设擘画了新蓝图。山水林田湖草沙是生命共同体，是相互依存、紧密联系的有机链条。我们必须深入贯彻习近平生态文明思想，以更高站位、更宽视野、更大力度来谋划和推进新征程下塔里木河及其尾闾台特玛湖生态与环境保护工作；要按照生态系统的整体性、系统性及其内在规律，统筹考虑搞好塔里木河综合治理，保护其尾闾台特玛湖湿地；必须以生态建设与环境保护为根本，以水资源的合理配置、节约和保护为核心，以流域总体规划为指导，坚持源流与干流统筹考虑，更加注重综合治理、系统治理、源头治理，综合运用自然恢复和人工修复两种手段，全面提升塔里木河及其尾闾台特玛湖的生态系统多样性、稳定性、持续性，构建包括台特玛湖在内的整个塔里木河流域生态与环境保护治理大格局。中国科学院新疆生态与地理研究所塔里木河生态水文研究团队根据对塔里木河下游及其尾闾台特玛湖开展的实地考察资料，结合前人研究的成果，借助GIS和RS技术手段，深入分析塔里木河当代尾闾台特玛湖的水域演进过程、引起湖区生态环境变化的原因、湖泊现状及存在的主要问题，最终提出塔里木河下游及台特玛湖区域生态的科学合理保护修复策略、措施及高效利用水资源、生态环境综合治理方案，为塔里木河下游台特玛湖环境保护管理决策提供科学依据和技术支撑，这乃是撰写《塔里木河下游尾闾台特玛湖生态监测与保护》一书的目的所在。

保护台特玛湖，保护塔里木河下游，建设美丽新疆，功在当代，利在千秋。

第2章　车尔臣河与塔里木河水文要素变化

识别水文要素的趋势特征和认识其不同时间尺度上的变化规律是水循环演变研究的重要内容。研究气候变化和人类活动背景下的水文循环要素时空变化特征，可为流域不同来水情景下水资源配置提供理论依据。还对深入认识塔里木河流域水资源形成和演变规律、水资源的可持续开发利用和生态建设与环境保护具有重要的指导作用。本章主要阐述车尔臣河、塔里木河水文要素变化特征，为进一步盘活两河水资源，系统构建车尔臣河下游—台特玛湖—塔里木河下游三角洲的适宜生态，切实保障塔里木盆地东南缘天然绿色走廊的生态安全，建立两河统一管理、两河互联互调机制奠定基础。

2.1　车尔臣河水文要素变化特征

全球气候变化导致了降水时空格局和内陆干旱区生态系统稳定性的变化，干旱区水资源的合理管理和高效利用变得尤为重要。车尔臣河又名卡墙河、且末河，发源于昆仑山木孜塔格峰北坡，是昆仑—阿尔金山北麓产水量最大且以冰雪融水为主要补给的一条河流。河流全长813km，集水面积26 822km^2，年径流量5.527×10^{4}m^3，年均含沙量7.97kg/m^3，年输沙量441×10^{4}t，矿化度768mg/L(新疆百科全书编纂委员会，2002)。上游山区由于有库木库里盆地和吐拉盆地对径流的调节，水量各季节变化比较平稳，特别是春季径流量占全年径流量的29%，是新疆春季径流所占比例最大的河流，春灌基本不缺水。农业灌溉用水和生态用水各占水资源总量的一半。绿洲面积虽不断扩大，但中游地下水位仍较高，植被未发生明显退化，同时还向台特玛湖输送一定水量(樊自立 等，2014)，是保障塔里木河下游绿洲农业和人类活动的重要因素之一，与塔里木河共同维系着塔克拉玛干沙漠东部的天然绿色走廊(热比亚木·买买提，2012)。近年来，由于环境变化影响，高温热浪、极端水文事件频繁发生，威胁着流域的水安全，同时制约着人类的生存与发展(覃姗 等，2019)。随着气候变暖将加剧干旱区水资源短缺，人口不断增长，社会经济不断发展，水资源的利用量和开发程度也有了极大提升，但由于干旱区水资源的局限性，导致供需不平衡问题日益严重(艾克热木·阿布拉 等，2019)。车尔臣河流域位于新疆维吾尔自治区东南缘的巴音郭楞蒙古自治州且末县和若羌县境内，是一个包括山区、山麓倾斜平原区、河谷平原区、沙漠区的相对完整统一的自然综合体和较为独立的自然地理区域。流域南起昆仑山和阿尔金山山脉，北部深入塔克拉玛干大沙漠与尉犁县遥遥相望，西临且末县的喀拉米兰河流域，东北部在若羌县境内与塔里木河流域相连，归宿于台特玛湖。流域地理位置介于东经 84°55′~88°20′、北纬 36°10′~39°45′之间，总面积 $4.74\times10^4 km^2$。

基于此，研究气候变化环境下的车尔臣河水文要素变化特征对车尔臣河水资源合理配置具有重要意义。达伟等(2022)基于车尔臣河流域 1957—2019 年长时序的水文、气象数据资料，分析了水文变化特征及其对气候变化的响应，发现水文过程的显著变化发生在 1990 年代末期，夏季径流的增加对年径流增加的贡献最大。艾克热木·阿布拉等(2023)在多时相遥感数据和径流量数据的基础上，采用 Kendall 秩相关分析法，剖析了台特玛—康拉克水域面积在 1972—2021 年的时空变化及其与车尔臣河出山口实测径流量和塔里木河下游生态输水量的关系，表明车尔臣河径流量变化对台特玛—康拉克水域面积变化的贡献也较大。针对车尔臣河径流量丰枯变化特征的研究和报道相对较少，因此，重点研究车尔臣河流域且末水文站实测月径流数据，对其丰枯变化特征加以分析。

2.1.1 数据来源与研究方法

(1)数据来源

本节所用数据主要包括车尔臣河流域且末水文站来水量监测数据，其由新疆维吾尔自治区塔里木河流域干流管理局提供。

(2)研究方法

通过分析车尔臣河多年长系列径流量、降水、温度等水文气象要素，对其年际变化特征、年内变化特征、周期性波动特征以及趋势性特征等进行分析，并利用水文计算方法，使用 Person-Ⅲ型频率曲线法计算车尔臣河来水频率，划分不同的典型年(丰水年、平水年、枯水年)，基于不同典型年的来水量建立不同的来水情景，为分析计算不同来水情景下的生态需水量做基础。

年际变化分析：水文特性规律通常以均值μ、标准差σ、变差系数C_v、偏态系数C_s等参数为主；其中，变差系数C_v值表示径流的年际丰枯变化程度，该值越大表明年际变化越剧烈，也就越不利于该地区水资源的正常开发利用；偏态系数C_s表示水文序列的不对称程度，当$C_s>0$时序列正偏，$C_s<0$时序列负偏(何兵 等，2018)。对于某一水文序列的观测样本x_1，x_2，…，x_n，各统

计特征值计算公式如下：

$$\mu = \bar{x} = \frac{1}{n}\sum_{i=1}^{n} X_i \tag{2-1}$$

$$\sigma = \sqrt{\frac{\sum_{i=1}^{n}(x_i - \mu)^2}{n-1}} \tag{2-2}$$

$$C_v = \frac{\sigma}{\mu} = \sqrt{\frac{\sum_{i=1}^{n}(K_i - 1)^2}{n-1}} \tag{2-3}$$

$$C_s = \frac{\sum_{i=1}^{n}(x_i - \mu)^3}{n\sigma^3} \approx \frac{\sum_{i=1}^{n}(K_i - 1)^3}{(n-3)C_v{}^3} \tag{2-4}$$

趋势特征分析：Mann-Kendall 趋势检验法（以下简称 M-K 法）(杨帆，2011；朱永华 等，2017)是目前水文气象数据分析常用的一种检验时间序列的变化趋势特征、显著性及突变点的时间序列检验方法，是世界气象组织(WMO)推荐并且被广泛应用的一种非参数统计检验方法，该方法对数据的分布类型不敏感，不需要服从某个标准分布，且不会受到样本中少数异常值的影响，在分析气象水文时间序列趋势变化中得到了广泛应用(陶云 等，2008)。在检验时间序列的突变特性过程中，通过 M-K 法得到 UF_k 和 UB_k 两条统计量序列曲线，与一定置信度下 $\alpha=0.05$，临界值 $U_{0.05}=\pm1.96$ 的两条临界直线绘制于同一张图上，在临界值内两条统计量曲线的交点即为突变开始的时间；在时间序列趋势分析过程中，采用 M-K 检验法可以对定量数据的一致性进行分析、验证并判断时间序列演变的趋势特征及显著性。通过得到的统计量序列曲线，判断 UF_k 统计值是否大于 0，若统计值大于 0，则为上升趋势，若统计值小于 0，则为下降趋势，并与临界值比较，判断趋势变化的显著性。

M-K 法的统计量按下式计算：

$$S = \sum_{i=1}^{n-1}\sum_{j=i+1}^{n} \mathrm{sgn}(x(j) - x(i)) \tag{2-5}$$

$$\mathrm{sgn}x(j)-x(i) = \begin{cases} 1 & (x_i > x_j) \\ 0 & (x_i = x_j) \\ -1 & (x_i < x_j) \end{cases} \tag{2-6}$$

式中：x_i、x_j 为要进行检验的随机变量，n 为所选数据序列的长度。统计量 S 的正(负)值表示序列的上升或下降趋势。当数据长度 $n>8$ 时，S 近似服从标准正态分布。其期望 $E(S)$ 和 $Var(S)$ 可表示为：

$$E(S)=0 \tag{2-7}$$

$$Var(S)=\frac{1}{18}\left[n(n-1)(2n+5)-\sum_{i=1}^{m}k_l(k_l-1)(2k_i+5)\right] \tag{2-8}$$

式中：m 为数据序列内含有的相等数据的组数；k_l 为第 1 组内相等数据的个数。

标准化的统计检验量 Z 按下式计算：

$$Z=\begin{cases}(S-1)/\sqrt{Var(S)} & (S>0)\\ 0 & (S=0)\\ (S+1)/\sqrt{Var(S)} & (S<0)\end{cases} \tag{2-9}$$

显著性水平设定为 0.05 和 0.01，其统计量值分别为±1.96 和±2.58。分别对时间序列 $x(t)$ 的正、逆序列进行分析，得到正序列和逆序列统计量 $Z+$ 和 $Z-$，通过二者的交点及其位置即可判断出 $x(t)$ 变化的突变点。

周期性分析：小波分析理论主要包含小波函数和小波变换两个部分，该理论可以借助强大的局部化功能特点分析某一序列的内部精细结构。小波函数具有震荡性，可快速衰减至 0，是小波分析理论的关键部分，同时，前人已经成功将 Morlet 小波分析方法应用在分析水文序列的多时间尺度问题上(崔锦泰，1995；陈子豪 等，2021)，其采用的计算公式为：

$$m^3\psi(t)=e^{ict}(\mathrm{e}^{-\frac{t^2}{2}}-\sqrt{2}\,\mathrm{e}^{-\frac{c^2}{4}}\mathrm{e}^{-t^2}) \tag{2-10}$$

式中：c 为常数且取较大值时，可省略第 2 项。其子小波为：

$$\psi_{a,b}(t)=\frac{1}{\sqrt{a}}\psi\left(\frac{t-a}{b}\right)\quad(a,\ b\in R \text{ 且 } a\geqslant 0) \tag{2-11}$$

在 Morlet 小波中，伸缩尺度 a 与 Fourier 分析中的周期 T 有一一对应关系，其表达式为：

$$T=\left(\frac{4\pi}{c+\sqrt{2}+c^2}\right)a=1.144a \tag{2-12}$$

当常数 c 取 6.2 时，伸缩尺度 a 与周期 T 在数值上近似相等，因此可以利用小波进行周期性分析。

将时域上所有关于 a 的小波变换系数平方并积分，可得小波方差，其表达式为：

$$W_f(a)=\int_{-\infty}^{\infty}|W_f(a,\ b)|^2\mathrm{d}b \tag{2-13}$$

Morlet 小波分析理论对径流序列小波分解后进行多时间尺度分析。不同时间尺度下的小波系数，可以反映该序列在一定时间尺度上的变化特征；小波方差图可以反映某一水文序列的多时间尺度波动以及能量随尺度变化的分布，其曲线的局部最优点反映该序列的主要时间尺度，即主要周期。小波系数为正代表径流丰水期，为负代表径流枯水期；同时，绘制径流长时间序列的小波系数实部图和方差图，实部图显示不同时间尺度径流丰枯变化及其时间域分布，方差图表示径流序列的波动能量随序列尺度年变化的情况(王文圣 等，2005；田永丽 等，2010)。

2.1.2　水文要素变化特征

(1)年际径流特征值变化分析

根据 2002—2021 年且末水文站断面径流实测数据，车尔臣河出山口断面多年平均流量 20.07m^3/s，多年平均径流量 6.35×10^8m^3。根据且末水文站(合成)1958—2019 年 62 年的实测年径流资料，多年平均流量为 18.71m^3/s，多年平均径流量为 5.901×10^8m^3。

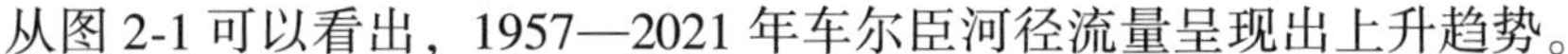

从图 2-1 可以看出，1957—2021 年车尔臣河径流量呈现出上升趋势。

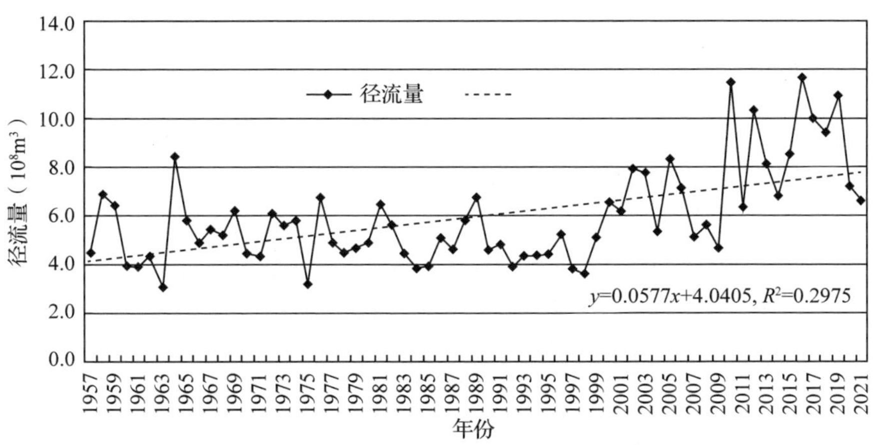

图 2-1　1957—2021 年车尔臣河径流量变化情况

通过对 1957—2021 年共 65 年的且末水文站实测年径流量数据进行分析，获得主要特征值见表 2-1。且末水文站径流系列的变差系数 C_v 较小，为 0.34，表明车尔臣河年际变化相对稳定，偏差系数 C_s 为 1.14。车尔臣河以冰川积雪融水补给为主，年极值比为 3.8。

表 2-1 且末水文站车尔臣河年径流量多年变化特征值

项目	多年平均年径流量（×10^8 m^3）	变差系数	最大年径流量			最小年径流量			最大与最小年径流比
			时间	径流量（×10^8 m^3）	与多年平均比	时间	径流量（×10^8 m^3）	与多年平均比	
特征值	5.94	0.34	2016	11.662	1.96	1963	3.070	0.52	3.8

（2）年际径流趋势变化特征分析

基于车尔臣河多年径流量，利用 Mann-Kendall 趋势检验法检验径流时间序列的变化趋势特征、显著性及突变点。检验结果如图 2-2 所示，通过 M-K 法得到 UF_k 和 UB_k 两条统计量序列曲线，在一定置信度下 $\alpha=0.05$，临界值 $U_{0.05}=\pm 1.96$ 的两条临界直线绘制于同一张图上，由图可知，在临界值内，1957—2021 年径流量整体呈显著增加趋势，其中，在 1957—2003 年阶段处于上升、下降的波动状态，且呈下降趋势的径流量居多，而在 2003 年后，径流量整体呈增加趋势，且在 2013 年开始超过了临界值，表示为显著性增加；且在 2008 年 UF 与 UB 两条曲线产生了交点，在临界值内两条统计量曲线的交点即为突变开始的时间，表明在此时间点发生了突变，即径流量在 2008 年发生了突变。

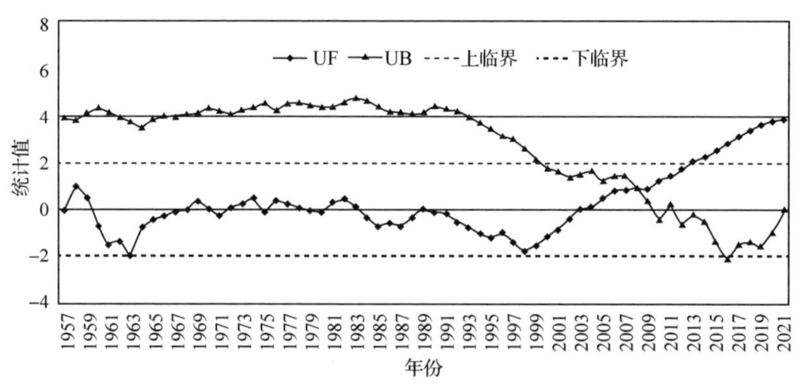

图 2-2 1957—2021 年车尔臣河径流 M-K 趋势检验

（3）周期性变化特征分析

在水文系统中，水文要素的变化往往呈现出随机性的特点，若没有成熟稳定的分析工具将很难把握其变化规律，小波分析方法在时域和频域上都具有很好的局部化功能，该理论脱胎于 Fourier 分析，由于可以实现客观的多时间尺度分析，在水文学及水资源学科中得到了广泛应用。本次主要针对车尔臣河径流量的周期特征进行分析。

小波方差图可以反映某一水文序列的多时间尺度波动以及能量随尺度变化的分布。小波方差图中，曲线的局部最优点反映该序列的主要时间尺度，即主要周期。采用小波分析理论对车尔臣河 1957—2021 年共 65 年径流序列进行分析，小波方差图和小波等值线图分别如图 2-3、图 2-4 所示，从小波方差图可以看出，车尔臣河径流过程存在两个主周期，分别为 11 年和 19 年，通过小波实部图以及等值线图(图 2-5)可以看出，在第 11 年和第 19 年的主周期下还存在 7 年和 11 年的小周期。

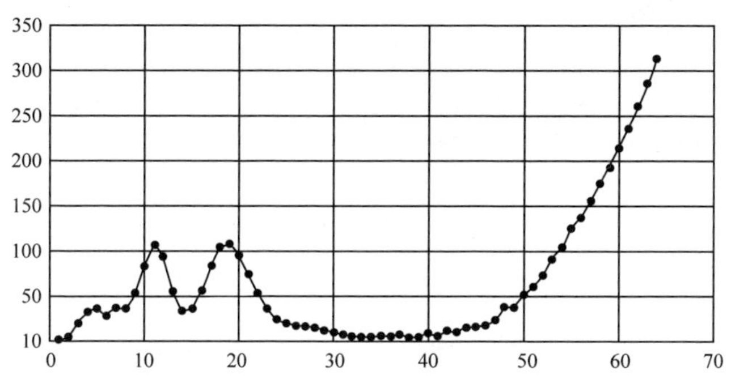

图 2-3　小波方差

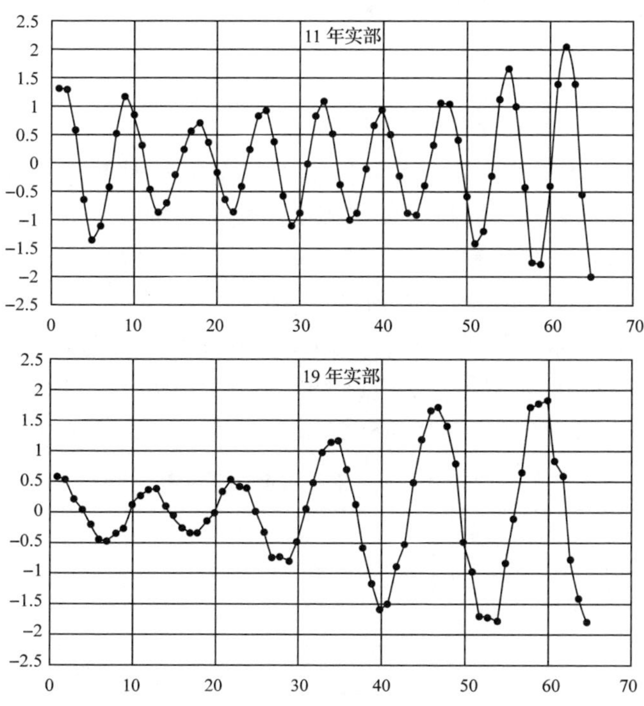

图 2-4　小波 11 年、19 年实部过程线

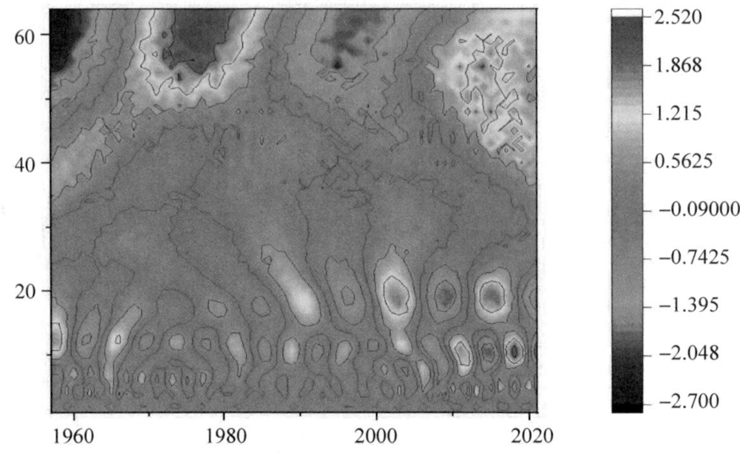

图 2-5　小波实数等值线

(4)年内变化分析

通过分析车尔臣河的多年径流量，计算得到车尔臣河径流年内分配不均，6~8 月水量占全年水量的 45.4%，9~11 月水量占全年水量的 19.9%，12 月至翌年 2 月水量占全年水量的 8.7%，3~5 月水量占全年水量的 26.0%。

2.1.3 丰枯变化分析

(1)PⅢ型频率曲线法

基于 1957—2021 年且末水文站断面车尔臣河长时间序列的径流实测数据，根据水文计算方法，通过 PⅢ型频率曲线分析河流来水量频率，将来水量频率小于 25%的年份划定为丰水年，来水量频率在 50% 的年份划定为平水年，来水量频率大于 75% 的年份划定为枯水年。

车尔臣河径流水文特性分析：采用皮尔逊Ⅲ型曲线选取了 $P=25\%$、$P=50\%$、$P=75\%$的三种典型年，对应典型年分别为 1976 年、1967 年、1970 年，其径流量分别为 $6.73\times10^8 m^3$、$5.45\times10^8 m^3$、$4.45\times10^8 m^3$，见表 2-2。

表 2-2　丰—平—枯水年份划定

多年平均径流量 ($10^8 m^3$)	丰水年		平水年		枯水年	
	时间	径流量 ($10^8 m^3$)	时间	径流量 ($10^8 m^3$)	时间	径流量 ($10^8 m^3$)
5.94	1976	6.73	1967	5.45	1970	4.45

(2)距平百分率

径流丰枯程度的判定一般采用《水文情报预报规范》给出的划分标准，通常用距平百分率 P 表示：当 $P>20\%$ 时，为丰水；当 $10\%<P\leq 20\%$ 时，为偏丰；当 $-10\%<P\leq 10\%$ 时，为平水；当 $-20\%\leq P<-10\%$ 时，为偏枯；当 $P<-20\%$ 时，为枯水。在指导生产实践时，一般依据年径流量计算出相应的模比系数 K_p 值，依据表 2-3 模比系数 K_p 的判别表划定的范围查找出丰水、平水、枯水变化程度。

表 2-3　模比系数 K_p 的判别

<table>
<tr><th rowspan="2">丰枯程度</th><th colspan="2">丰水年</th><th rowspan="2">平水年</th><th colspan="2">枯水年</th></tr>
<tr><th>特丰</th><th>偏丰</th><th>偏枯</th><th>特枯</th></tr>
<tr><td>对应 K_p 值</td><td>$K_p\geq 1.20$</td><td>$1.10\leq K_p<1.20$</td><td>$0.90\leq K_p 1.10$</td><td>$0.80\leq K_p<0.90$</td><td>$K_p<0.80$</td></tr>
</table>

从表 2-4 可以看出，在且末水文站车尔臣河各年径流量中，丰水年占比 29%(其中，特丰年占 20%，偏丰年占 9%)，平水年占比 23%，枯水年占比 48%(其中，特枯年占 34%，偏枯年占 14%)。依据多年径流量按从大到小顺序排序的方法排序后，其丰水年中，特丰年临界值为 2020 年径流量为 $7.203\times 10^8 m^3$，偏丰年临界值为 2021 年径流量为 $6.630\times 10^8 m^3$；平水年临界值为 2004 年径流量为 $5.319\times 10^8 m^3$；偏枯年临界值为 1991 年径流量为 $4.820\times 10^8 m^3$，特枯年临界值为 1963 年径流量为 $3.07\times 10^8 m^3$。

表 2-4　且末水文站车尔臣河各年径流量的丰枯程度

<table>
<tr><th>时间</th><th>类别</th><th>丰枯程度</th></tr>
<tr><td>1957 年、1960—1963 年、1970—1971 年、1975 年、1978 年、1979 年、1983—1985 年、1987 年、1990 年、1992—1995 年、1997—1998 年、2009 年</td><td>特枯</td><td rowspan="2">枯水年</td></tr>
<tr><td>1966 年、1968 年、1977 年、1980 年、1986 年、1991 年、1996 年、1999 年、2004 年、2007 年</td><td>偏枯</td></tr>
<tr><td>1959 年、1965 年、1967 年、1969 年、1972 年、1973—1974 年、1981—1982 年、1988 年、2000 年、2001 年、2008 年、2011 年</td><td>平水年</td><td>平水年</td></tr>
<tr><td>1958 年、1976 年、1989 年、2006 年、2014 年、2021 年</td><td>偏丰</td><td rowspan="2">丰水年</td></tr>
<tr><td>1964 年、2002—2003 年、2005 年、2010 年、2012—2013 年、2015—2020 年</td><td>特丰</td></tr>
</table>

综合分析可以看出，丰水年河流来水量临界值为6.630×10^8m^3，平水年来水量临界值为5.319×10^8m^3，枯水年来水量临界值为4.820×10^8m^3。

2.2 塔里木河水文要素变化特征

塔里木河流域是由发源于塔里木盆地周边的喀喇昆仑山、昆仑山、阿尔金山、帕米尔高原及天山南坡，具有独立水流的、以冰雪融水补给为主并有降雨径流加入的144条河流构成。流域分为九大水系，即开都河—孔雀河水系、迪那河水系、渭干河—库车河水系、阿克苏河水系、喀什噶尔河水系、叶尔羌河水系、和田河水系、克里雅河诸小河水系、车尔臣河诸小河水系。各水系以河流出山口为界，出山口以上为径流形成区，自上而下径流量递增；河流出山以后，沿途渗漏、蒸发、用于灌溉、流入湖泊或盆地低洼处，径流量递减，或最后消失于灌区或沙漠中。

塔里木河流域可分为源流区和干流区。塔里木河干流自身不产流，目前与塔里木河干流有地表水联系的只有叶尔羌河、和田河和阿克苏河、开都河—孔雀河四条源流，其中，全年有水注入塔里木河干流的水系只有阿克苏河，而和田河仅在汛期有水注入，叶尔羌河近20年来只在丰水年的汛期有水注入塔里木河。目前，孔雀河通过人工输水方式从博斯腾湖抽水通过库塔干渠向塔里木河下游输水。

塔里木河最长源流为叶尔羌河上游的支流拉斯开木河，尾闾为台特玛湖，河的全长为2486km。塔里木河的干流始于阿克苏河、叶尔羌河、和田河的汇合口——肖夹克，归宿于台特玛湖，全长为1321km。塔里木河两岸盛长胡杨、柽柳和草甸，形成乔灌草的绿色植被带，是塔里木盆地大小绿洲四周的生态屏障，塔里木河干流下游恰拉以下的南北向河道两岸更是分隔塔克拉玛干与库木塔格两大沙漠的绿色走廊，面积4240km^2。

水是保障干旱区内陆河流域生态系统结构完整性和功能稳定性最为重要的环境因子。干旱区内陆河流域的水文过程控制着生态过程。荒漠河岸植被作为干旱区内陆河流域生态系统的主体构成部分，它的繁育更新、种群演替及分布格局与河流水系变迁关系密切。因此，分析塔里木河流域的水文特性，对实现流域水资源的可持续利用、满足胡杨林的生态需水要求具有重要意义。

2.2.1 数据来源与研究方法

(1)数据来源

本节所用数据为塔里木河阿拉尔水文站径流量监测数据，由新疆塔里木河流域管理局提供。

(2)研究方法

研究方法同本章第一节采用的研究方法，这里不再赘述。

2.2.2　水文要素变化特征分析

(1)年际变化特征分析

根据塔里木河干流阿拉尔水文站断面1957—2022年共计66年的年径流实测数据，塔里木河多年平均流量为147.926m³/s，多年平均径流量为46.65×10⁸m³。由图2-6可以看出，1957—2022年塔里木河径流量呈现稳定趋势特征。

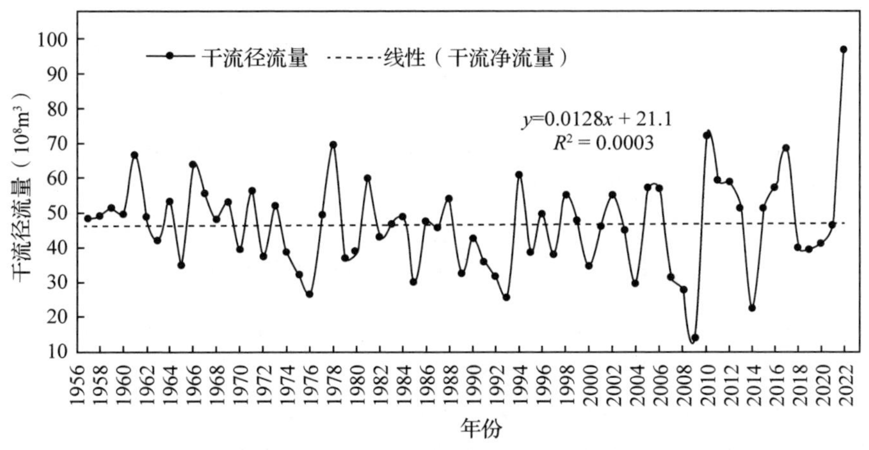

图 2-6　1957—2022 年塔里木河径流量变化

通过对1957—2022年共66年阿拉尔水文站断面实测年径流量数据进行分析，获得主要特征值见表2-5。阿拉尔站径流系列的变差系数 C_v 较小，为0.29，表明塔里木河年际变化相对稳定，偏态系数 C_s 为0.57，年极值比为6.91。

表 2-5　阿拉尔站塔里木河年径流量多年变化特征值

项目	多年平均年径流量（10^8m^3）	变差系数	最大年径流量			最小年径流量			最大与最小年径流比
			时间	径流量（10^8m^3）	与多年平均比	时间	径流量（10^8m^3）	与多年平均比	
特征值	46.65	0.29	2022	96.884	2.08	2009	14.02	0.30	6.91

（2）多年径流趋势变化特征分析

基于塔里木河多年径流量，利用 Mann-Kendall 趋势检验法检验径流时间序列的变化趋势特征、显著性及突变点。检验结果如图 2-7 所示，通过 M-K 法得到 UF_k 和 UB_k 两条统计量序列曲线，在一定置信度下 $\alpha=0.05$，临界值 $U_{0.05}=\pm1.96$ 的两条临界直线绘制于同一张图上。

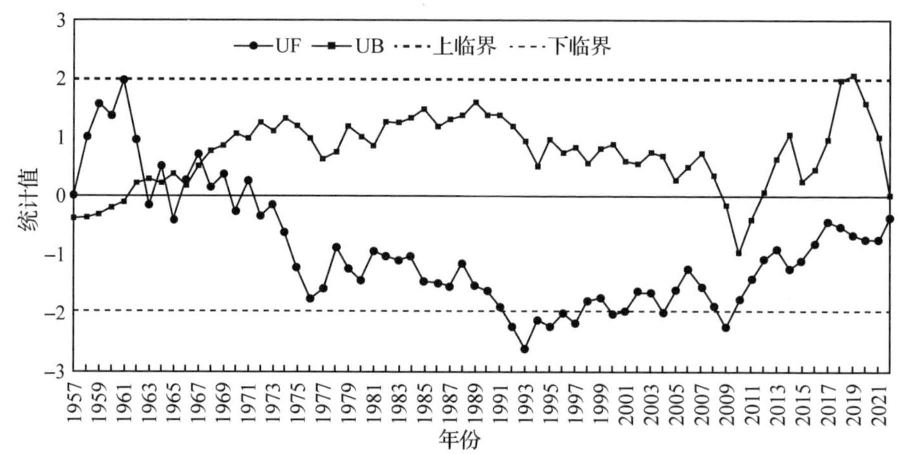

图 2-7　1957—2022 年径流 M-K 趋势检验

由图可知，在临界值内，1957—2022 年间径流量，塔里木河径流量整体上呈显著减小趋势，其中，在 1957—1973 年阶段处于上升、下降的波动状态，呈上升趋势的径流量居多，且在 1962—1968 年，UF 与 UB 两条曲线产生了多个交点，在临界值内两条统计量曲线的交点即为突变的时间，表明径流量在 1962—1968 年时间段发生了突变，而在 1973 年后，径流量整体呈减小趋势，且在 1992—1997 年超过了临界值，表示径流量显著性减小。

（3）周期性变化特征

本次主要针对塔里木河径流量，采用小波分析理论对塔里木河 1957—2022 年共 66 年径流序列进行周期分析，小波方差图、小波等值线图和小波实部过程线图分别如图 2-8 至图 2-10 所示，从小波方差图以及等值线图可以看出，塔里木河径流过程存在 3 个主周期，分别为 26 年、15 年和 9 年；通过小波实部过程线发现：在 26 年、15 年和 9 年的主周期下还存在 16.5 年、9.4 年和 5.5 年的小周期。

（4）年内变化

通过分析塔里木河的多年径流量，计算得到塔里木河径流年内分配不均，6~9 月水量占全年水量的 82.98%，10~11 月水量占全年水量的 6.24%，12

月至翌年 2 月水量占全年水量的 3. 31%，3~5 月水量占全年水量的 7. 47%。

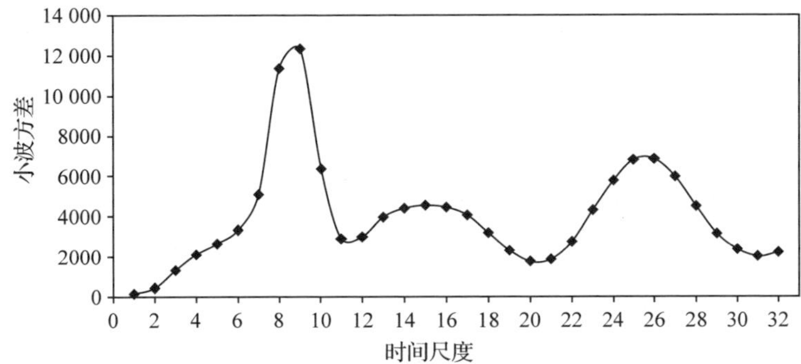

图 2-8　小波方差

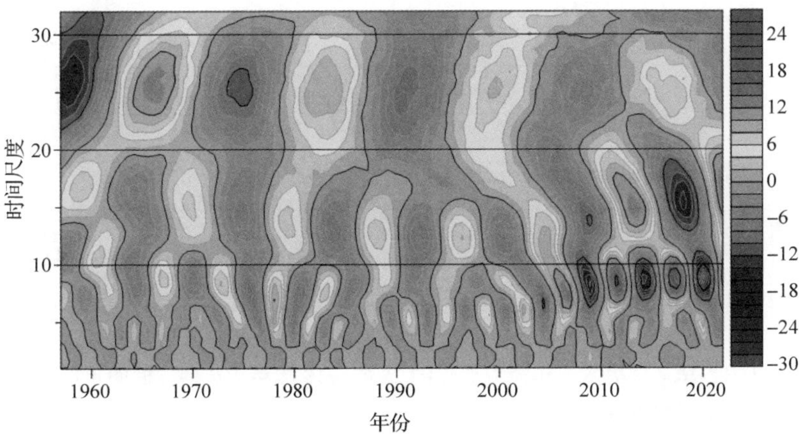

图 2-9　小波实部等值线

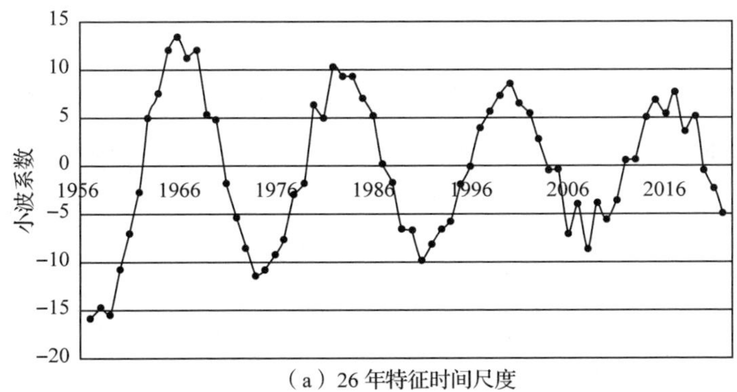

图 2-10　塔里木河年径流变化的 26 年、15 年和 9 年特征时间尺度小波实部过程线(一)

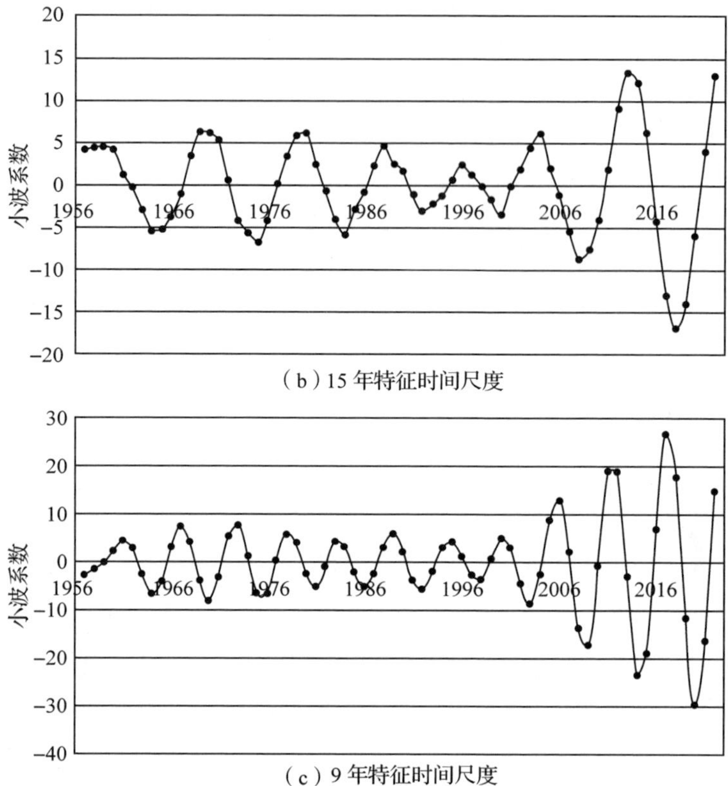

（b）15 年特征时间尺度

（c）9 年特征时间尺度

图 2-10　塔里木河年径流变化的 26 年、15 年和 9 年特征时间尺度小波实部过程线(二)

2.2.3　丰枯变化分析

(1)PⅢ型频率曲线法

基于 1957—2022 年阿拉尔水文站断面径流实测数据，根据水文计算方法，通过 PⅢ型频率曲线分析河流来水量频率，将来水量频率小于 25%的年份划定为丰水年，来水量频率在 50%的年份划定为平水年，来水量频率大于 75%的年份划定为枯水年。

塔里木河径流水文特性分析：采用皮尔逊Ⅲ型曲线选取了 $P=25\%$、$P=50\%$、$P=75\%$的三种典型年，对应典型年分别为 2002 年、1999 年、1972 年，其径流量分别为 $55.03\times10^8 m^3$、$47.44\times10^8 m^3$、$37.26\times10^8 m^3$，见表 2-6。

表 2-6　丰平枯水年的划定

多年平均年径流量($\times10^8m^3$)	丰水年		平水年		枯水年	
	时间	径流量($\times10^8m^3$)	时间	径流量($\times10^8m^3$)	时间	径流量($\times10^8m^3$)
46.65	2002	55.03	1999	47.44	1972	37.26

(2)距平百分率

塔里木河径流丰枯程度的判定方法与车尔臣河径流丰枯程度的判定方法类同。在指导生产实践时，一般先根据年径流量计算出相应的模比系数 K_P 值，依据表 2-7 模比系数的判别表划定的范围查找出丰水、平水、枯水变化程度。

表 2-7　模比系数 K_p 的判别

丰枯程度	丰水年		平水年	枯水年	
	特丰	偏丰		偏枯	特枯
对应 K_p 值	$K_p\geq1.20$	$1.10\leq K_p<1.20$	$0.90\leq K_p<1.10$	$0.80\leq K_p<0.90$	$K_p<0.80$

表 2-8　阿拉尔水文站塔里木河各年径流量的丰枯程度

时间	类别	水平年
1965 年、1975 年、1976 年、1985 年、1989 年、1991—1993 年、2000 年、2004 年、2007—2009 年、2014 年	特枯	枯水年
1970 年、1972 年、1974 年、1979—1980 年、1995 年、1997 年、2018—2020 年	偏枯	
1957—1958 年、1960 年、1962—1963 年、1968 年、1977 年、1982—1984 年、1986—1987 年、1990 年、1996 年、1999 年、2001 年、2003 年、2021 年	平水年	平水年
1959 年、1964 年、1967 年、1969 年、1973 年、1988 年、2002 年、2013 年、2015 年	偏丰	丰水年
1961 年、1966 年、1971 年、1978 年、1981 年、1994 年、2005—2006 年、2010—2012 年、2016—2017 年、2022 年	特丰	

从表 2-8 可以看出，在阿拉尔水文站塔里木河各年径流量中，丰水年占比 36.36%(其中，特丰年占 21.21%，偏丰年占 15.15%)，平水年占比 27.27%，

枯水年占比 36.36%(其中，特枯年占 21.21%，偏枯年占 15.15%)。依据多年径流量按从大到小顺序排序的方法排序后，其丰水年中，特丰年临界值为 1971 年径流量 $56.36\times10^8m^3$，偏丰年临界值为 2015 年径流量 $51.38\times10^8m^3$；平水年临界值为 1963 年径流量 $42.12\times10^8m^3$；偏枯年临界值为 1979 年径流量 $36.95\times10^8m^3$，特枯年临界值为 2009 年径流量 $14.02\times10^8m^3$。

综合分析可以看出，塔里木河丰水年来水量临界值为 $51.38\times10^8m^3$，平水年来水量临界值为 $42.12\times10^8m^3$，枯水年来水量临界值为 $14.02\times10^8m^3$(表 2-8)。

2.3 小结

(1)基于且末水文站 1957—2021 年的 65 年径流长时间序列的年际变化分析，通过计算年际变化特征值得到径流系列的变差系数 C_v 较小，为 0.34，表明车尔臣河年际变化相对稳定，偏差系数 C_s 为 1.14。

(2)基于车尔臣河多年径流量，利用 M-K 趋势检验法检验径流时间序列的变化趋势特征、显著性及突变点。得到 1957—2021 年间径流量整体呈显著增加趋势，其中，在 1957—2003 年阶段处于上升、下降的波动状态，且呈下降趋势的径流量居多，而在 2003 年后，径流量整体呈增加趋势，且在 2013 年达到了显著性；且径流量在 2008 年发生了突变。

(3)采用小波分析理论对车尔臣河 1957—2021 年共 65 年径流序列进行分析，从小波方差图和小波等值线图可以看出，车尔臣河径流过程存在 11 年、19 年的显著主周期，在主周期内还存在 7 年的小周期。

(4)对车尔臣河来水量进行丰枯变化分析，基于 PⅢ型频率曲线法以及距平百分率法综合分析，得到丰水年河流来水量为 $6.630\times10^8m^3$，平水年河流来水量为 $5.319\times10^8m^3$，枯水年河流来水量为 $4.820\times10^8m^3$。

(5)通过对阿拉尔水文站 1957—2022 年的 66 年径流长时间序列进行年际变化分析，通过年际变化特征值分析得到径流系列的变差系数 C_v 较小，为 0.29，结果表明：塔里木河年际变化相对稳定，偏差系数 C_s 为 0.57，说明水文序列为正偏。

(6)基于塔里木河多年径流量，利用 M-K 趋势检验法检验径流时间序列的变化趋势特征、显著性及突变点。得到 1957—2022 年间径流量整体呈显著减小趋势，其中，在 1957—1973 年阶段处于上升、下降的波动状态，且呈上升趋势的径流量居多，在 1962—1968 年时间段发生了突变，而在 1973 年后，径流量整体呈减小趋势，且在 1992—1997 年超过了临界值，表示径流量显著减小。

(7)采用小波分析理论对塔里木河 1957—2022 年共 66 年径流序列进行分析，从小波方差图和小波等值线图可以看出，塔里木河径流过程存在 26 年、15 年和 9 年的显著主周期，在主周期内还存在 16. 5 年、9. 4 年和 5. 5 年的小周期。

(8)对塔里木河来水量进行丰枯变化分析，基于 PⅢ型频率曲线法以及距平百分率法综合分析，得到塔里木河丰水年来水量为 51. 38×$10^8$$m^3$，平水年来水量为 42. 12×$10^8$$m^3$，枯水年来水量为 14. 02×$10^8$$m^3$。

第3章 面向水资源合理配置的绿洲生产、生活用水与生态用水变化研究

绿洲是干旱区国民经济和社会发展的基石与载体，维持着干旱区生态系统，是干旱、半干旱地区人类生产、生活的基本场所，是人民赖以生存的基础，承载着干旱区的经济社会发展，是维系区域经济发展和人民生活的命脉(孙帆 等，2020)。在干旱区，水资源是影响绿洲可持续发展的关键因素。

天然绿洲地处人工绿洲和沙漠之间，其对维护绿洲生态系统的稳定具有重要作用，是保障人工绿洲生态系统稳定的重要屏障(崔浩浩 等，2023；王敏 等，2022)。在干旱区，由于水资源的限制，总体上天然绿洲与人工绿洲存在相互消长的关系——在有限水资源条件下，人工绿洲规模的扩张必然导致天然绿洲用水量的缺失。失去天然绿洲的防护，人工绿洲的稳定性与可持续发展能力也会受到影响(赵文智 等，2023)。近50年来，塔里木河流域在人类活动强烈干扰和区域气候炎热干燥双重驱动下，生态系统受到严重破坏，其结构和过程发生重大改变，引起了水资源空间分布变化，上、中游土地大面积盐渍化，湿地面积缩小，下游河道断流，台特玛湖干涸，河道附近地下水位大幅降低，绿洲与荒漠过渡带的自然植被大量枯死，沙漠化加剧扩张，使深入塔克拉玛干沙漠的“绿色长廊”开始急剧萎缩(李志赟 等，2022)。

如何科学看待天然绿洲与人工绿洲的生产、生活用水与生态用水内涵，厘清生产、生活用水和生态用水的关系，能否将发挥生态效益的人工林草用水纳入生态用水范畴等成为目前学术界亟须解决的关键问题。本章将对塔里木河流域建立更加科学的节水标准和定额指标体系、优化水资源合理配置与合理利用，这对水资源保障生态用水的同时深挖水资源潜力保障社会经济可持续发展有着重要意义。

3.1 新疆荒漠类型及其结构特征

荒漠是自然—历史的综合体，涉及学科较多，在不同尺度和角度下，不同的学者对荒漠类型的划分方法和结果有所不同。张煜星等(1998)认为干旱荒漠根据其地表物质组成划分为以下几种类型：岩漠、砾漠、沙漠、泥漠、

盐漠、土漠；此外，还有寒漠，分布在高纬极地、中低纬的高山高原地区，也是荒漠类型的一种。王涛等(2006)认为，据土壤基质的不同，可将我国西北干旱区的荒漠分为土质荒漠、沙质荒漠、砾石荒漠、石质荒漠。季方根据物质组成、地表景观和形成特点，将塔里木盆地的荒漠划分为盐漠(盐土荒漠)、泥漠(土质荒漠)、砾漠(戈壁)、沙漠(砂质荒漠)4 种类型。吴吉龙等在策勒河流域荒漠类型特征研究中将荒漠划分为干旱荒漠和寒漠 2 个一级类型，盐漠、泥漠、沙漠、砾漠、岩漠、土漠、高寒荒漠等 7 个二级类型，流动沙漠、半固定沙漠、固定沙漠等 14 个三级类型。

新疆荒漠广泛分布于准噶尔盆地、塔里木盆地等干旱区，与阿尔泰山、天山和昆仑山的高寒区，占全疆总面积的 80%以上。在准噶尔盆地腹部分布有古尔班通古特沙漠；在塔里木盆地可见塔克拉玛干沙漠，盆地边缘为砾漠、盐漠及泥漠。在三大山地的低山、丘陵及部分中山区分布有干燥岩漠，而在高山区为寒漠。吐鲁番—哈密盆地分布有砾漠、岩漠及沙漠。在天山北坡、伊犁谷地和塔城盆地可见土漠。

以杨发相等(2021)对荒漠的分类原则，可对新疆荒漠进行分类：首先以干旱与寒冷指标将干旱区荒漠划分为干旱荒漠和高寒荒漠两大类，然后对干旱荒漠依据其物质组成划分为沙漠、砾漠、泥漠、土漠(黄土)、盐漠和岩漠 6 类，再据地貌形态成因类型、海拔、含盐量等指标划分为如沙地、沙丘、冲积平原砾漠、洪积平原砾漠、丘陵岩漠、中山岩漠、湖积平原盐漠、冲积平原泥漠、平原台地土漠等若干三级类，对三级类型又根据其植被状况进行如固定沙地、流动沙丘、植被覆盖的冲积平原砾漠、裸露冲积平原砾漠等四级类型划分；对高寒荒漠据物质差异划分为高寒沙漠、砾漠、盐漠及泥漠等，据地貌成因类型划分为高寒沙丘、高寒冲积平原砾漠、冰缘剥蚀平原岩漠、冰川作用高山岩漠和冰川作用极高山岩漠等，再据植被覆盖差异进一步划分。

在新疆干旱区，绿洲是人类生存与发展的主要场所。荒漠区绿洲受水、土条件的限制具有沿河流冲积平原呈带状，在河流出山口呈扇状或点状，沿湖呈环状，总体上呈片状沿盆地边缘呈串珠状分布的特点。天然绿洲大多分布于荒漠区水、土、光、热耦合较好的地区，如扇缘、河谷平原、湖区、泉水地等。在干旱区，绿洲形成一般受限于地貌、水源条件等自然因素，同时也受限于人工因素，特别是人工活动，如 20 世纪 50 年代在塔里木河下游修筑大西海子水库与孔雀河阿克苏甫水库，致使水库以下河段水源减少甚至断流，台特玛湖、罗布泊分别于 1969 年和 1972 年干涸，湖区和断流河道地区地下水位降低，植物衰败，天然绿洲荒漠化。人工绿洲主要分布于山前冲积、冲—洪积平原，与河流中、高阶地等地，有农田、园地、人工林地、城镇居民点及工矿、水库等。呈块状分布，图斑较规则。总之，天然绿洲与荒漠区水源空间分布基本一致；而人工绿洲则位于水库、渠道、机井附近。显然，干旱区绿洲形成与地貌类型的关系密切，具有随水源的时空分布变化而变化的规律。

综合以上，新疆荒漠具有分布广泛、类型多样等特点。

3.2 绿洲的定义及绿洲分布特征

3.2.1 绿洲的定义

绿洲是干旱区的主要自然和人文地理景观之一，其拉丁语为“*Oasis*”，是指在干旱环境中可以供住(Oweh)和喝(Saa)的地方，引申为荒漠中能够进行生产和居住的地方。绿洲是干旱区的组成部分，是以荒漠为基质的镶嵌结构，是一个复杂的耗散结构体系，是内陆干旱区三大地理系统(山地、荒漠、绿洲)之一，是植被生长和人类活动的物质基础，是干旱区的精华，同时也是生态环境敏感和脆弱的区域。

绿洲是在特定的(如干旱、高寒地区)气候地貌、水文、土植被动等因素相互作用以及人类活动共同影响下而形成的自然综合体。同时也按照发生机制可以将绿洲划分为天然绿洲和人工绿洲，按景观意义可分为冲积扇型绿洲、河流三角洲型绿洲、滨湖三角洲绿洲、洪积扇型绿洲、山间盆地绿洲、河谷绿洲及湖滨平原绿洲等。人工绿洲可以分为古绿洲、旧绿洲和新绿洲，也可以根据功能不同而划分为农业经济型绿洲、城镇经济型绿洲等。特别地，人工绿洲是在荒漠或天然绿洲的基础上，经过长期的人类活动发展起来的，是人类生存和发展的核心区，包含人工水域、农田、人工园林、村镇和绿洲城市；天然绿洲分布在干旱区平原地形相对低平的河滩地、低阶地、湖滨、低洼地及扇缘泉水溢出带，以中生、中旱生非地带性植被为主，是依靠地下水或洪水漫溢维持生命，并由荒漠河岸林、河谷低地草甸和灌丛构成；天然绿洲是荒漠与人工绿洲之间的天然屏障，能够较好地指示自然环境变化。天然绿洲指形成和发展于自然条件下，较少甚至没有受到人类活动的影响，具有绿洲基本特征的地理区域，主要分布在人工绿洲边缘地区或人工绿洲与荒漠之间的过渡地区。

新疆地区的绿洲主要分布于各大山地外围、各大干旱荒漠区的边缘地带及河流两岸，如天山北坡—准噶尔盆地南缘绿洲带，阿勒泰山南坡—额尔齐斯河与乌伦古河绿洲带，环塔里木盆地南北缘绿洲群以及塔城盆地、伊犁谷地、哈密盆地、吐鲁番盆地、焉耆盆地等地绿洲。新疆地区绿洲的范围框定，包括了天然绿洲和人工绿洲部分。天然与人工几乎各占一半，新疆的绿洲建设达到了一定的规模，相对其周围的广大干旱荒漠区域，水资源是影响新疆地区绿洲规模与结构的最重要因素。

3.2.2　塔里木河流域绿洲分布模式探讨

以塔里木河流域为例，基于分水岭、分水线确定了塔里木河流域“九源一干”边界。通过查阅大量的历史文献资料已了解各流域近 50 年的演变历史，重点对各流域的地形地貌、来水条件、风沙活动规律等特征有了比较清晰的认识；通过遥感软件提取了各流域的地形资料，如流域坡度、流域长度、流域宽度并通过计算获得沙地、山区和戈壁分别所占比例等，对塔里木河流域“九源一干”背景有了一定的认识。归纳总结塔里木河流域绿洲分布特征，分析绿洲分布特征中存在差异的原因，在肯定绿洲受到水资源、地貌、气候变迁、人类活动等因素制约，有规律分布的同时，分类探讨了塔里木河流域“九源一干”绿洲分布模式(图 3-1)。

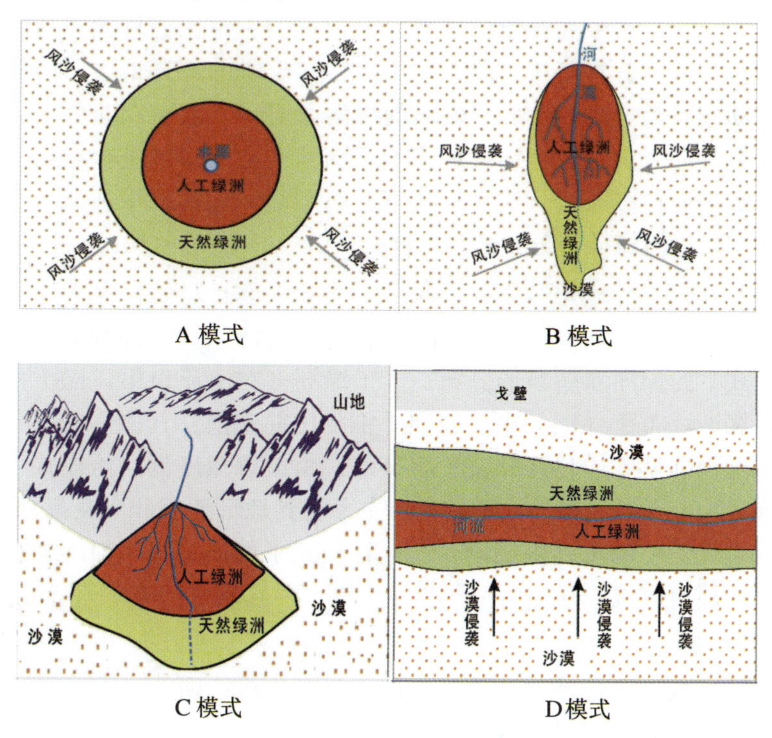

图 3-1　绿洲分布模式

(1) A 模式：标准模式

就分布规律来说，干旱区及半干旱区的绿洲分布，通常以水源为中心，人工绿洲因为灌溉条件限制分布在水源周边。天然绿洲分布于人工绿洲和戈壁、沙漠周围，对人工绿洲起着保护的作用，可以有效防止沙漠对人工绿洲的侵袭。在这种模式中，其中心水源的大小制约着绿洲的大小范围。我们在研究过程中将绿洲进行抽象重新规划，即概化成同心圆圈层，内圈为农田生产系统，外圈为灌草固沙带，二者之间为防风防沙林带，即可理解为内圈为人工绿洲，而内圈以外为天然绿洲。这一模式虽然可为绿洲规划提供合理范式，但不适宜应用在以流域为尺度的绿洲研究，该模式仅仅在小范围内出现。

(2) B 模式：内陆河沙漠区模式

干旱区内陆河多发源于山区，流入沙漠后，最终消失或汇集于洼地形成尾闾湖。天然绿洲多分布于河流两岸和尾闾湖的周边，由于河流中游地区水流平缓，利于进行引水灌溉，老人工绿洲常位于河流中游地区。随着灌溉耕作技术的改进，天然河道被人工渠系取代，人工绿洲沿河道向上游和下游扩张，呈现出沿河道分布的特点。

该模式下的绿洲深入沙漠，流域内沙地范围所占比例较大，是地面完全被沙所覆盖，植物非常稀少，降水稀少，空气干燥的荒芜地区，河流径流量和风沙活动共同影响绿洲发展。流域的中游主要是以灌溉农业为主导的人工绿洲，剩余的水流向荒漠区，形成天然绿洲，中游用水过量会导致下游的天然绿洲衰败甚至趋于灭亡。这种模式下的典型绿洲包括和田河流域、克里雅河流域、车尔臣河流域内分布的各绿洲。

(3) C 模式：冲—洪积扇形模式

该模式分布于河流山前冲—洪积平原，因受到地形条件限制和河流冲积作用，该模式下的绿洲多呈扇形分布。人工绿洲多在河流出山口以下呈扇形分布，天然绿洲分布于绿洲外围，绿洲外围的山前荒漠，其多为砾漠景观，亦称戈壁，这种砾漠砾质化强烈，土壤贫瘠，植被覆盖度低。该模式下，绿洲较少受到风沙的侵袭，绿洲面积的大小主要受到地形地貌和水文条件的影响，水资源量是其发展的主要限制因子。这种模式下的典型流域有库车河—渭干河流域、迪那河流域、开都河—孔雀河流域、阿克苏河流域内分布的各绿洲。

(4) D 模式：干流模式

在干旱区内陆河流域部分地区，位于沙漠边缘，河流一侧为到山区或山前的戈壁，另一侧为沙漠，绿洲沿河道分布，其中，人工绿洲多位于河道两岸，绿洲的总体分布呈现出沿河道带状分布的特点。该模式下，绿洲的一侧受到风沙的制约，人工绿洲由河道两岸向山前和荒漠区扩张，其绿洲的扩张受到水资源总量和风沙侵袭的双重影响。该模式较为特殊，塔里木河干流中游区带状分布的绿洲表现为这一特点。

3.2.3 塔里木河流域“九源一干”人工绿洲和天然绿洲特征分析

为了针对塔里木河流域分布模式进行分类和归纳，首先对各个流域绿洲分布特征有一个宏观的了解。分别提取塔里木河流域各个子流域的人工绿洲和天然绿洲(图3-2，图中红色部分表示人工绿洲，绿色部分表示天然绿洲)。

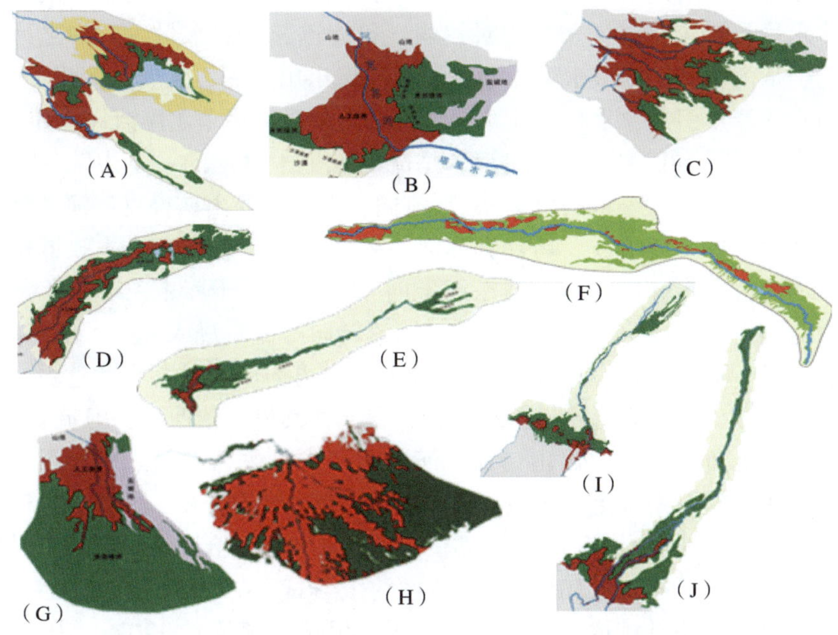

图3-2 塔里木河流域人工绿洲与天然绿洲分布特征

注：图中(A)、(B)、(C)、(D)、(E)、(F)、(G)、(H)、(I)、(J)分别为开都河—孔雀河流域、阿克苏河流域、喀什噶尔河流域、叶尔羌河流域、车尔臣河流域、塔里木河干流、迪那河流域、渭干河—库车河流域、克里雅河流域、和田河流域

根据图3-2可初步判断，阿克苏河流域、开都河—孔雀河流域、叶尔羌河流域、喀什噶尔河流域、渭干河—库车河流域、迪那河流域山地与荒漠面积所占比例大，主要处于山前冲洪积扇，而和田河流域、克里雅河流域、车尔臣河流域沙地所占比例大，主要位于沙漠。

3.3 人工绿洲与天然绿洲“生产、生活用水与生态用水”关系探讨

3.3.1 车尔臣河流域河流水系概况

车尔臣河流域河流水系主要由车尔臣河和其他小河及间接性的山洪沟组成，车尔臣河为流域内最大河流。流域内较大的洪沟包括东托格腊克恰甫沟、塔特勒克苏沟、哈迪勒克萨依沟及库拉木拉克沟等。各河流及洪沟出山口以上，降水量相对较充沛，蒸发相对较弱，集流迅速，引水量少，加之冰川融水补给，从河源到出山口水量逐渐增加；河流出山口后，流经冲、洪积平原，随着河水入渗及引用，水量逐渐减少。流域内主要河流车尔臣河详述如下：

车尔臣河又名且末河、卡墙河，是流向塔里木盆地的一条内陆河，为塔里木河九源流之一。车尔臣河呈“S”形流向，上游主要由乌鲁克苏河和阿里雅力克河两大主要支流组成。乌鲁克苏河主要发源于昆仑山主脊木孜塔格峰区北坡，河流大体自南向北流，与东西走向、主要发源于库木巴彦山北麓的阿里雅力克河汇合后即为车尔臣河。此后河流转向西流，进入苏拉木塔格山(属阿尔金山脉)与托库孜达坂山之间的吐拉盆地，再向西穿过 9 个冰达坂，形成深切峡谷，在出山口附近左岸接纳了较大支流托其里萨依河后，河流呈 90°拐弯后转向西北流出山口。出山口后，河水大量渗入砾石戈壁之中，因坡降较大，在且末县城以南十余千米处河水才开始散流。至且末县城以北河道又逐渐下切，河岸高 5~6m，有泉水在河岸一级阶地出露补给河流。自且末县城北约 40km 处折转流向东北，此后河流流经约 191km，在塔什萨依河下游的吕普吐勒库勒村入若羌县境内，沿塔克拉玛干沙漠南缘流程约 170km，平缓地注入台特玛湖。

车尔臣河全长 813km，河流出山口以上集水面积达 26 822km^2，河长 353km。车尔臣河是一条典型的以冰雪消融补给为主的河流，年径流量的 87%来自冰川和永久性积雪，河流水量年际变化相对平稳，年内分布不均匀，全年近半数径流量产自于夏季。在第 2 章 2.1“车尔臣河水文要素变化特征”中已详细描述，这里不再赘述。

3.3.2 塔里木河流域人工绿洲和天然绿洲的用水结构分析

塔里木河流域是我国典型的农业绿洲区，也是生态环境极为脆弱、敏感的地区，流域长期的耕地开垦和农业生产消耗了大量水资源。塔里木河流域

由环塔里木盆地的阿克苏河、喀什噶尔河、叶尔羌河、和田河、开都河—孔雀河、迪那河、渭干河—库车河、克里雅河和车尔臣河等 9 大水系大小河流 144 条组成，构成“九源一干”的局面。由于支流断流，近几十年来能汇入塔里木河干流的只有和田河、叶尔羌河、阿克苏河与开都河—孔雀河，形成“四源一干”的格局。阿克苏河是塔里木河干流水量的主要补给来源，补给量占 73.2%，和田河的补给量占 23.2%，叶尔羌河的补给量只占 3.6%，开都河—孔雀河无直接地表水流入干流，而是通过输水工程将水直接引入到塔里木河干流下游灌区(陈亚宁 等，2003)。各河流均有统一的特征，即以河流出山口为界，出山口以上为径流形成区，自上而下径流量递增；河流出山以后，沿途渗漏、蒸发，用于灌溉、流入湖泊或盆地，径流量沿途递减，最后消失于灌区或沙漠中，或注入尾闾湖。

随着塔里木河流域经济社会的发展，流域内农业用水量逐渐增加，基于文献(刘强，2021)可知，农业用水量从 2004 年的 $279.55\times10^8\text{m}^3$ 增加到 2014 年的 $333.16\times10^8\text{m}^3$，增长比例为 19.18%。2004—2011 年农业用水量波动不大，2011—2014 年，农业用水量变化波动较大，用水量最高峰在 2013 年，为 $348.02\times10^8\text{m}^3$。2004—2009 年塔里木河流域工业用水经历一个波动，工业用水量从 2004 年的 $2.35\times10^8\text{m}^3$ 上升到 2007 年的 $3.1\times10^8\text{m}^3$；从 2007 年至 2009 年塔里木河流域工业用水量开始下降，用水量从 2007 年的 $3.1\times10^8\text{m}^3$ 下降到 2009 年的 $2.62\times10^8\text{m}^3$。2009—2014 年，塔里木河流域工业用水量从 2009 年的 $2.62\times10^8\text{m}^3$ 上升到 2013 年的 $4.39\times10^8\text{m}^3$；从 2013 年至 2014 年塔里木河流域工业用水量开始下降，用水量从 2013 年的 $4.39\times10^8\text{m}^3$ 下降到 2014 年的 $4.02\times10^8\text{m}^3$。

另外，基于文献(阿不都艾尼·阿不力孜 等，2022)可知，2020 年，流域“九源一干”各用水行业 $P=50\%$时的水量配置总量为 $307.6\times10^8\text{m}^3$，其中，配置给工业水量 $14.4\times10^8\text{m}^3$，占 4.7%；配置给农业水量 $285.3\times10^8\text{m}^3$，占 92.8%；配置给生活水量 $7.9\times10^8\text{m}^3$，占 2.6%。2020 年，流域“九源一干”各用水行业 $P=75\%$时的水量配置总量为 $295.8\times10^8\text{m}^3$，其中，配置给工业水量 $14.4\times10^8\text{m}^3$，占 4.9%；配置给农业水量 $273.5\times10^8\text{m}^3$，占 92.5%；配置给生活水量 $7.9\times10^8\text{m}^3$，占 2.7%。流域“九源一干”2020 年各用水行业水量配置情况见表 3-1。

综上所述，目前，塔里木河流域的农业灌溉用水在用水总量中的占比最大，用水中大部分是针对人工绿洲供给。

表 3-1 “九源一干”2020 年各用水行业水量配置情况表($P=50\%$)

水系	行业配置水量(10^4m^3)						合计	行业配置比例(%)		
河流	工业		农业		生活		($\times10^4m^3$)	工业	农业	生活
	地表	地下	地表	地下	地表	地下				
和田河	1757	1215	195 277	51 628	0	8606	258 484	1.1	95.5	3.3
叶尔羌河	0	7265	556 587	67 153	0	17 482	648 487	1.1	96.2	2.7
阿克苏河	8000	9934	420 038	31 890	0	11 179	481 041	3.7	93.9	2.3
开都河—孔雀河	28 186	11 647	116 386	82 998	0	13 354	252 571	15.8	78.9	5.3
塔里木河干流	0	0	462 191	0	0	0	462 191	0.0	100.0	0.0
小计	37 943	30 061	1 750 480	233 669	0	50 621	2 102 775	3.2	94.4	2.4
喀什噶尔河	0	20 160	313 434	123 861	0	16 484	473 939	4.3	92.3	3.5
渭干河—库车河	26 682	19 573	281 231	28 749	893	7 764	364 893	12.7	85.0	2.4
迪那河	5451	3000	18 422	2564	0	527	29 964	28.2	70.0	1.8
车尔臣河	214	118	27 183	1855	0	514	29 884	1.1	97.2	1.7
克里雅河	0	868	71 764	0	0	1739	74 371	1.2	96.5	2.3
小计	32 347	43 720	712 035	157 029	893	27 028	973 051	7.8	89.3	2.9
合计	70 290	73 781	2 462 515	390 698	893	77 649	3 075 826	4.7	92.8	2.6

注：1. 地下水未折算为地表水；2. 干流来水含在“四源”流下泄水量中；3. 表中叶尔羌河配置水量为需水折算到喀群断面的水量。

3.3.3 塔里木河流域绿洲生产、生活用水与生态用水的内涵与关系

人工绿洲与天然绿洲间有一定的水量关系，水是限制绿洲规模的主导因子，比如养育 $1hm^2$ 面积大小的绿洲所需的水为 $5420m^3$(韩德麟，1996)。因此，开展人工绿洲、天然绿洲适宜面积比例的研究与天然植被及农作物耗水量的研究是分不开的。在理想模式下，我们可以把维持与提高农田的生产力为目的的灌溉农田以外的耗水都归结为生态耗水，即天然绿洲耗水。雷志栋(2004)、黄聿刚等(2005)研究了绿洲灌溉与非灌溉用地单位面积耗水量的计算方法。雷志栋(2004)认为干旱区绿洲农田年耗水量在 650mm 以上，非灌溉地的年耗水量维持在 300mm 以上为宜；还有研究(唐数红，2003)认为应将 30%~40%的水资源配置给生态用水，其余可配置给耕地。赵文智等(2006)、叶朝霞等(2007)计算了干旱区绿洲耗水量，并得出了干旱区绿洲耗水中，天然绿洲应占 35%~40%，人工绿洲应占 60%~65%等重要结论。母敏霞等(2008)以流域社会经济与生态环境协调发展为目标，分析了奎屯河流域存在

的主要生态环境问题，在干旱区生态需水概念与分类的基础上，给出了奎屯河流域生态需水的界定范围。刘金鹏等(2010)通过民勤绿洲生态需水实例研究，基于“生态合理用水”模式对生态环境用水量按照需水优先次序对区域进行了分区水量计算。郭巧玲等(2013)以额济纳绿洲为例，在借助 GIS 技术进行生态分区的基础上，采用阿维里扬诺夫方法估算绿洲植被生态需水，认为 2009 年该绿洲植被最低生态需水总量为 $4.72\times10^8\text{m}^3$。孙栋元等(2016)以疏勒河流域中游绿洲为研究区，对 2013 年疏勒河中游天然植被覆盖状况进行分析，认为天然植被最小生态需水量为 $18\ 768.97\times10^4\text{m}^3$，最大生态需水量为 $46\ 643.04\times10^4\text{m}^3$。为人工绿洲与天然绿洲科学水量配比的研究提供了科学依据与理论基础。

与天然绿洲有着相同功能的以人工防护林或公益林为代表的人工林草地需水，是否应划到天然绿洲的需水中去？在固有的水资源分配体系下，初始水权如何分配才能兼顾公平、效率和生态环境影响？水权分配如何与计划统一管理相结合，才能真正促进流域水资源的可持续利用？这些问题，目前学术界尚未有明确的、令人信服的答案。

塔里木河流域在地域上主要由阿克苏河、渭干河、开都河—孔雀河、车尔臣河、克里雅河、和田河、叶尔羌河、喀什噶尔河等子流域和塔里木河干流、塔克拉玛干沙漠及东部沙漠三大区共同构成。当地年均水资源量为 $428.4\times10^8\text{m}^3$，其中，河川径流量 $408.1\times10^8\text{m}^3$，地下水资源量 $262.0\times10^8\text{m}^3$，不重复计算水资源量 $20.4\times10^8\text{m}^3$。人工绿洲由 1990 年的 $2.86\times10^4\text{km}^2$ 增加到 2015 年的 $4.16\times10^4\text{km}^2$，年增长率 1.6%；而天然绿洲面积由 1990 年的 $4.18\times10^4\text{km}^2$ 增加到 2000 年的 $4.43\times10^4\text{km}^2$，再下降到 2015 年的 $4.02\times10^4\text{km}^2$；由 1990—2015 年间塔里木河流域绿洲扩张(或萎缩)区域的空间变化分析可知，天然绿洲萎缩区域和人工绿洲扩张区域的区位特征高度重合，主要集中在叶尔羌河下游、渭干河周边、开都河—孔雀河中段及阿克苏河到塔里木河干流之间。人工绿洲主要通过挤占天然绿洲而形成，且人工绿洲总体表现为由沿河流水系分布逐渐转变为向水系周边扩张分布。在 1990—2000 年间，塔里木河流域人工绿洲的形成并没有引起天然绿洲的明显萎缩；而在 2000 年后，每形成 10km^2 的人工绿洲，便会引起 3.9km^2 天然绿洲的消亡，且天然绿洲面积总体呈逐年萎缩的趋势。

由于水资源的配置和使用不仅要关注生态环境目标，还要关注经济目标、社会目标、政治目标，所以，水资源配置是一个多目标决策问题。而水资源配置又被水量、水资源时空分布等限制。随着人们对人工绿洲、天然绿洲的区域单元划分的确定，人们也普遍地接受了人工绿洲用水就是人工绿洲区域的用水、天然绿洲用水就是天然绿洲区域的用水。因此，关于流域内绿洲将人工防护林用水被模糊地归到国民经济用水(而非生态用水)问题，缺乏科学依据以及令人信服的答案。而人工绿洲中的防护林及形成规模的林地、草地用水能否划入生态用水的范畴可能是缓解水资源短缺以及生产、生活用水与生态用水矛盾的一项关键问题，也对流域整体水资源的合理配置有着重要影响。农业用水与生态用水水量关系变化研究不仅仅是确定一个规模或数值，而是综合考虑社会经济—水资源—生态环境系统的影响因素，获得区域水资源最优配置。所以，很有必要对此进行更加深入、系统的研究。

3.4 人工绿洲内形成规模的林地、草地用水划入生态用水范畴的典型流域用水量分析

3.4.1 数据来源与方法

(1)遥感影像处理

利用 Erdas 软件对遥感影像进行几何校正、配准，并借助 ArcInfo 分别对各子流域各时期遥感影像进行目视判读和数字化处理工作，影像解译时参照《生态环境状况评价技术规范》(HJ 192—2015)划分土地利用类型，将流域内土地利用类型划分为水田、旱地；有林地、灌木林地、疏林地、其他林地；高覆盖草地、中覆盖草地、低覆盖草地；湖泊或水库、河流、滩涂湿地；城镇用地、农村居民用地、其他建设用地；沙地、盐碱地、裸土地、裸石岩砾地和其他未利用地 20 类。然后通过野外验证，对各流域解译结果进行修正(详见表 3-2)。

表 3-2 土地利用分级情况

一级类别	二级类别	含义
耕地，指种植农作物的土地，包括熟耕地、新开荒地、休闲地、轮歇地、草田轮作地；以种植农作物为主的农果、农桑、农林用地；耕种 3 年以上的滩地和滩涂	水田	指有水源保证和灌溉设施，在一般年景能正常灌溉，用以种植水稻、莲藕等水生农作物的耕地，包括实行水稻和旱地作物轮种的耕地
	旱地	指无灌溉水源及设施，靠天然降水生长作物的耕地；有水源和浇灌设施，在一般年景下能正常灌溉的旱地作物耕地；以种菜为主的耕地，正常轮作的休闲地和轮歇地

（续）

一级类别	二级类别	含义
林地，指生长乔木、灌木等的林业用地	有林地	指郁闭度>30%的天然林和人工林。包括用材林、经济林、防护林等成片林地
	灌木林地	指郁闭度>40%、高度在 2m 以下的矮林地和灌丛林地
	疏林地	指郁闭度为 10%~30%的疏林地
	其他林地	包括果园、桑园、茶园等在内的其他林地
草地，指以生长草本植物为主，覆盖度在 5%以上的各类草地，包括以牧为主的灌丛草地和郁闭度在 10%以下的疏林草地	高覆盖度草地	指覆盖度在>50%的天然草地、改良草地和割草地。此类草地一般水分条件较好，草本植物生长茂密
	中覆盖度草地	指覆盖度在 20%~50%的天然草地和改良草地，此类草地一般水分不足，草本植物生长较稀疏
	低覆盖草地	指覆盖度在 5%—20%的天然草地。此类草地水分缺乏，草本植物生长稀疏，牧业利用条件差
水域，指天然陆地水域和水利设施用地	河流（渠）	指天然形成或人工开挖的河流及主干渠常年水位以下的土地，人工渠包括堤岸
	湖泊（库）	天然或人工作用下形成的面状水体，包括天然湖泊和人工水库两类
	滩涂湿地	指受潮汐影响比较大，河、湖边水分条件比较好的土地，或河、湖水域平水期水位与洪水期水位之间的土地
建设用地，指城乡居民点及县镇以外的工矿、交通等用地	城镇建设用地	指大、中、小城市及县镇以上建成区用地
	农村居民点	指农牧民居住地
	其他建设用地	指独立于城镇以外的厂矿、大型工业区、油田、盐场、采石场等用地、交通道路、机场及特殊用地
未利用地，包括难利用的土地或植被覆盖度小于 5%的土地	沙地	指地表为沙覆盖，植被覆盖度在 5%以下的土地，包括沙漠，不包括水系中的沙滩
	盐碱地	指地表盐碱聚集，植被稀少，只能生长耐盐碱植物的土地
	裸土地	指地表土质覆盖，植被覆盖度在 5%以下的土地
	裸岩石砾	指地表为岩石或砾石，其覆盖面积>5%以下的土地
	其他未利用地	指其他未利用土地，包括高寒荒漠、冻土、苔原、戈壁等

(2)绿洲用水量的计算方法

基于面积定额法计算人工绿洲和天然绿洲的用水量。

面积定额法以某一地区某一类型植被的面积乘以其生态需水定额计算得到该类型植被的生态需水量，某地区各类型植被生态需水量之和即为该地区植被生态需水总量，其计算公式为：

$$W = \sum_{i=1}^{n} W_i = \sum_{i=1}^{n} A_i \cdot r_i \tag{3-1}$$

式中：W 为植被生态需水量(m^3)；W_i 为植被类型 i 的生态需水量(m^3)；A_i 为植被类型 i 的面积(hm^2)；r_i 为植被类型 i 的生态需水定额(m^3/hm^2)。

面积定额法计算植被生态需水量的关键是要确定不同类型植被的生态需水定额，即确定单位时间内、单位面积上某一植被类型所需消耗水量。事实上，由于影响植被耗水的因子非常多，各种自然条件下植被的耗水定额很难测定。目前，大多数学者对于不同植被生态需水定额的确定，主要采用前人实际测定的不同植被类型蒸散量以及灌溉用水量，并结合不同地区的植被系数来确定不同植被类型的生态需水定额。

人工绿洲中，不同植被类型的用水量可以根据上述原理进行计算，人工绿洲以及农田系统等人工植被用水量的计算公式为：

$$W = \sum_{i=1}^{n} W_i = \sum_{i=1}^{n} A_i \cdot r_i \tag{3-2}$$

式中：W 为灌溉用水量(m^3)；W_i 为不同类型 i 的灌溉用水量(m^3)；A_i 为 i 的面积(hm^2)；r_i 为耕地、人工防护林等的灌溉用水定额(m^3/ hm^2)。

天然绿洲中，不同植被类型的用水量也可以根据上述原理进行计算，不同植被类型的生态需水量的计算公式为：

$$W = \sum_{i=1}^{n} W_i = \sum_{i=1}^{n} A_i \cdot r_i \tag{3-3}$$

式中：W 为需水量(m^3)；W_i 为不同类型 i 的生态需水量(m^3)；A_i 为 i 的面积(hm^2)；r_i 为有林地、疏林地、宜林地、灌木林地及高、中、低覆盖草地等的生态需水定额(m^3/hm^2)。

3.4.2 不同模式典型流域人工绿洲和天然绿洲分布

(1)典型流域的选择

基于发挥生态效益为依据的人工绿洲与天然绿洲地类划分：

前文第一节确定了塔里木河流域“九源一干”可分为图 3-1 所示的 4 种绿

洲分布模式。分别为标准条件下的绿洲模式(A模式)、沙漠中心绿洲模式(B模式)、山前冲—洪积平原模式(C模式)、干流模式(D模式)。

研究选取阿克苏河流域(冲—洪积扇型模式)与车尔臣河流域(内陆河沙漠区模式)分别作为典型绿洲，进行人工绿洲和天然绿洲面积比例及用水量变化过程分析。

(2)人工绿洲和天然绿洲规模的界定与提取

塔里木河流域可分为源流区和干流区。从肖夹克至台特玛湖为塔里木河的干流，其长度达1231km，自身不产流，整个塔里木河流域内的平原区是径流的主要消耗区和绿洲的形成区，平原绿洲是各生态学家研究绿洲适宜规模的范围，所以在绿洲提取的过程中，参考地形数据，不提取流域内山区的数据。人工绿洲与天然绿洲面积提取过程中，采用计算机分类与专家判别相结合的方法，参照当年Google Earth和流域农业灌区，以绿洲外围防护林作为区分人工绿洲与天然绿洲边界的依据，在土地利用图上，利用地理信息技术以绿洲外围防护林为边界，对其进行连线，最终连成一个闭合曲线，勾画出人工绿洲和天然绿洲的边界线。

依据樊自立等(2004)对绿洲内天然绿洲与人工绿洲的划分方法，天然绿洲主要包括平原区域自然形成、受人类干扰较小的荒漠河岸林、灌木林以及低地盐化草甸三类景观，人工绿洲景观主要指人为改变绿洲原貌的主要人类活动区域，主要为工农业用地、人工林草地、居民与工矿用地、交通用地以及渠道等。

为探究塔里木河典型流域生产、生活用水与生态用水量的关系并精准计算，在前人研究基础上，将发挥生态效益的人工林草地区域，划分至天然绿洲生态用水范畴。因此，在绿洲提取的过程中将耕地、建设用地、水库、人工渠系提取为人工绿洲，将人工绿洲周边的草地、天然林、湖泊、沼泽、滩涂湿地以及绿洲内成规模的人工林地和草地提取为天然绿洲，见表3-3。

表3-3 土地利用类型及划分

类型	二级分类	类型	二级分类
天然绿洲	天然林地	人工绿洲	耕地
	草地		建设用地
	湖泊		水库
	沼泽		人工渠系
	滩涂湿地		
	人工林地和草地		

(3)阿克苏河流域绿洲分布(冲—洪积扇型模式)

为探究阿克苏河流域绿洲生产、生活用水与生态用水量的关系并精准计算，提取阿克苏河流域的人工绿洲和天然绿洲，以及发挥生态效益的人工林地，得到阿克苏河流域绿洲土地利用分布(图 3-3)。由图 3-3 可知，阿克苏河流域绿洲分布符合塔里木河流域“九源一干”人工绿洲、天然绿洲分布特征，自西向东、自北向南表现为天然—人工—天然绿洲分布特征，人工绿洲内有成规模的林地与草地，天然绿洲外围出现戈壁、荒漠。

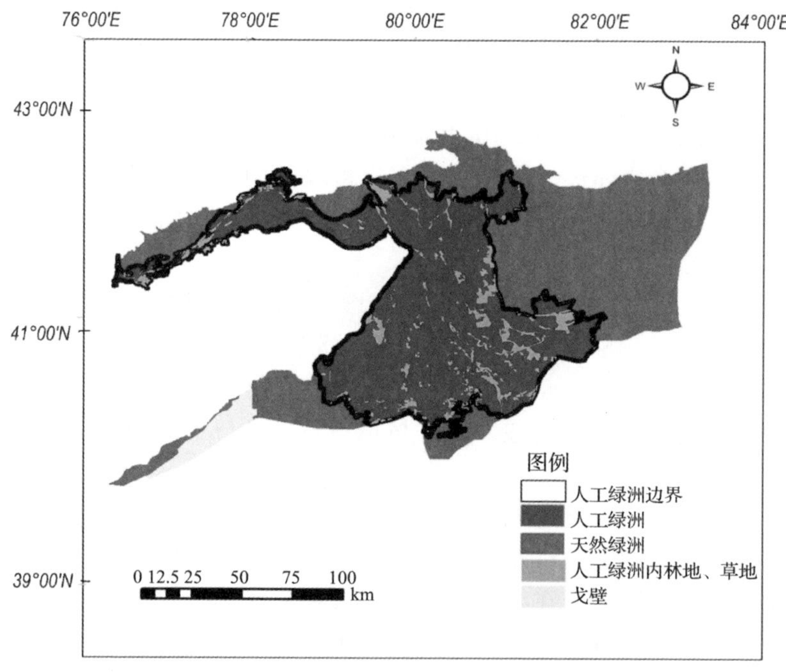

图 3-3 阿克苏河流域天然绿洲、人工绿洲分布状况

(4)车尔臣河流域绿洲分布(内陆河沙漠区模式)

为探究车尔臣河流域绿洲生产、生活用水与生态用水量的关系并精准计算，提取车尔臣河流域的人工绿洲和天然绿洲，以及发挥生态效益的人工林地，得到车尔臣河绿洲土地利用分布(图 3-4)。由图 3-4 可知，车尔臣河流域人工绿洲和天然绿洲分布符合塔里木河流域“九源一干”绿洲分布特征，自北向南表现为沙漠—天然绿洲—人工绿洲—天然绿洲—沙漠分布特征。

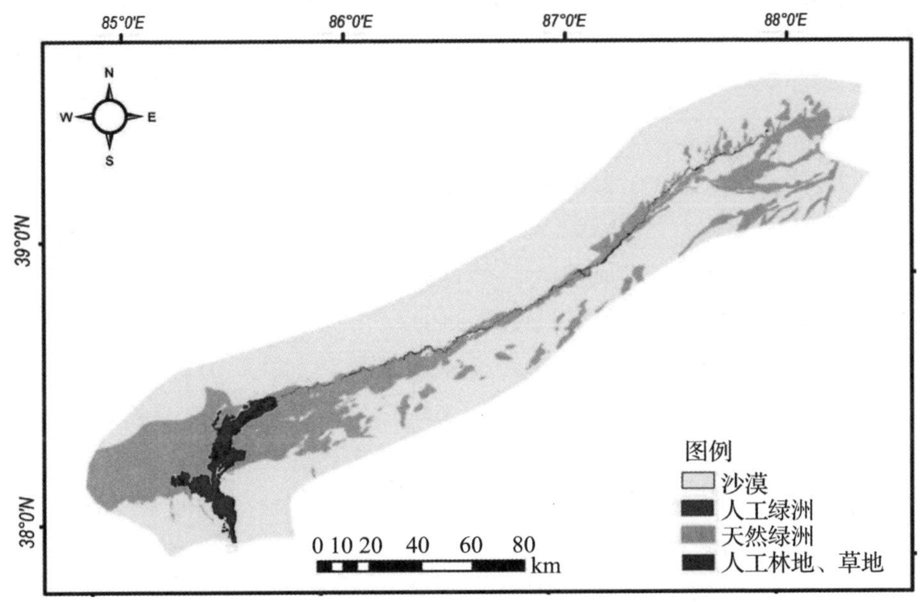

图3-4 车尔臣河流域天然绿洲、人工绿洲分布状况

3.4.3 典型流域人工绿洲、天然绿洲"生产、生活与生态"用水量分析

(1) 车尔臣河流域

车尔臣河流域绿洲在传统天然绿洲与人工绿洲分界情况下，人工绿洲内的林地和草地面积占流域绿洲面积的1.02%，通过查阅资料查得农田防护林用水定额为5790m^3/hm^2，耕地用水定额为9588.75m^3/hm^2，林地、草地用水定额等见表3-4。传统模式下，人工绿洲包含防护林与成片林地、草地面积，此标准下，人工绿洲用水总量为39510.94×10^4m^3；若将人工绿洲内防护林或具有生态效益的成规模林地、草地划为天然绿洲，将其用水量归于生态用水量范畴，见表3-5，此模式下计算，得到人工绿洲总用水量为36 329.97×10^4m^3；较传统模式下，人工绿洲生产、生活用水减少3180.97×10^4m^3。

表 3-4 传统模式下，车尔臣河流域人工绿洲与天然绿洲面积比例与用水量

年份		土地类型	面积（hm^2）	占绿洲总面积的百分比（%）	用水定额（m^3/hm^2）	需水定额（m^3/hm^2）	用水量（$\times 10^4 m^3$）
2010 年	天然绿洲	有林地	48 009.59	8.95		3000.00	14 402.880
		灌木林地	31 088.97	5.79		3000.00	9326.698
		疏林地	16 902.62	3.15		1500.00	2535.398
		高覆盖度草地	96 524.19	17.99		3000.00	28 957.260
		中覆盖度草地	81 281.13	15.15		2250.00	18 288.250
		低覆盖度草地	183 163.42	34.13		1125.00	20 605.880
		湖泊	22 632.44	4.22			
		沼泽	5576.03	1.04			
		滩涂湿地	2138.98	0.40			
		小计	487 317.37	90.80			94 116.370
	人工绿洲	耕地	37 888.12	7.06	9588.75		36 329.970
		建设用地	1176.68	0.22			
		水库	121.83	0.02			
		人工渠系	4656.93	0.87			
		灌木林地	0.18	0.00	5790.00		0.104
		疏林地	185.39	0.03	5790.00		107.340
		其他林地	51.70	0.01	5790.00		29.930
		高覆盖度草地	770.05	0.14	5790.00		445.860
		中覆盖度草地	3199.37	0.60	5790.00		1852.440
		低覆盖度草地	1287.22	0.24	5790.00		745.300
		滩涂	15.03	0.00			
		小计	49 352.50	9.20			39 510.940
	总计		536 669.87	100.00			133 627.310

表 3-5　更改模式下，车尔臣河流域人工绿洲与天然绿洲面积比例与用水量

年份		土地类型	面积（hm^2）	人工绿洲内林地、草地面积（hm^2）	占绿洲总面积的百分比（%）	用水定额（m^3/hm^2）	需水定额（m^3/hm^2）	用水量（$\times10^4m^3$）
2010年	天然绿洲	有林地	48 009. 59		8. 95		3000. 00	14 402. 88
		灌木林地	31 088. 97	0. 18	5. 79		3000. 00	9326. 75
		疏林地	16 902. 62	185. 39	3. 18		1500. 00	2563. 20
		高覆盖草地	96 524. 19	770. 05	18. 13		3000. 00	29 188. 27
		中覆盖草地	81 281. 13	3199. 37	15. 74		2250. 00	19 008. 11
		低覆盖草地	183 163. 42	1287. 22	34. 37		1125. 00	20 750. 70
		湖泊	22 632. 44		4. 22			
		沼泽	5576. 03		1. 04			
		滩涂湿地	2138. 98	15. 03	0. 40			
		小计	487 317. 37	5457. 24	91. 82			95 239. 91
	人工绿洲	耕地	37 888. 12		7. 06	9588. 75		36 329. 97
		建设用地	1176. 68		0. 22			
		水库	121. 83		0. 02			
		人工渠系	4656. 93		0. 87			
		其他林地	51. 70		0. 01	5790. 00		29. 93
		小计	43 895. 26		8. 18			36 329. 97
	总计		536 669. 87	5457. 24	100. 00			131 599. 81

（2）阿克苏河流域

阿克苏河流域绿洲在传统天然绿洲与人工绿洲分界情况下，人工绿洲内的林地和草地面积占流域绿洲面积的 4. 52%，通过查阅资料查得在塔里木河流域中阿克苏河流域的农田防护林用水定额为 5790m^3/hm^2，耕地用水定额为 9588. 75m^3/hm^2，林地、草地用水定额等见表 3-6，传统模式下，人工绿洲内防护林与成片林地、草地未划分至天然绿洲，其用水量按照防护林定额计算，得到人工绿洲总用水量为 840 381. 88×10^4m^3；若将人工绿洲内农田防护林或具有生态效益的成规模林地、草地划为天然绿洲生态用水范畴，则其用水量则将按照天然绿洲内林地、草地需水定额计算，见表 3-7，计算得到人工绿洲总用水量为 781 598. 84×10^4m^3；较传统模式下，人工绿洲生产、生活用水量

减少 58 789.04×10^4m^3。

表 3-6 传统模式下，阿克苏河流域人工绿洲与天然绿洲面积比例与用水量

年份		土地类型	面积（hm^2）	占绿洲总面积的百分比（%）	用水定额（m^3/hm^2）	需水定额（m^3/hm^2）	用水量（×10^4m^3）
2010 年	天然绿洲	有林地	18 252.17	0.91		3000.00	5475.65
		灌木林地	74 634.32	3.72		3000.00	22 390.30
		疏林地	149 937.50	7.47		1500.00	22 490.63
		高覆盖草地	21 853.22	1.09		3000.00	6555.97
		中覆盖草地	39 170.42	1.95		2250.00	8813.35
		低覆盖草地	690 493.90	34.39		1125.00	77 680.56
		湖泊	4487.67	0.22			
		沼泽	444.89	0.02			
		滩涂湿地	5159.19	0.26			
		小计		50.03			143 406.45
	人工绿洲	耕地	797 688.90	39.73	9588.75		764 883.97
		林地、草地（按防护林定额）	101 525.12	5.06	5790.00		58 783.04
		其他林地	28 868.52	1.44	5790.00		16 714.87
		建设用地	29 862.83	1.49			
		水库	22 478.92	1.12			
		人工渠系	22 863.46	1.14			
		小计		49.97			840 381.88
	总计			100.00			983 788.33

表 3-7　更改分配下，阿克苏河流域人工绿洲与天然绿洲面积比例与用水量

年份		土地类型	面积（hm^2）	人工绿洲内林地、草地面积（hm^2）	占绿洲总面积的百分比（%）	用水定额（m^3/hm^2）	需水定额（m^3/hm^2）	用水量（$\times10^4 m^3$）
2010 年	天然绿洲	有林地	18 252. 17	3086. 19	1. 12		3000. 00	6401. 51
		灌木林地	74 634. 32	5175. 68	4. 19		3000. 00	23 943. 00
		疏林地	149 937. 50	15 596. 49	8. 68		1500. 00	24 830. 10
		高覆盖草地	21 853. 22	9997. 31	1. 67		3000. 00	9555. 16
		中覆盖草地	39 170. 42	9274. 78	2. 54		2250. 00	10 900. 17
		低覆盖草地	690 493. 90	58 394. 67	33. 96		1125. 00	84 249. 96
		湖泊	4487. 67	0. 2	0. 24			
		沼泽	444. 89	0. 02	0. 02			
		滩涂湿地	5159. 19	0. 23	0. 27			
		小计			58. 02			159 879. 90
	人工绿洲	耕地	797 688. 90		41. 85	9588. 75		764 883. 97
		其他林地	28 868. 52		1. 51	5790. 00		16 714. 87
		建设用地	29 862. 83		1. 57			
		水库	22 478. 92		1. 18			
		人工渠系	22 863. 46		1. 20			
		小计			47. 31			781 598. 84
	总计				100. 00			941 478. 74

3. 5　人工绿洲与天然绿洲用水转化及合理性分析

3. 5. 1　成规模林地、草地用水转化为生态用水后绿洲农业用水转化过程

（1）车尔臣河流域用水量转化（2010 年）

依据 3. 3 节的研究成果，对车尔臣河流域传统模式下人工绿洲、天然绿洲用水量占比，以及将人工绿洲内成规模的林地、草地用水划入生态用水范畴后的农业用水量变化分析。

①在传统模式下，车尔臣河流域农业用水比例分析(表 3-8)。

表 3-8　传统模式下，车尔臣河流域人工绿洲与天然绿洲用水比例

年份	土地类型		面积(hm^2)	占绿洲总面积的百分比(%)	用水量($\times10^8m^3$)	农业用水占比(%)
2010 年	天然绿洲	草地、天然林、湖泊、沼泽、滩涂湿地	487 317.37	90.80	9.411 6	29.47
	人工绿洲	耕地、建设用地、水库、人工渠系、人工绿洲内成规模的人工林地、草地	49 352.50	9.20	3.996 8	

天然绿洲需水量：9.4116×10^{8}m^3。

人工绿洲用水量：3.9968×10^{8}m^3。包含耕地、林地、草地等灌溉用水以及建设用地用水量。其中：农业用水总量为 3.9511×10^{8}m^3；依据《塔里木河流域环境承载力研究》中车尔臣河流域 2010 年生活需水为 0.014×10^{8}m^3，工业需水为 0.012×10^{8}m^3，牲畜需水为 0.0197×10^{8}m^3，三项用水量总计 0.0457×10^{8}m^3。

综上所述，人工绿洲用水量与天然绿洲需水量总计 13.4084×10^{8}m^3。农业用水占整个绿洲用水总量的 29.47%。

②将人工绿洲内成规模的林地、草地用水划入生态用水范畴后，车尔臣河流域农业用水比例及变化分析(表 3-9)。

表 3-9　将人工林地、草地用水划分至天然绿洲后，车尔臣河流域用水比例变化

年份	土地类型		面积(hm^2)	占绿洲总面积的百分比(%)	用水量($\times10^8m^3$)	农业用水占比(%)
2010 年	天然绿洲	草地、天然林、湖泊、沼泽、滩涂湿地以及	487 317.37	90.80	9.4116	27.53
		人工绿洲内成规模的人工林地、草地	5457.24	1.02	0.1124	
	人工绿洲	耕地、建设用地、水库、人工渠系	43 895.26	8.18	3.6817	

天然绿洲需水量：9.5240×10^8m^3。

人工绿洲用水量：3.6817×10^8m^3。包含耕地、林地、草地等灌溉用水以及建设用地用水量。其中：农业用水总量为 3.6360×10^8m^3；生活需水、工业需水与牲畜需水同上，三项用水量总计 0.0457×10^8m^3。

综上所述，人工绿洲用水量与天然绿洲需水量总计 13.2057×10^8m^3。农业用水占整个绿洲用水总量的 27.53%。与传统模式相比，绿洲用水总量降低了 0.2027×10^8m^3，农业用水量减少了 0.3151×10^8m^3 水量，而天然绿洲生态用水量增加了 0.1124×10^8m^3。车尔臣河流域在将人工绿洲内的成规模林地、草地纳入生态用水范畴后，农业用水与绿洲用水比例由 29.47%下降为 27.53%。

(2)阿克苏河流域用水量转化(2016 年)

依据 3.3 节的研究成果，对阿克苏河流域传统模式下人工绿洲、天然绿洲用水量占比，以及将人工绿洲内成规模的林地、草地用水划入生态用水范畴后的农业用水量变化分析。

①在传统模式下，阿克苏河流域农业用水比例分析(表 3-10)。

表 3-10　传统模式下，阿克苏河流域人工绿洲与天然绿洲用水比例

年份	土地类型		面积 (hm^2)	占绿洲总面积的百分比(%)	用水量 (×10^8m^3)	农业用水占比 (%)
2016 年	天然绿洲	草地、天然林、湖泊、沼泽、滩涂湿地	1 158 117.56	51.57	14.3406	82.82
	人工绿洲	耕地、建设用地、水库、人工渠系、人工绿洲内成规模的人工林地、草地	1 087 541.90	48.42	87.1300	

天然绿洲需水量：14.3406×10^8m^3，天然绿洲的用水量与雷志栋在塔里木盆地绿洲耗水计算中得出的阿克苏河流域生态需水量为 13.11×10^8m^3 结论相近。

人工绿洲用水量：87.13×10^8m^3。包含耕地、林地、草地等灌溉用水以及建设用地用水量。其中：农业用水总量为 84.0382×10^8m^3；根据《水资源规划报告》中阿克苏河流域 2020 年生活需水为 1.067×10^8m^3，工业需水为 1.793×10^8m^3，牲畜需水为 0.233×10^8m^3，三项用水量总计 3.093×10^8m^3。

综上所述，人工绿洲用水量与天然绿洲需水量总计 101.47×10^8m^3。农业用水占整个绿洲用水总量的 82.82%。

②将人工绿洲内成规模的林地、草地用水划入生态用水范畴后，阿克苏河流域农业用水比例及变化分析(表 3-11)。

表 3-11　将人工林地、草用水划分至天然绿洲后，阿克苏河流域用水比例变化

年份	土地类型		面积(hm^2)	占绿洲总面积的百分比(%)	用水量($\times10^8m^3$)	农业用水占比(%)
2010 年	天然绿洲	草地、天然林、湖泊、沼泽、滩涂湿地	1 158 117. 56	51. 57	14. 3406	80. 38
		人工绿洲内成规模的人工林地、草地	101 525. 10	4. 52	1. 6473	
	人工绿洲	耕地、建设用地、水库、人工渠系	986 016. 78	43. 91	81. 2529	

天然绿洲需水量：15. 9880×10^8m^3。

人工绿洲用水量：81. 2529×10^8m^3。包含耕地、林地、草地等灌溉用水以及建设用地用水量。其中：农业用水总量为 78. 1599×10^8m^3；生活需水、工业需水与牲畜需水同上，三项用水量总计 3. 093×10^8m^3。

综上所述，人工绿洲用水量与天然绿洲需水量总计 97. 2409×10^8m^3。农业用水占整个绿洲用水总量的 80. 38%，与传统模式下的农业用水量相比，减少了 5. 8783×10^8m^3 水量，而天然绿洲生态用水量增加了 1. 6473×10^8m^3。阿克苏河流域在将人工绿洲内的成规模林地、草地纳入生态用水范畴后，农业用水占绿洲用水比例由 82. 82%下降为 80. 38%。

3. 5. 2　论证将人工林地、草地用水纳入天然绿洲用水的可行性

(1)绿洲用水量适宜配比相关研究

以维系绿洲生态安全与可持续发展为目标，主要从生态稳定与水资源承载力两方面入手，分析人工绿洲与天然绿洲配水比例的合理性；将前人研究判定人工绿洲与天然绿洲配水比例适宜性的相关依据，归纳总结出以下四个方面：

①依据流域水资源管理“三条红线”控制指标(用水总量控制方案)，分析现有绿洲灌区用水是否超过用水总量控制指标。

②依据水资源承载力，基于水平衡原理，分析当前人工绿洲与天然绿洲用水比例下，绿洲耗水量是否超出绿洲可利用水量，若超出，说明当前人工

绿洲与天然绿洲面积比例不合理，需要作调整。

③依据相关文献中有关确定人工绿洲、天然绿洲用水配比，比如有研究已得出干旱区绿洲耗水中，天然绿洲耗水应占35%~40%，人工绿洲耗水应占60%~65%（雷志栋 等，2004），本研究按有关标准对该值进行修正。

④依据天然绿洲生态指标，如地下水位、植被多样性、植被长势等是否受到严重威胁，树木年轮径向生长情况，对比长时间序列的树木年轮径向生长量，判断天然植被是否生长稳定。

（2）人工绿洲、天然绿洲用水量转化合理性分析

水资源是干旱区内陆河流域人类赖以生存和经济社会发展的重要物质基础。在全球气候变暖背景下，极端水文事件增强、水资源波动性增大、不确定性增加，加之干旱区生态系统的极端脆弱和人类活动范围和强度的不断扩大，水资源开发过程中，生态与经济的矛盾日益尖锐。在协调生态建设与环境保护和社会经济可持续发展方面，水资源合理配置面临着前所未有的挑战。

20世纪90年代以来，在塔里木河流域人口增加的压力下，水土资源的无序开发利用，社会经济发展水平虽有所提高，但伴随而来的是绿洲与荒漠之间的过渡带生态水严重短缺，天然绿洲萎缩。而干旱区绿洲最显著的特点就是脆弱性与易变性，对外部干扰因素反应敏感，一旦外部条件发生变化，将对绿洲内部产生不可逆的影响，被破坏后极难恢复原状（李海涛 等，2007）。绿洲与荒漠之间的过渡带，也称生态缓冲带或“自然绿洲”，是由平原天然林地、草地、湿地及野生动物栖息地构成，能锁定沙漠，起绿洲“卫士”的作用。因此，在一定的水资源条件下，需提高塔里木河“九源一干”各绿洲的生态稳定性和水资源开发利用潜力。

通过查阅文献、资料，总结前人针对绿洲用水量适宜配比相关研究成果，迄今鲜有学者从水资源利用发挥效益的视角，界定人工绿洲与天然绿洲生产、生活用水和生态用水量，进而将人工防护林，公益林及成规模林地、草地用水纳入生态用水范畴，不计入生产、生活用水量进行水资源优化配置。生产、生活用水与生态用水精准协调管理研究是干旱区内陆河流域绿洲水资源高效利用与合理配置的重要基础，据此，本书创新性提出基于发挥生态效益为依据的人工绿洲与天然绿洲用水量转化研究。

基于上述研究，典型流域——车尔臣河流域、阿克苏河流域水量转化相关研究成果表明：绿洲需用水总量减小，原因是天然绿洲林地、草地生态需水定额小于人工防护林用水定额；其次，人工绿洲农业用水量在整个绿洲尺度上占比呈下降趋势，主要原因是将人工绿洲内的成规模的林地、草地用水

纳入生态用水后，人工绿洲需水总量降低。因此，该项研究从水资源开发利用效益的视角，将发挥生态效益的林地、草地用水划分至生态用水范畴，不仅对区域水资源精准配置，实现水资源合理布局、经济社会与生态稳定可持续发展具有重要的科学意义；更是为干旱区内陆河流域绿洲水资源高效利用与“生产、生活用水与生态用水协调管理”研究提供决策参考和科学依据。

3.5.3 绿洲生产、生活用水与生态用水转化对未来水资源配置的影响

水是生命之源、生产之要、生态之基。随着最严格水资源管理制度的执行，其根本目的是为了全面提升水资源管理能力和水平，提高水资源利用效率，以水资源的可持续利用保障经济社会的可持续发展。并围绕水资源的配置、节约和保护，明确水资源开发利用红线，严格实行用水总量控制；明确用水效率控制红线，坚决遏制用水浪费。

为推动经济社会发展与水资源、水环境承载能力相适应，实现流域水资源管理目标，国务院发布《关于实行最严格水资源管理制度的意见》并明确提出：水资源开发利用控制、用水效率控制和水功能区限制纳入“三条红线”主要管控目标。为保障流域水资源管理，而其中包括对生态用水与生产用水的管理，将传统模式下归属于人工绿洲用水范畴的成规模林地、草地纳入生态用水后，原本发挥生态效益的这部分水量可分配至生产、生活用水，在一定程度上可缓解在水资源短缺与时空分布不均的干旱区内生产、生活用水与生态用水间的矛盾，可提升绿洲的生态稳定性和水资源开发利用潜力。

此项研究对建立科学的节水标准和定额指标体系、水资源优化配置提供依据，并且在对水资源开发利用过程中的节水潜力挖掘、精准优化配置以及社会经济的可持续发展具有重要意义。不仅丰富了水资源优化配置的内容，而且能够促进保障生态建设与环境保护的用水需求，对解决当前水生态安全问题同经济、资源与环境协调发展具有一定的理论实践意义。

3.6 小结

本章以塔里木河典型流域在典型年为研究对象，对绿洲生态用水与生产用水内涵与关系进行分析，在此基础上，计算人工绿洲与天然绿洲的用水量，并创新性提出将人工绿洲内发挥生态效益的成规模林地、草地用水纳入生态用水，对绿洲规模转化后的用水量变化及合理性进行了探讨，研究对当前生态安全问题和经济、资源与环境的协调发展具有重要意义，一定程度上完善和丰富了水资源优化配置的内容和方法。具体结论如下：

(1)确定出塔里木河“九源一干”各绿洲分布模式：即借助相关软件和资料分析，认为塔里木河流域绿洲分布模式总体可以归纳为三种：内陆河沙漠区模式(如和田河、克里雅河、车尔臣河)、冲—洪积扇型模式(如渭干河—库车河、开都河—孔雀河、阿克苏河、迪那河、叶尔羌河、喀什噶尔河)、塔里木河干流模式(塔里木河干流)。

(2)厘清生产用水与生态用水的内涵与关系，创新性提出基于发挥生态效益为依据的人工绿洲与天然绿洲规模划分：基于生态用水内涵划分绿洲规模，界定人工绿洲与天然绿洲边界线，绘制出典型流域人工绿洲、天然绿洲面积转化分布图，计算并分析划分前后的典型流域绿洲需用水量变化，车尔臣河流域(内陆河沙漠区模式)较划分前，人工绿洲生产、生活用水减少 $0.3181\times10^8 m^3$；阿克苏河流域(冲—洪积扇型模式)人工绿洲生产、生活用水量减少 $5.8789\times10^8 m^3$。

(3)明确将人工绿洲内成规模的林地、草地用水划入生态用水范畴后，典型流域人工绿洲和天然绿洲用水量转化过程及占比变化，并论证将人工林地、草地用水纳入天然绿洲用水的合理性：车尔臣河流域农业用水总量由绿洲规模划分前的 $3.9511\times10^8 m^3$ 减小至 $3.6360\times10^8 m^3$，农业用水占绿洲用水比重由 29.47%下降为 27.53%；阿克苏河流域农业用水总量由绿洲规模划分前的 $84.0382\times10^8 m^3$ 减小至 $78.1599\times10^8 m^3$，农业用水占绿洲用水比重由 82.82%下降为 80.38%。经水量转化分析，从水资源优化配置及缓解区域水资源中的农业用水与生态用水矛盾的角度，认为将人工绿洲内发挥生态效益的成规模林地、草地用水纳入生态用水是合理的，研究成果将对未来水资源精准配置提供新思路。

第4章　台特玛湖水量与湖区地表植被变化特征及耦合关系研究

自2000年起实施塔里木河下游应急生态输水工程以后，因受输水量的直接影响，台特玛湖区的水域面积变化幅度较大，而对于相对稳定的车尔臣河下游河道，其近两年的来水偏丰情况加大了对台特玛湖的入湖水量，在西部逐渐形成了博斯坦、康拉克等湖泊群。随着水情的好转，其生态退化的台特玛湖是否发生逆转，天然植被在物种多样性、植被演变等方面是怎样体现的?其规律如何，以及随着自实施塔里木河下游生态输水工程以来入湖水量的增加，台特玛湖水量与湖区地表植被间的耦合关系如何，这些科学问题成为学者和众人关心的热点话题。本章利用塔里木河流域来水量、降水量、台特玛湖面积等水文数据，结合台特玛湖湖区植被覆盖度、植被面积、植物多样性等地表植被数据，分析研究台特玛湖区水文状况与地表植被变化的耦合关系。

4.1　生态输水前湖区天然植被衰退、地表沙化现象分析

近50年来，由于人类不合理的水资源开发利用活动，车尔臣河与塔里木河的尾闾台特玛湖区域出现了严重的生态退化现象。自2000年开始的向塔里木河下游应急生态输水工程与2002年启动的车尔臣河改道工程协助两河下游形成的“天然绿色走廊”的恢复，使台特玛湖区生态环境状况得到了明显改善。因此，台特玛湖区存在着生态退化与生态修复的双向过程，这为了解车尔臣河来水量、注入台特玛湖区域水量与台特玛湖区域水面积、植被面积的关系，促进人与自然和谐共生，尤其研究以及进一步完善塔里木河流域水资源统一管理体制机制提供了良好的范本。

历史上车尔臣河与塔里木河的终点同为台特玛湖，车尔臣河在春汛或夏汛期间有水进入台特玛湖，共同承担着阻止东北部的库鲁克沙漠和塔克拉玛干沙漠合拢、保护“天然绿色走廊”任务。1972年塔里木河下游断流；1983年车尔臣河改道导致以后车尔臣河的水不再进入台特玛湖。因此，随着水文过程完整性的丧失，台特玛湖地表水与地下水转化的途径被终止，失去水源补给的地下水位不断下降(表4-1)。由于台特玛湖区与塔里木河下游库尔干断

面、依坎布吉马勒断面距离较近，在地下水位稀缺地区，可用这两个断面的地下水位反映台特玛湖区情况。由表 4-1 可以看出，随着断流的持续，台特玛湖区地下水位不断下降。

表 4-1　塔里木河下游段地下水埋深变化情况

地 点	潜水埋深(m)			水位下降(m)
	1973 年	1989 年	1997 年	
依坎布吉马勒	6. 20	12. 75	12. 92	6. 72
库尔干	2. 33	3. 10	5. 69	3. 36

湖区气候极度干旱，年降水量仅有 17～20mm，地表主要被枯死的芦苇、灌木所覆盖，湖底的部分地段形成盐壳，部分地段形成低矮流动的沙丘。这一带处于风口，以东北风风速最大，最大风速为 18～20m/s，瞬间最大风速可超过 40m/s。该区域基本无活体植被，地表物质组成为湖积物，土壤质地较黏重。

(1)依坎布吉马勒—库尔干段

冲积平原在这里为正南北向延伸，并逐渐转变为冲积湖积平原和湖积平原。河道也变为顺直。受到植被保护目前还未被流沙所覆盖的宽度仅剩不足 2km。

老河道已很难找到，地表机械组成普遍以极细沙和粉沙为主，且含盐量高，盐壳普遍分布，地形极为平坦。呈带状的灌丛仅生长在塔里木河河床两边几百米的范围且断断续续，流动沙丘虽然矮小，面积不大，但运动速度很快，公路和昔日的河道已不能阻碍沙丘移动，在风速不大的情况下，也能看见流沙在公路上来回摆动，道路堵塞非常严重。由于公路不能受到植被的保护，沙埋道路、沙蚀路基的情况屡见不鲜。植被带的宽度逐渐变窄，已不足 2km。植被类型为荒漠胡杨林，基本为过熟林，胡杨顶部已完全枯死，主干上也只有个别枝条能长出嫩叶，基本上处于死亡的边缘。长在红柳沙包上的柽柳也多以枯枝为主，呈带状的柽柳灌丛仅生长在河床两边数百米的范围内，且断断续续。植被种类单一，只有低矮的柽柳，并且仅分布在丘间的洼地上，盖度不足 1%。植被种类较上游段明显减少，仅有少量胡杨、柽柳和已大片死亡的铃铛刺、罗布麻和芦苇。

(2)库尔干—台特玛湖段

库尔干至台特玛湖段原来是湖积平原，地势平坦，地表为盐壳、灌丛沙堆、半固定沙丘和低矮流动沙丘。此段河长 35km，河道下切<2m，河道纵比降<1/6000，2000 年以前，河道常年处于干涸状态，风沙淤积非常严重。该

区年降水量<25mm，年蒸发量>2500mm；起沙风(≥4m/s)年均出现次数 202 天，最大风速 20~24m/s，主导风向为北东和东北东；昼夜温差大，气温平均日较差 14~16℃，最大日较差>30℃，年积温>4200℃，无霜期 187~214 天。2000 年前，地下水位多在 12m 以下，河道两岸已经没有活着的胡杨存在，库尔干以下 2km 范围内仅有一些枯死的胡杨躯干零星分布，极少能够见到动物。

台特玛湖地形平坦，湖盆由西北向东南倾斜，1971 年干涸后，地表物质单一，植被稀少，成为沙尘暴源区之一。“218”国道的多座桥涵均被流沙堵塞，流沙正由湖滨向湖心扩展蔓延。台特玛湖沙漠事实上已形成，它东连库姆塔格沙漠，西接塔克拉玛干沙漠。在东北风作用下，该沙漠已对下风方向“华夏第一县”[若羌县是全国土地面积最大、人口密度最小的县，素有“华夏第一县”之称(新疆维吾尔自治区测绘局，2005)]——若羌县绿洲构成威胁和危害。该段植被极为稀少，在广阔的流沙上很难寻觅到活体植被；除一些低矮的柽柳外几乎没有其他的植被。

通过对以上综合野外调查，土地退化状况用表 4-2 表示。

表 4-2 “绿色走廊”荒漠化调查

指 标	距台特玛湖外缘 20km	台特玛湖外缘
主要植被	柽柳	柽柳
植被盖度(郁闭度)	1%~3%	0~2%
流沙所占百分比	30%~50%	30%~80%
地貌组合	多风蚀红柳包	多风蚀红柳包
盐渍化类型	重度	重度
沙质荒漠化类型	重度荒漠化	重度荒漠化

4.2 台特玛湖水量与湖区地表植被面积关系分析

4.2.1 车尔臣河来水与台特玛湖面积的关联性分析

我们用且末水文站径流量代表车尔臣河流域来水量，通过图 4-1 可知，车尔臣河来水量与台特玛湖面积具有较好的同步性。

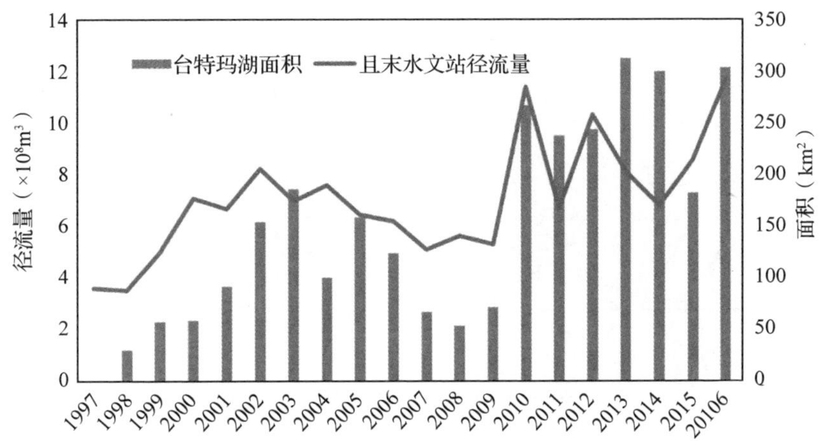

图 4-1　台特玛湖面积与且末水文站径流量比较

据遥感手段所获得的近 20 来年台特玛湖面积数据可知，湖的最大面积出现在近几年；根据相关研究报道(樊自立 等，2009)，台特玛湖面积非常依赖于塔里木河下游应急生态输水：2003 年，塔里木河从大西海子水库下泄水量 $3.4\times10^8m^3$，台特玛湖水域面积逾 $190km^2$；2005—2008 年生态输水减少后，水不能到达台特玛湖，2008 年和 2009 年湖水面积急剧缩小，2007—2009 年塔里木河再次断流，湖面平均面积减少至 $66.33km^2$(樊自立，2011)；2010 年，源流来水量大，塔里木河全线贯通，台特玛湖水域面积达 $340km^2$。根据相关资料(徐海量等，2018)显示：台特玛湖面积与塔里木河各断面来水量关系密切，阿拉尔、新其满①、英巴扎、乌斯满断面径流量与湖区面积的相关性系数分别达到了 0.815、0.821、0.872、0.941。利用车尔臣河且末水文站径流量、塔里木河大西海子水库下泄水量与台特玛湖面积建立关系，得到台特玛湖面积与塔里木河大西海子水库下泄水量关系稍显著于湖面积与且末径流量之间的关系，湖面积与且末水文站径流量的皮尔逊相关系数 R 值为 0.67，湖面积与大西海子水库下泄水量的相关系数 R 为 0.72(图 4-2)。从而说明台特玛湖水域面积受车尔臣河来水的影响，但更依赖于塔里木河下游生态输水。从另

① 注：新其满(Xinqiman)：目前，不同学者对“Xinqiman”这一民族语地名表达习惯不一，如新其满、新齐满、新渠满等，鉴于此种情况，为了规范表达民族语地名，本专著使用了“新其满”表达，是依据国家测绘局地名研究所编，中国地图出版社于 1995 年 6 月出版(第 2 版)的《中国地名录：中华人民共和国地图集地名索引》或新疆维吾尔自治区测绘局编制，中国地图出版社于 2005 年 6 月出版发行(第 1 版)的《新疆维吾尔自治区地图集》，以及星球地图出版社编制，星球地图出版社 2020 年出版(第 2 版)的《新疆维吾尔自治区地图册》为标准进行规范表达，特此说明。

一方面讲，目前台特玛湖生态水量的保障需要塔里木河与车尔臣河共同维系。

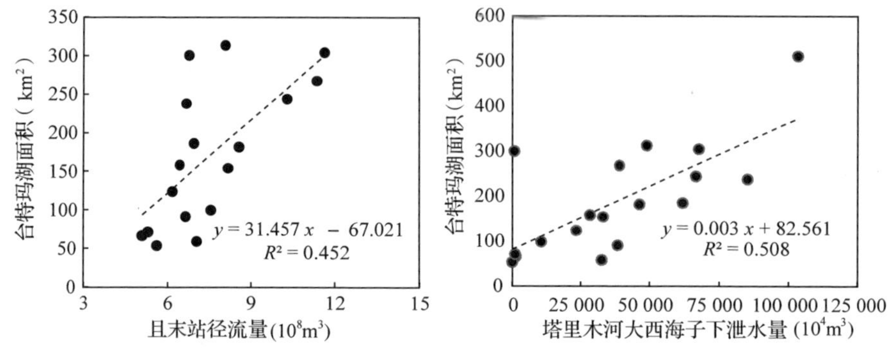

图 4-2　台特玛湖面积与且末水文站径流量、塔里木河大西海子水库下泄水量关系比较

因车尔臣河径流量和塔里木河下游输水量季节性差异较大，因此研究区域内水域平均面积季节性差异也较大，鉴于《塔里木河尾闾台特玛湖区域生态环境调查评估及综合治理方案，2016—2018 年》分析得出：生态输水以前，水域面积春季最大，秋季最小；生态输水以来，水域面积冬季最大，夏季最小。生态输水以前，春季水域面积大，是因为可能受到车尔臣河春汛的影响，另外，车尔臣河春季径流量占比较大(占全年径流量的 29%)；夏季绿洲用水量大并且蒸发量高，所以水域面积较小；秋季径流量本身比较少，而用水量多，所以水域面积最小；冬季蒸发量低，绿洲灌溉基本不用水，所以水域面积有所回升，生态输水以来，因为生态输水大部分集中于夏季、秋季，尤其最近几年来秋季生态输水占大部分，随之最大水域面积出现于冬季；台特玛湖地区蒸发量较高，所以晚秋、冬季形成的水域在春季开始收缩，夏季降至最小水域面积。

4.2.2　车尔臣河来水与台特玛湖地表植被面积的关联性分析

在分析且末水文站径流量与地表植被面积的关系时，发现径流量与植被覆盖度>80%的植被面积具有一定相关性($R^2=0.309$)，与植被覆盖度>60%的植被面积相关性减弱，与植被覆盖度>40%的面积几乎不相关(图 4-3)；同样，台特玛湖面积与车尔臣河下游区域植被覆盖度大于 80%的面积具有一定的相关性($R^2=0.570$)、与植被覆盖度大于 60%的面积相关性减弱($R^2=0.282$)、与植被覆盖度大于 40%的面积关系不大($R^2=0.059$)(图 4-4)。

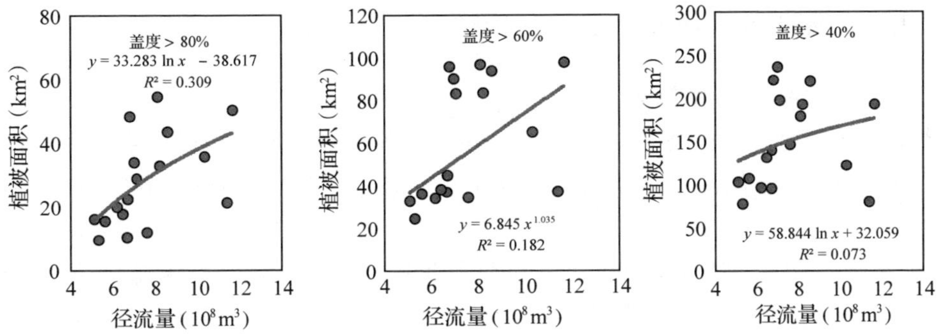

图 4-3　且末站径流量与湖区不同植被盖度的面积关系

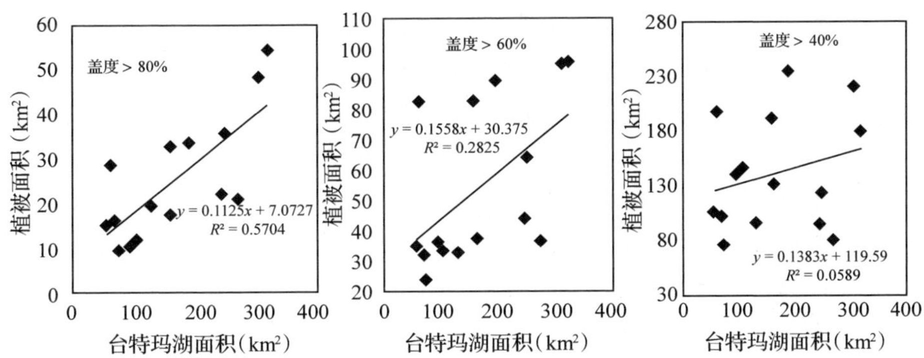

图 4-4　台特玛湖面积与湖区不同植被盖度的面积关系

4.3　台特玛湖地表植被演变特征

塔里木河是我国最大的内陆河，也是世界上五大内陆河之一，塔里木河下游是中国生态环境最为脆弱的地区之一。包括台特玛湖干涸在内的塔里木河下游生态系统退化和环境劣变问题引起了社会各界的广泛关注，也得到了党中央、国务院的高度重视。2001 年国务院批准并执行总投资为 107 亿元的“塔里木河流域近期综合治理规划”项目。在新疆维吾尔自治区党委和人民政府的领导下，各级政府及相关部门联手合作，自 2000 年以来，开展大规模生态输水工程以挽救和恢复塔里木河下游极端恶化的生态。到目前为止，生态输水实施 20 余年了，逾 $80\times10^8m^3$ 的生态水已成功输送到塔里木河下游。作为世界范围少有的塔里木河下游生态输水工程，对其尾闾台特玛湖的植被群落演替的影响是空前的。

4.3.1 植物群落动态及物种多样性变化研究意义

(1) 群落动态研究意义

根据恢复生态学理论，对退化生态系统恢复的研究包括退化生态系统的类型、分布、退化过程与原因；恢复步骤与技术方法、退化结构与功能等方面。有效的生态恢复，首先要了解自然生态系统的结构、功能与演替的动态过程；其次研究现有退化生态系统的恢复措施和科学管理、避免退化的方法。因此，台特玛湖周边植物群落变化特征研究是当地生态恢复研究中非常重要的一方面。同时，塔里木河下游生态输水工程已实施20多年，塔里木河下游的生态恢复过程是怎样？群落演替过程如何？是众多学者共同关心的问题。因此，分析生态输水前后台特玛湖周边植物群落特征、自然植被生态系统结构、特征和优势种群分布格局的研究是认识生态恢复程度、进行区域生态治理和科学管理的依据，同时为其他地区开展类似的生态工程提供可供参考的科学依据。

(2) 物种多样性研究意义

生物多样性是生物(动物、植物、微生物)与环境形成的生物复合体以及与此相关的各种生态过程的总和，包括生态系统多样性、物种多样性和基因多样性三个层次。生物多样性是人类生存和发展、人与自然和谐共生的重要基础，更是地球家园所有生命共同体的血脉和根基。物种多样性是生物多样性的一种，是生物多样性最主要的结构和功能单位，其核心是物种的数量变化和物种的生物学多样性程度，包括物种的多样性时空变化在各种尺度范围的格局、成因及规律。作为群落生物组成结构的重要指标，物种多样性不仅可以反映群落组织化水平，而且可以通过结构与功能的关系间接反映群落功能的特征，它是丰富度和均匀度的综合指标。

物种的多样性是用一定空间范围物种数量和分布特征来衡量的，主要从分类学、系统学和生物地理学角度对一定区域内物种的状况进行研究，物种多样性的现状，物种多样性的形成、演化及维持机制等是物种多样性的主要研究内容。通过对物种多样性的变化进行分析，可以反映出群落或生境中物种的丰富度、均匀度的变化，定量植物群落和生态系统特征，直接和间接地体现群落和生态系统的结构类型、组织水平、稳定程度、发展阶段以及生境差异等。所以，物种的多样性研究在整个生物多样性研究中占有十分重要的地位，通过研究物种多样性与环境因子之间的关系，可以揭示物种多样性的变化趋势，为区域的生态保护提供科学依据。本节重点探讨塔里木河下游生物多样性在生态输水前后的变化特点和原因。

4.3.2 研究方法

（1）植物群落特征调查及分析

①调查样地设置

基于课题组多年调查研究资料，积累了台特玛湖 2000—2017 年连续的植被数据资料。野外调研期间，在每个监测断面分别设置漫溢样地和无漫溢样地（即对照样地），为针对漫溢条件与无漫溢条件下植被变化差异开展野外调查和数据采集工作创造条件。

②野外植被和土壤调查

将每个 50m×50m 样地（包括漫溢样地和无漫溢样地）划分成 4 个 25m×25m 的植被样方，调查样方内所出现的灌草的物种数、个体数、株高、基径和冠幅；同时在每个样方内任意选取 3 个 1m×1m 的草本样方，调查草本植物的物种数、个体数和株高。由于荒漠植物的生长受表层土壤性质影响最大，因此，在每个监测样地内随机挖取 0~10cm 地表土壤样品 3 个，取样面积为 10cm×10cm。将土样装袋带回实验室进行电导率、总盐和有机质的测定。

共设置 23 个 50m×50m 的样地，其中，漫溢样地 17 个，无漫溢样地 6 个。调查分析漫溢干扰在不同退化条件下对植物群落特征的影响。

（2）植物物种多样性的调查与分析方法

选取样地时采用机械取样法。实地测量各个断面的物种数量与分布特征，统计台特玛湖区植被在生态输水前后的变化情况。每隔上 100~200m 设置一个样方，共计 6~7 个大样方，样方面积为 50m×50m。调查时，首先记录样地的基本状况，如海拔、地理坐标、林分郁闭度、灌木总盖度、草本总盖度等；在大样方内设置 3~5 个 1m×1m 的小样方，记录草本植物的种类、数量、盖度、高度等。

①测度指标的选择

基于野外调查结果，计算对照样地和每一个漫溢样地中一年生草本植物、多年生草本植物和灌木的重要值，并求出同一漫溢指标梯度的样地中三类植被重要值的算术平均值，以作为分析三类植被对群落结构贡献变化的依据。根据以下重要值计算公式计算台特玛湖各样地的重要值。

$$\text{重要值}=\text{相对盖度}+\text{相对密度}+\text{相对高度} \tag{4-1}$$

之后，再运用物种多样性指数进行评判分析。

②多样性指数的测定

多样性指数是反映丰富度和均匀度的综合指标。需要指出的是，应用多样性指数时，具低丰富度和高均匀度的群落与具高丰富度与低均匀度的群落，可能得到相同的多样性指数。下面是两个最著名的计算公式：

辛普森多样性指数(Simpson's diversity index)：

辛普森在 1949 年提出过这样的问题：在无限大小的群落中，随机取样得到同样的两个标本，它们的概率是什么呢？如在加拿大北部森林中，随机采取两株树的标本，属同一个种的概率就很高。相反，如在热带雨林中，随机采取，两株树的标本，属同一个种的概率就很低，由此得出多样性指数。用公式表示为：

辛普森多样性指数=随机取样的两个个体属于不同种的概率

=1-随机取样的两个个体属于同种的概率

如果将群落中全部种的概率合起来，就可得到辛普森指数 D，即

$$D = 1 - \sum_{i=1}^{s} P_i^2 \tag{4-2}$$

式中：D 为 Simpson 指数；P_i是物种相对重要性（由频率计算出）。物种相对重要性的计算公式为：

$$P_i = W_i/W \tag{4-3}$$

式中：W_i 为物种 i 的个体数；W 为样方内所有物种的个体数。

假设取样的总体是一个无限总体(在自然群落中，这一假定一般是可以成立的)，则 P_i 的真值是未知的；它的最大必然估计值是 $P_i=N_i/N$，可以用

$$1 - \sum_{i=1}^{s} P_i^2 = 1 - \sum_{i=1}^{s} (N_i/N^2) \tag{4-4}$$

作为总体 D 值的一个估计量(它是有偏的)。于是

$$D = 1 - \sum_{i=1}^{s} P_i^2 = 1 - \sum_{i=1}^{s} (N_i/N^2) \tag{4-5}$$

辛普森多样性指数的最低值是 0，最高值是(1-1/s)。前一种情况出现在全部个体均属于一个种的时候，后一种情况出现在每个个体分别属于不同种的时候。

香农-威纳指数(Shannon-Weiner index)：

信息论中熵的公式原来表示信息的紊乱和不确定程度，也可以用来描述种的个体出现的紊乱和不确定性，信息量越大，不确定性也越大，因而多样性也就越高。其计算公式为：

$$H = -\sum_{i=1}^{s} P_i \log_2 P_i \tag{4-6}$$

式中：S 为物种数目；P_i 为属于种 i 的个体在全部个体中的比例；H 为物种的多样性指数。公式中对数的底可取 2，e 和 10，但单位不同，分别为 nit，bit 和 dit。H 越大，未确定性也越大，因而多样性也就越高。

香农-威纳指数包含两个因素：一是种类数目，即丰富度；二是种类中个体分配上的均匀性(evenness)。种类数目越多，多样性也越大；同样，种类之间个体分配的均匀性增加也会使多样性提高。当 S 个物种每一种恰好只有一个个体时，$P_i=1/S$，信息量最大，即

$$H_{max}=-S\left(\frac{1}{S}\log_2\frac{1}{S}\right)=\log_2 S \tag{4-7}$$

当全部个体为一个物种时，则信息量最小，即多样性最小：

$$H_{min}=-\frac{S}{S}\log_2\frac{S}{S}=0 \tag{4-8}$$

4.3.3 生态输水前后植被物种及多样性比较

在生态输水前(2000 年)，台特玛湖长期干涸形成研究区植物群落总体表现为植被长势极度衰败和种类贫乏(表 4-3)。

由表 4-3 可以看出，生态输水前，在台特玛湖发现的活植物种仅有 2 科 3 属 7 种植物，基本为深根、耐旱的植物，从盐柴类荒漠区的建群植物——盐穗木、盐节木等的生长状况看，表现为长势的极度衰败；但塔里木河下游生态输水的到来，使台特玛湖形成了一定的湖面，地表植被出现了明显的变化，到目前已发现有 10 科 21 属 26 种植物，其中，种类增加最多的是藜科植物，从生态输水前的 2 种增加到生态输水后的 6 种，其次是莎草科植物，生态输水前未发现，而生态输水后出现 4 种。

为了显示生态输水后单位面积样地生物多样性指数的变化，本文利用 2002 年固定监测样地数据，分别计算了 Margalef、Simpson、Shannon-Wiener 和 Pielou 指数，然后与生态输水前情况作对比(图 4-5)。

从图 4-5 上可以看出，生态输水后，各指数均比生态输水前有较大的增加，其中，生态输水前，这几个指数均在一个较低的水平上，例如 Margalef、Simpson、Shannon-Wiener 和 Pielou 指数的平均值分别仅有 0.34、0.06、0.16 和 0.11，而漫溢后，不但在湖心形成了一定面积的湖面，而且样地内各指数均出现了明显的增加，如以上 4 个指数分别达到了 1.53、0.79、1.71 和 0.89，增加幅度依次为 348%、1200%、981%和 706%，说明生态输水对本区生物多样性具有促进作用。

表 4-3 生态输水前后台特玛湖区植被调查结果

编号	植物名称	科	属	学名	生活型	生态输水前	生态输水后
1	胡杨	杨柳科	杨属	*Populus euphratica*	AR		√
2	多枝柽柳	柽柳科	柽柳属	*Tamarix ramosissima*	SH	√	√
3	刚毛柽柳	柽柳科	柽柳属	*Tamarix hispida*	SH	√	√
4	多花柽柳	柽柳科	柽柳属	*Tamarix hohenackeri*	SH	√	√
5	长穗柽柳	柽柳科	柽柳属	*Tamarix elongate*	SH	√	√
6	短穗柽柳	柽柳科	柽柳属	*Tamarix laxa*	SH	√	√
7	骆驼刺	豆科	骆驼刺属	*Alhagi sparsifolia*	PH		√
8	铃铛刺	豆科	盐豆木属	*Halimodendron halodendron*	SH		√
9	胀果甘草	豆科	甘草属	*Glycurrhiza inflata*	SH		√
10	盐穗木	藜科	盐穗木属	*Halostachys caspica*	SH	√	√
11	盐节木	藜科	盐节木属	*Halocnemum strobilaceum*	SH	√	√
12	薄翅猪毛菜	藜科	猪毛菜属	*Salsola pellucida*	AH		√
13	盐生草	藜科	盐生草属	*Halogeton glomeratus*	AH		√
14	镰叶碱蓬	藜科	碱蓬属	*Suaeda crassifolia*	AH		√
15	白茎盐生草	藜科	盐生草属	*Halogeton arachnoideus*	AH		√
16	花花柴	菊科	花花柴属	*Karelinia caspica*	PH		√
17	河西苣	菊科	河西苣属	*Hexinia polydichotoma*	PH		√
18	扁穗草	莎草科	扁穗草属	*Blysmus compressus*	PH		√
19	扁秆藨草	莎草科	藨草属	*Scirpus planiculmis*	PH		√
20	球穗藨草	莎草科	藨草属	*Scirpus strobilinus*	PH		√
21	水葱	莎草科	藨草属	*Scirpus tabernaemontani*	PH		√
22	小獐茅	禾本科	獐毛属	*Aeluropus pungens*	PH		√
23	芦苇	禾本科	芦苇属	*Phragmites australis*	PH		√
24	蔺状隐花草	禾本科	隐花草属	*Crypsis schoenoides*	PH		√
25	大花罗布麻	夹竹桃科	罗布麻属	*Poacynum hendersonii*	PH		√
26	黑刺	茄科	枸杞属	*Lycium ruthenicum*	SH		√
27	问荆	木贼科	木贼属	*Equisetum arvense*	AH		√

通过多年生态输水，距湖心 30km 以外，柽柳、盐穗木、盐节木等灌木随着生态输水过程对其地下水的补给而抬升了地下水埋深，植被长势变好、冒出新枝，或其根部发出新枝，但其灌丛下及周围未见新萌发的物种。说明生

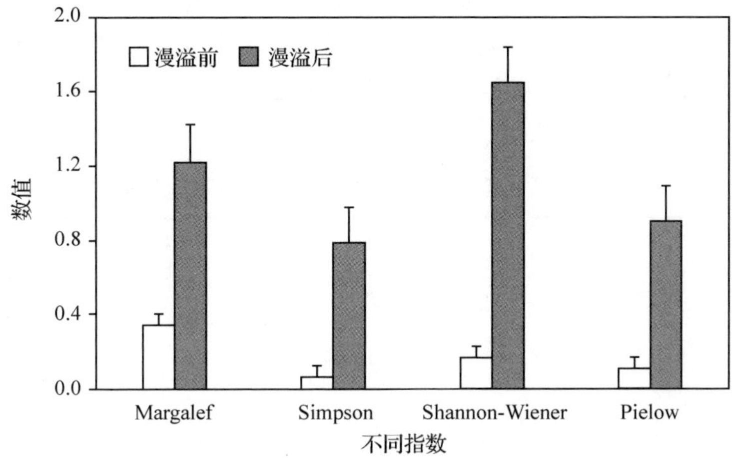

图 4-5　台特玛湖河水漫溢前后地表植物多样性指数比较

态输水对台特玛湖漫溢区植物群落生物多样性恢复的作用要比地下水抬升区明显的多，从表 4-4 也可以看出，无论是植被盖度、植被密度还是单位面积物种数与植物多样性指数（Simpson 指数）在漫溢区均明显高于地下水抬升区的相关指数。

表 4-4　台特玛湖漫溢区与非漫溢区生态指标的比较

生态指标	漫溢区		地下水抬升区	
	最高	平均	最高	平均
单位面积物种数（种/100m^2）	15	6. 8	3	1. 7
植被盖度（%）	46. 7	30	17	7
植被密度（株/100m^2）	1914	1350	53	27
Simpson 指数	1. 51	0. 98	0. 09	0. 06

4. 3. 4　植物多样性变化原因分析

由于常年干旱少雨，再加上塔里木河下游河道断流近 30 年，台特玛湖广大区域内的植物由于水分缺乏而枯死，原本贫乏的植被就更加稀少，植物的多样性较低。在实施塔里木河下游生态输水工程后，台特玛湖植物种类开始增加，物种的多样性有所升高，这主要包括以下几个方面的原因：

（1）荒漠河岸植被重新复活，增加了物种多样性

由于水资源短缺，部分植物的地上器官已经枯死，但根部仍然保持着活

力。向塔里木河下游实施生态输水后，部分地区的地下水位已经上升到一些植物的根系分布深度(表4-5)，使原本面临死亡的荒漠河岸植被重新复活，生物多样性增加，这表明向塔里木河下游实施生态输水对当地植被的恢复和自然更新产生了积极影响。

表 4-5　主要植被生长状况所对应的地下水水位

植物种	学　名	主要根系分布深度(m)	生长良好的地下水位(m)	生长不良的地下水位(m)	大部或全部死亡的地下水位(m)
柽柳	*Tamarix ramosissima*	<5.0	1.0~6.0	>7.0	一般>10
芦苇	*Phragmites australis*	0.5~1.0	1.0~3.0	>3.0	一般>3.5
甘草	*Glycurrhiza inflata*	1.0~2.0	1.0~3.0	>3.0	一般>4.0
骆驼刺	*Alhagi sparsifolia*	>4.0	1.0~4.0	>4.0	一般>5.0
盐穗木	*Halostachys caspica*	<1.6	1.0~2.5	>3.0	一般>3.5
铃铛刺	*Halimodedron halodendron*	1.0~3.0	2.0~4.0	>4.0	一般>5.0
罗布麻	*Poacynum hendersonii*	2.0~3.0	1.5~4.0	>4.0	一般>5.0
花花柴	*Karelinia caspica*	>3.0	1.0~3.0	>4.0	一般>5.0
盐节木	*Halocnemum strobiaceum*	1.0~2.0	1.0~2.5	>3.0	一般>4.0

向塔里木河下游实施应急生态输水后，原本大量枯死的草本植物逐渐复活，乔灌木的长势复苏，河道附近的低洼处已经出现了胡杨的实生苗，随着生态输水次数的增加，河道两侧的地下水位逐渐上升，植被的种类也相应地增加。在距离河岸较近的区域内，一些草本植物，如甘草、骆驼刺、罗布麻、芦苇、猪毛菜、鹿角草、花花柴等又重新出现，并且长势较好。但是，离河道越远，地下水埋深越大，根系较浅的草本植物逐渐消失，仅剩根系较深的胡杨、柽柳等乔灌木，即离河道越远，生物多样性越少，这与地下水的埋深是密切相关的。

(2)土壤种子库的萌发使物种的多样性增加

土壤种子库是指存在于土壤表层凋落物和土壤中全部存活种子的总和，是植物群落生活史的一个重要阶段。土壤种子库不仅在维持种群和群落的生物多样性和遗传多样性方面具有重要意义，还在对地表植被恢复方面也具有很大的贡献，在植被恢复重建和保护生物多样性中起着重要的作用，为受损区植物群落的恢复与重建提供了可能。在干旱地区，许多耐旱植物具有长期续存的种子库，累积在底泥中的种子所受到的干扰较小。国内外研究表明：与地表植被相比，土壤种子库对各种外界干扰具有更强的忍耐性，因此在物种保护和植被恢复中具有不可替代的作用。加强对塔里木河下游土壤种子库的研究，掌握塔里木河下游土壤种子库的特点和规律，对于塔里木河下游河岸和台特玛湖周边植被的保护和恢复起着重要的作用。

由于人类不合理的水土资源开发，河道的断流，导致地下水位呈现较明显梯度下降趋势，物种多样性急剧下降。在塔里木河下游，虽然长期的断流导致了地下水位下降，生态系统严重退化，但是其尾闾台特玛湖曾经植被茂密、物种丰富，大多数植物的种子具有休眠特性和较强的耐干旱、耐高温、耐风沙的能力，可以长期存活。图 4-6 是塔里木河下游河水漫溢区土壤种子库的物种数。向塔里木河下游实施生态输水后，随着水分的好转台特玛湖周边地下水位也开始回升，土壤种子库的密度升高，加上具有合适的水分条件，植物的幼苗增多，多样性增加，植被有所恢复。

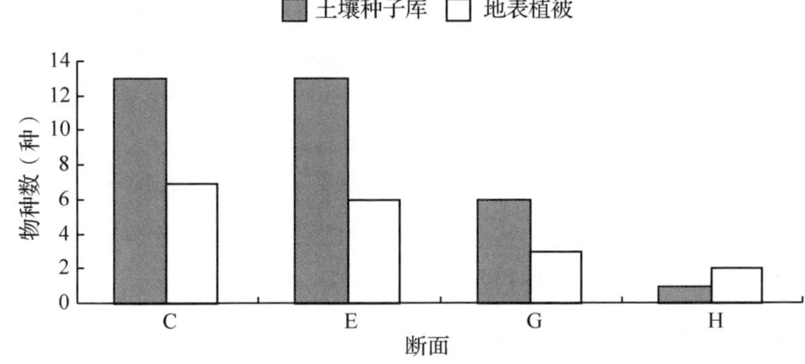

图 4-6　土壤种子库与地表植被物种数比较

但是，与地表植被相比，土壤种子库的物种组成较丰富(图 4-6)，表明土壤种子库作为潜种群阶段即使在极度退化区，它的物种组成也比地上植被要丰富。而地表植被的主要建群植物，如胡杨和柽柳等在多个样地的种子萌发实验上没有出现，也表明土壤种子库中，胡杨与柽柳的种子较少，这与地表植被在物种组成上有明显差异。

另外，有研究表明，不同的水分梯度下，植物种子萌发的类别也有差异(徐海量等，2018)，并且土壤种子库萌发的物种数一般要高于地上植被群落的物种数，这就说明土壤种子库的萌发使台特玛湖增加了新的物种，研究区内物种多样性显著增加。

(3) 河水的漫溢作用增加了区域的生物多样性

干旱区内陆河流域的生态水文过程具有很高的变异性，并且天然植被的组成和分布对水文条件的变化具有明显的响应。河水漫溢作为河流生态系统的一个重要水文因子，是干旱、半干旱区河岸林和冲洪积平原区生态系统的主要“组建者”之一，也是河漫滩植物繁殖方式、植被动态和分布格局等的主要影响因子之一。

河水漫溢后，植被多样性的变化主要体现在单位面积样地内物种的多样性指数变化上。徐海量等(2018)的研究结果表明：在塔里木河下游地区河水漫溢前生物多样性指数均较低，河水漫溢后生物多样性指数比河水漫溢前都有了较大的增加，增加幅度达到700%多，而多次漫溢后与漫溢前相比，增长幅度更是达到了833%。这说明河水漫溢作用对物种多样性的增加作用十分显著，同时也说明了水分条件的变化对植物群落的影响十分显著。但是，不同漫溢条件对植被多样性指数影响有所差异。研究表明：“多年多次”漫溢频次样地、“中度”漫溢水量样地和“中度”漫溢强度样地的三个多样性指数与对照样地的差异均达到极显著水平($P<0.01$)。“20～30天”漫溢持续时间样地的Simpson指数与对照样地的相关指数相比差异极显著($P<0.01$)；“10～20天”及“20～30天”漫溢持续时间样地的Shannon-Wiener指数和Margalef指数与对照样地的相关指数相比差异均表现为极显著($P<0.01$)(傅荩仪 等，2013)。由此说明多年连续，持续10～30天，水量和强度适中的漫溢条件最有利于植被物种多样性指数的恢复。

(4)生态输水过程为塔里木河下游带来了新的物种

生态输水过程为塔里木河下游带来了新的植物种子，一些植物如水葱、扁秆藨草等原本生活在水分条件较好的区域，以往该地区的植被调查中均未见有记载，它们的出现很可能是在生态输水过程中，种子随着输水河道从博斯腾湖经几百千米的人工绿洲传播而来；另外，在塔里木河流域，由于种子的特殊性质，也可能以风为媒介，传播到台特玛湖，增加了当地的植物物种多样性。

随着塔里木河下游应急生态输水工程的实施，当地一些枯死的植被开始复苏，同时由于水分的增加，土壤种子库开始萌发，再加上风等其他媒介带来的新物种，使台特玛湖的物种多样性显著提升。

4.3.5 植物群落动态变化特征

由于入湖水量的不同，造成在大入湖量下出现的河水漫溢区多且面积广阔(周斌，2011)，在小入湖量时，河水漫溢的面积小，这为研究不同漫溢干扰强度和频次等提供了非常有利的机会。

在未受到塔里木河下游生态输水影响时，在2000年前台特玛湖原始地貌主要生长有盐穗木、盐节木、盐爪爪等盐生植物。

当受到 2000 年起实施的塔里木河下游生态输水工程的影响，随着输水工程的开展水头逐渐到达了台特玛湖，干涸的台特玛湖受到水分干扰地表植被也发生了变化(图 4-7)，如图 4-7 所示，在生态输水前几年，一年生植被的重要值最大，其次是原来的盐生植物(盐穗木、盐节木、盐爪爪……)，再次是芦苇，最后是灌木。说明在生态输水前几年，直到 2006 年当地植被仍然是以原始盐生植物和一年生草本植物为主的植被类型。这主要是由于河水漫溢可以改变土壤的含水量，即土壤湿度，土壤湿度影响土壤微生物活动，进而影响有机质的含量，从而促进了地表植被结构的丰富性、植物种类的多样性。

同时，河道过水过程中，河水漫溢过程由于水流动的方向是从上而下，对表层土壤起到了一个洗盐和压盐的作用，降低了土壤表层盐分的含量，特别是表层土壤的盐分。据相关资料显示，台特玛湖附近表层土壤盐分较高，电导值一般在 15mS/cm 以上(周斌，2011)。而河水漫溢对各层土壤的盐分均有淋洗作用，随土壤深度不同，受河水漫溢影响的程度也不同，如：0~10cm 的土层盐分向下淋溶的最显著，而荒漠植物的种子也多分布在这个深度的土层，土壤盐分的降低，使得种子萌发的环境明显改善，这有可能是河水漫溢区出现较多实生苗的原因。以上也就成为 2001—2005 年台特玛湖区地表植被大量萌发的一个重要原因。

从图 4-7 可以看出，随着时间的延续，2008 年灌木重要值较前期的相应值有所增大，直到 2012 年灌木重要值达到了最高值(0.3)；在此期间，多年生植物重要值也有所增大，到 2012 年多年生草本植物重要值也达到了最高值(0.7)。说明：随着水分对当地的持续干扰，地表植被由原来的以原始盐生植物和一年生草本植物为主的类型逐渐转变为以盐生植物和多年生植物为主的类型、以盐生植物和灌木为主的类型。这主要是由于前期过水将表层土壤的盐分淋洗到深层土壤，随着河水漫溢时间的持续，深层土壤的盐分重返上层土壤，导致多数耐盐性弱的一年生草本植物不能够重新萌发。

综合前面两点，可以得出如下结果：从主要建群种植物的重要值变化来看，少次河水漫溢、河道过水时间短的情况下(如生态输水前几年)促进了大量的一年生草本植物的萌发与生长，随着河水漫溢次数的增加、河道过水时间的持续(2008 年以后的时间里)，植物群落中的建群植物逐渐向多年生草本植物演化。

直到近几年，如 2014、2015、2016、2017 年地表植被又被演替为另一种类型：以芦苇为主要植被，这几年芦苇重要值均达到了 0.7，其次为灌木，再次为盐穗木、盐节木等原始植被。说明随着生态输水的持续进行，台特玛湖

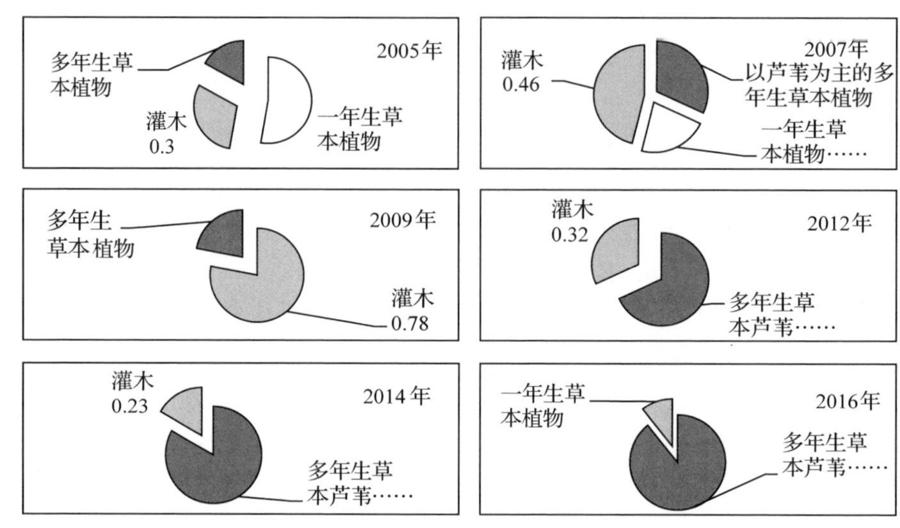

图 4-7 不同年份台特玛湖植被重要值构成情况

形成以芦苇为主要植被类型的趋势。通过进一步的调查，发现在研究区只生长有芦苇、柽柳、骆驼刺等深根的植物，而一年生草本植物和多年生浅根植物均不再出现，表明过多的河水漫溢干扰将浅根植物冲走，造成它们无法存活，而在渍水区则只生长有耐盐能力突出的盐节木、盐穗木和芦苇等，这些植物的存活说明盐分较重限制了生物多样性的恢复。

综上所述，以乔灌为主的群落，能够稳定防风固沙的局面，并且适应当地这种极端气候，应当作为植被恢复的顶极群落。但是，论耐盐度、耐淹度等而言，芦苇较适应当前的环境，因此，台特玛湖周边植被是向着以芦苇为主要植被类型的方向演化。

4.3.6 生态输水与植物多样性变化特征

从上述分析可知，台特玛湖区地表植被演替具有一定规律性，那么研究区地表植被多样性是否也有同样的规律？可以通过以下几点内容说明台特玛湖周边植物多样性变化特征。

(1)漫溢区植物多样性变化趋势及群落演变特征

从以上分析可知，向塔里木河下游生态输水后，台特玛湖地表植被多样性显著增加，但是后期持续地生态输水又会使植物多样性产生什么样的变化？利用2000—2017年地表植被监测数据可以分析后期植物多样性变化趋势。由图4-8显示，2002—2005年植被Simpson指数、Pielou均匀度指数为较高水平，到2005年地表植物多样性达到了最高值，说明初期生态输水对地表植被的影响较大；后期随着生态输水的进行两个指数值逐渐下降，通过 Mann-kendall 单调趋势检验，在 2005—2017 年时间段 Simpson 指数、Pielou 均匀度指数呈极显著下降趋势，其统计量 Z 值分别为 -3.36、-3.48，其绝对值大于 2.58，说明随着生态输水的进行物种组成逐渐趋于简单化。

从图 4-8 还可以看出，2009—2012 年植物多样性指数呈反增趋势，主要是由于 2009—2010 年是特枯年份，生态输水未下达台特玛湖，植被多样性随着周围水分条件的变化也发生了变化。

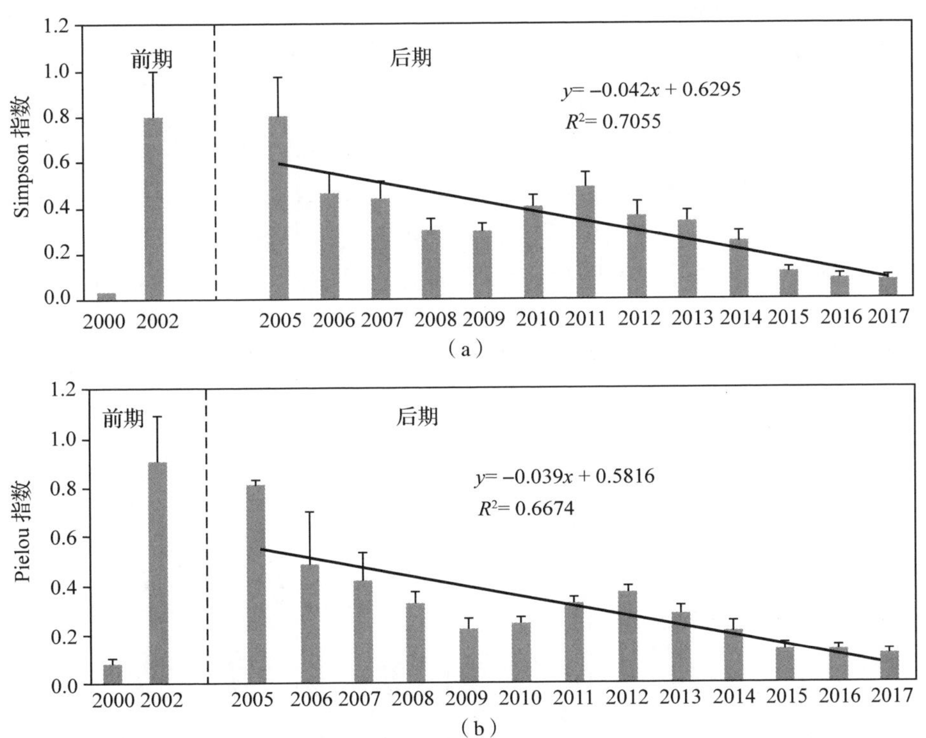

图 4-8　台特玛湖植被 Simpson 指数(a)与 Pielou 均匀度指数(b)年际变化情况

以上反映了台特玛湖始终维持 50km^2 以上的湖面，自生态输水以来植物的多样性随着湖面维持年限的增加呈先增加后下降的趋势，即向塔里木河下游实施生态输水工程的前期随着水分条件的好转显示出多样性增大，这一点比较容易理解，而在生态输水工程的后期 2005—2017 年如此长时间内，台特玛湖区域地表植被对生态输水的响应则不同，这里需要用数据进一步说明。同样利用图 4-8 所用的数据(11 个样地 35 个小样方植被样方数据)，计算了植被重要值，结果显示：在生态输水前期一年生植被的重要值最大(0.50)，即新萌发的植物中一年生草本植物占主要优势，其次是原生植被，即盐节木等。随着时间的延续，2008年灌木重要值较前期(2005年)有所增加，持续到2010年灌木重要值增加(IV=0.32)、一年生和多年生草本植物的重要值也有一定增加(IV=0.69)；直到2012年灌木重要值维持稳定水平，多年生草本植物重要值也达到了最高值水平(IV=0.68)，但此时的多年生草本植物主要是芦苇。

上述情况说明在少次河水漫溢、河道过水时间短的情况下(如生态输水前几年)可促进大量的一年生草本植物的萌发与生长，随着河水漫溢次数的增加、河道过水时间的持续(2010年以后的时间里)，物种又以多年生草本植物占优势。

(2)生态输水过程与植物多样性

在生态输水过程中，最开始从博斯腾湖调水输送到塔里木河下游的水量占下游生态输水总量的58.9%，而塔里木河大西海子水库下泻的水量占到41.1%。但是自从第三次生态输水开始，塔里木河大西海子水库下泻的水量分别占到总下泻水量的9.16%、25.98%、61.41%、27.94%、81.56%和87.24%，呈现一个显著升高的趋势，表明塔里木河干流的上游和中游因节流而输送到下游的水资源正逐渐成为塔里木河下游生态输水的主流(图4-9)。

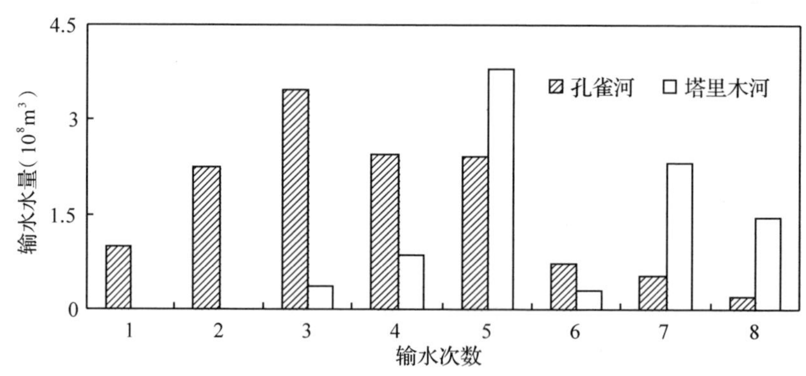

图4-9　塔里木河下游8次生态输水的水量变化

图4-10是台特玛湖在2000—2021年植物多样性的变化。主要有三个特征，具体表现为：

①显著增加时段(生态输水初期)：2000年开始对长期干涸的台特玛湖生态输水，物种丰富度在2000—2005年为显著增加。

②显著下降时段(实现年均输水量接近$3.5\times10^8m^3$)：2005—2007年、2010—2021年，两时段多样性呈显著下降(|Zc|>2.58，$P<0.01$)。

③波动时段：2007—2010年，遇到连续枯水年，(水分)中度干扰引起植

物多样性波动变化。

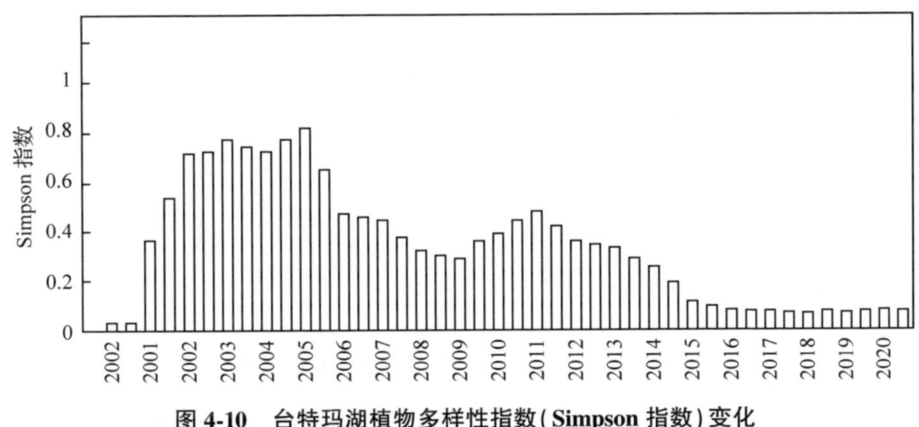

图 4-10　台特玛湖植物多样性指数(Simpson 指数)变化

综上所述，河水漫溢区植被多样性指数值在 2005—2006 年达到最高，但持续的水淹使得台特玛湖形成以芦苇群落为主的植被，植物多样性指数逐渐下降。

4.4　河水漫溢对土壤盐分的影响

4.4.1　生态输水前后土壤盐分变化

台特玛湖附近表层土壤盐分较高，电导值一般在 15mS/cm 以上，随土壤深度不同，受影响的程度也不同，如 0~10cm 土层盐分向下淋溶的最显著(图 4-11)，而荒漠植物的种子也多分布在这个深度的土层，土壤盐分的降低，使得种子萌发的环境明显改善，这是形成生态输水初期台特玛湖区地表植被多样性增加的另一重要原因。

不同的漫溢方式造成地表过水的持续时间、频次均有所不同，从不同漫溢方式下 0~40cm 土层土壤含盐情况(图 4-12)可以看出，与非漫溢区相比，不同的漫溢干扰方式对土壤总盐的影响均是显著的，且不同的漫溢方式对土壤表层盐分影响也是不同的，显著性检验的结果是显著的($F=3.195$，$P=0.02$)。但是少次河水漫溢和多次河水漫溢之间差异不显著，这一情况说明一年河水漫溢 1~2 次就可大幅降低土壤表层的盐分，而更多次的河水漫溢对土壤盐分的改变已经不明显了。而长期渍水区土壤盐分反而很高，这与地表长期渍水后地下水大幅抬升，盐分淋溶后又在强烈的蒸发作用下，土壤表层再次积盐有关。

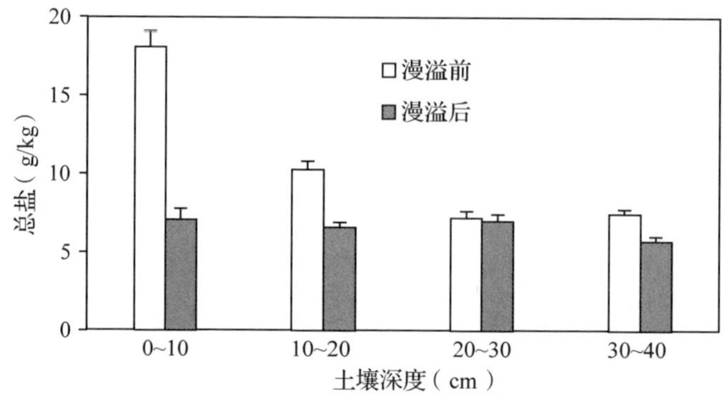

图 4-11　漫溢前后不同深度下土壤盐分浓度

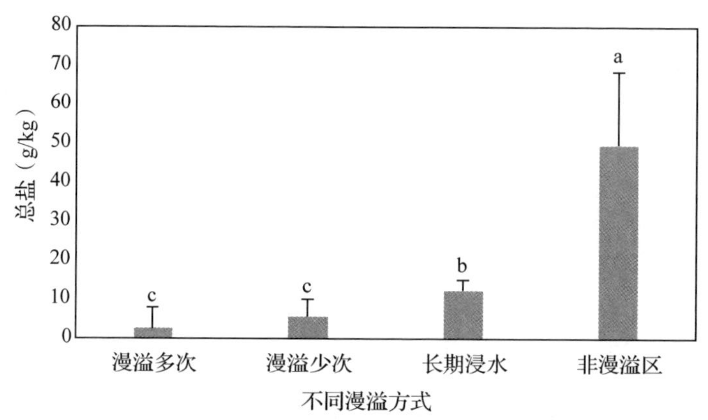

图 4-12　不同漫溢方式对土壤总盐的影响

盐随水来，盐随水去。土壤盐渍化受区域性因素的制约和影响，其积盐、脱盐过程存在差异。有学者报道，大西海子水库附近和台特玛湖附近表层土壤盐分都较高，从河水漫溢持续的时间来看，漫溢在大西海子持续的时间小于台特玛湖持续的时间。河水漫溢后，大西海子水库附近土壤总盐分降低了65%，表明半洗盐过程明显；而台特玛湖地势较低，生态输水后，曾形成一片湖面，形成长期渍水，土壤表层虽然有洗盐过程，但随地下水的抬升又有返盐现象，土壤脱盐效果较非漫溢区差异不显著，因此河水漫溢持续时间并不是越长越好。

与非漫溢相比，多次漫河水溢对土壤盐分表层的洗盐作用十分明显（表 4-6、表 4-7），少次河水漫溢对土壤盐分的影响也达到了显著性水平。

表 4-6　不同漫溢方式下表层土壤全盐含量差异的显著性检验(LSD)

漫溢方式		均差	标准差	Sig.	95%置信区间	
					下限	上限
少次	多次	0. 1961	0. 2214	0. 3820	−0. 2539	0. 6461
	渍水	−1. 1261	0. 2661	0. 0000	−1. 6669	0. 5853
	冲刷	0. 3629	0. 3087	0. 2480	−0. 2646	0. 9903
多次	少次	−0. 1961	0. 2214	0. 3820	−0. 6461	0. 2539
	渍水	−1. 3222	0. 2087	0. 0000	−1. 7465	−0. 8980
	冲刷	0. 1668	0. 2609	0. 5270	−0. 3635	0. 6971
渍水	少次	1. 1261	0. 2661	0. 0000	0. 5853	1. 6669
	多次	1. 3222	0. 2087	0. 0000	0. 8980	1. 7465
	冲刷	1. 4890	0. 2998	0. 0000	0. 8797	2. 0983
冲刷	少次	−0. 3629	0. 3087	0. 2480	−0. 9903	0. 2646
	多次	−0. 1668	0. 2609	0. 5270	−0. 6971	0. 3635
	渍水	−1. 4890	0. 2998	0. 0000	−2. 0983	−0. 8797

表 4-7　不同漫溢方式对土壤全盐含量影响的显著性检验

漫溢方式	均差	标准差	t	Sig.	95%置信区间	
					下限	上限
少次	3. 4120	1. 51381	−2. 254	0. 0290	0. 3729	6. 4511
多次	3. 6081	1. 03149	−3. 498	0. 0010	1. 5373	5. 6789
浸水	2. 2859	1. 43042	−1. 598	0. 1160	−0. 5858	5. 1576
冲刷	3. 7749	1. 7551	−2. 127	0. 0380	0. 2112	7. 3385

4. 4. 2　盐分对湖区植被的影响

由于特殊的自然环境：降水稀少、蒸发强烈、土体普遍含盐量高，因地处内陆河尾闾，本区土壤盐分含量极高，而横贯其中的“218”国道由于筑路时担心被淹(地处干涸湖泊中部)路基普遍较高，在近 10 年全球气候变暖背景下塔里木河的一条小支流车尔臣河因山区尚未修建水库而在每年 10～11 月出现大量河水流向台特玛湖，导致本区出现了明显的河水(洪水)漫溢现象，特别是在“218”国道(原路碑 1090～2016 段)长约 26km 的公路两侧，在漫溢作用和道路干扰下出现了植被长势极为特殊的变化，正好为环境监测与保护工作者创造了极其难得的研究场所。

由于非漫溢区表层土壤的平均含盐量高达 50.2g/kg，因此多数植物难以生存。在地下水抬升区，水分在地表滞留，并在强烈蒸发的影响下，表层土壤逐渐干涸，而盐分被滞留在地表造成表层盐分的积聚，在 3~10cm 处形成盐壳，并且土壤总盐含量较非漫溢区相关含量还高，平均含盐量达到 116.4g/kg，这个盐分水平对本区几乎所有植被的生长都将是致命的。而河水漫溢后表层土壤的盐分有了显著的降低，总盐含量下降 78.5%，平均值也降低到 25.0g/kg。对于土壤表层盐分物质的组成成为我们所关心的，因为不同盐分物质的组成对植物的伤害作用不同(于晓 等，2009)，为此选择一个 2008 年 11 月测定的地下水抬升区土壤表层盐分分析结果，其余土样的分析结果基本类似(表 4-8)。

表 4-8　地下水抬升区典型样地不同深度土壤盐分分析结果

深度 (cm)	电导率 (mS/cm)	总盐	离子含量(%)							
			CO_3^{2-}	HCO_3^-	Cl^-	SO_4^{2-}	Ca^{2+}	Mg^{2+}	K^+	Na^+
0~2	61.6	21.848	0.003	0.004	10.81	2.69	0.279	0.028	0.19	7.812
2~20	131.7	53.393	0.004	0.003	28.175	4.202	0.402	0.036	0.337	19.543
20~40	14.63	7.358	0.002	0.01	3.89	0.575	0.276	0.054	0.071	2.339
40~60	15.47	8.255	0.002	0.011	3.441	1.652	0.345	0.013	0.043	2.581

从表 4-7 看，表层 0~20cm 土壤的含盐量均非常高，而从盐分物质的组成看，以 NaCl 为主，为此我们又开展了不同 NaCl 盐分浓度下本区主要建群植物种子的萌发实验，结果如图 4-13 所示。

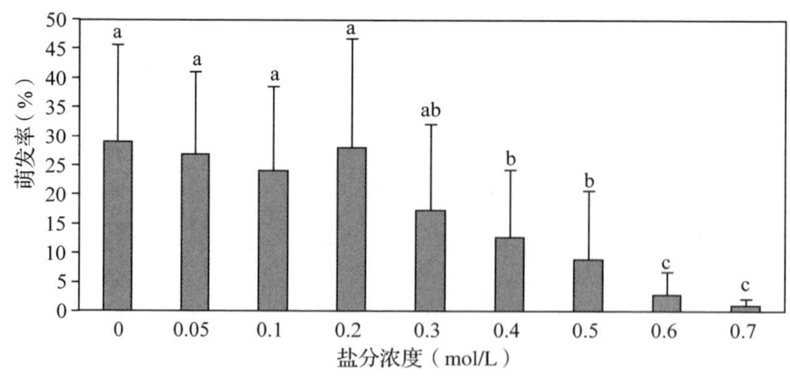

图 4-13　不同盐分浓度下研究区几种主要建群植物的萌发率

结果显示：在 0~0. 2mol/L 盐分浓度下，这些植物种子萌发率没有显著差异，在盐分浓度达到 0. 3mol/L 以后种子萌发率大幅下降，其后呈现出随盐分浓度的增加，种子萌发率显著下降的趋势。但是不同植物的种子萌发也不相同，例如：耐盐性较差的胡杨种子在 0. 5mol/L 以上基本没有出苗，黑刺则在 0. 4mol/L 以上就没有出苗，而耐盐性较好的甘草种子则到 0. 7mol/L 才受到抑制，但是为何在地表植被调查中研究区河水漫溢后出现频率和数量最多的是盐穗木，这也可以通过盐穗木种子相比一般植物具有更强的耐盐性来解释(图 4-14)。

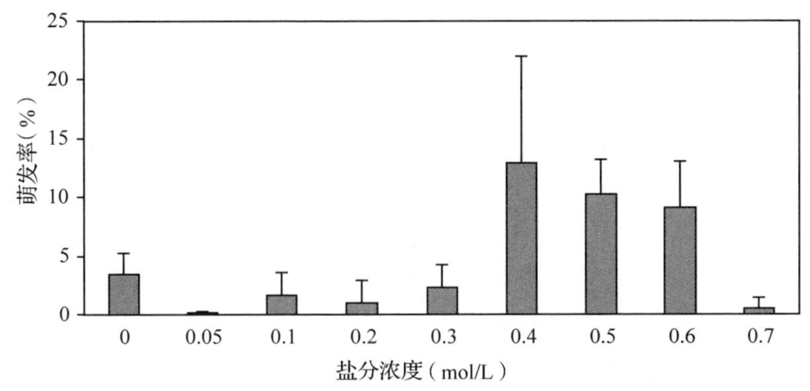

图 4-14　不同盐分浓度下盐穗木种子萌发程度

从图 4-14 的分析结果看，盐穗木作为一种盐生植物，其出现最高萌发率的盐分浓度在 0. 4~0. 6mol/L，而当盐分浓度达到 0. 7mol/L 时，其萌发率也不足 0. 3%，表明虽然其耐盐性强于其他植物的耐盐性，但是当盐分浓度达到一定阈值时，其种子萌发也会受到明显的影响，根据盐分含量的计算 0. 7mol/L 大约相当于总盐 40. 95g/kg 水平，而 0. 5mol/L 大约相当于总盐 29. 25g/kg 水平，那么我们就很容易理解到地下水抬升区平均 116. 4g/kg 的总盐含量是无法满足本区植物生存的，而漫溢区平均 25. 0g/kg 的总盐含量(基本介于 0. 4~0. 5mol/L 盐分浓度)则是最适宜盐穗木种子萌发的环境。这也就是台特玛湖区“阴阳脸”段(“218”国道 1090—2016 段长约 26km 的公路两侧)道路西侧为何生长大量盐穗木，而道路东侧无任何植物生长的原因。本研究通过对这一特殊现象进行解释，目的就是为了更有力地说明河水漫溢的生态功能。

从近 10 年的监测结果看，保护原有植被的基本目的已实现，但是预期的较大范围的生态恢复的目标并未出现，归其原因就是过于强调水分条件的重要性，却忽视了河水漫溢的生态功能。虽然河水漫溢在植被生态恢复中的作用在国内外已经广泛被认可，也诞生了一大批的成果，而类似本研究这样一个特殊的区域，即极端干旱缺水又因强烈蒸发导致表层土壤含盐量很高的区域，河水漫溢过程不仅仅是起到了改善土壤水分条件的功能。在研究中河水漫溢区基本是在每年的9～10月被20～50cm深的水所淹没。但是漫溢过程由于水流动的方向是从上而下，对表层土壤起到了一个洗盐和压盐的作用，表层土壤的盐分被淋洗到深层土壤。而路东水是渗透过来，水流的方向是从下而上，盐分最终仍残留在地表。虽然仅此微小的差异，但是地表植被的响应却有天壤之别，一边植被茂密而另一侧则寸草不生，因此可以说河水漫溢过程的生态功能绝非补充水分这么简单。它在极端干旱区起的作用更突出地表现在对表层盐分的淋洗上，而这一点对生长在这一地区的主要建群植物种子的萌发意义重大。

我们在塔里木河下游尤其台特玛湖周边采集建群植物的种子后，在室内做了不同盐分浓度下的萌发实验，结果显示：不同植物种子萌发的适宜区间有明显不同，但是在盐分浓度达到或超过0.7mol/L时基本所有植物的种子都无法萌发，因此盐分是限制本区植物生长的一个重要限制因子，这就是为何漫溢区植被茂密而地下水抬升区寸草不生的原因。对于植物多样性指数而言，河水漫溢持续时间并不是越长越好，漫溢时间长了之后，干涸的土壤表层会发生返盐和积盐现象，不利于植物萌发。通过长期在台特玛湖区的实地调研，未发现有胡杨存在；在湖区以外几十千米范围内表现为随着土壤盐分的升高，胡杨数量下降。随着时间的持续，塔里木河下游及台特玛湖区域内的一种植被类型往往就会被其他植被类型所替代，这在前面内容中已充分体现，这主要是由于水分决定了植被的萌发与长势，而盐分决定了植被幼苗能否成活。

塔里木河下游及其尾闾台特玛湖区域内的天然植被具有非常明显的规律性分布及演替的特点(图4-15)。从图4-15看，随着盐分电导的增加，整个区域内的各种天然植物出现的频次呈现反函数型下降的特点。即随盐分浓度的增加，种子萌发率呈显著下降的趋势。

综合以上，主要总结为以下两点：①通过对比漫溢区和非漫溢区土壤种子库密度和种类，漫溢干扰对种子库密度的影响要远大于对种类的影响(徐海量 等，2008)。随着时间的推移，河水漫溢不断对台特玛湖区进行干扰，“218”国道两边过水前表层土壤总盐含量为50.2g/kg，过水后则降低到25.0g/kg，形成大多数原来寸草不生的区域植被由差向好的方向转变；②水分在进入研究区土壤中时，由于水流方向(土壤中水从上往下或从下往上)的不同，其生物多样性差异显著。原因是随着过水时间的持续，而当地地下水

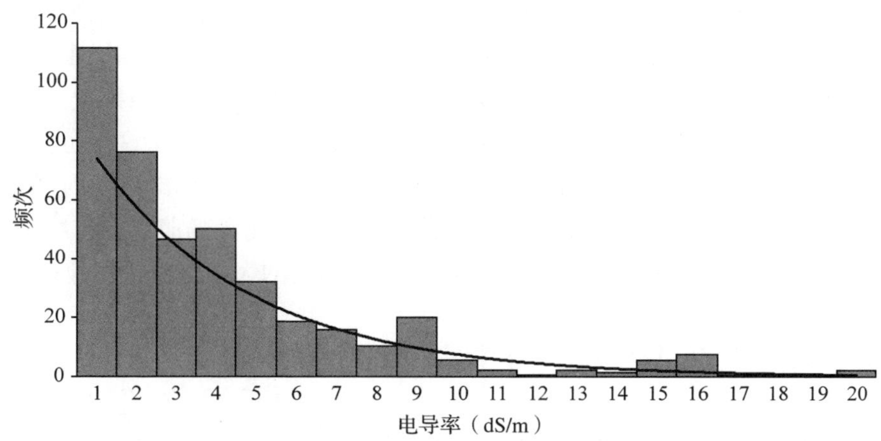

图 4-15　不同盐分下植物出现的频次

位抬升，表层土壤的盐分非但没有下降反而升高到 116. 4g/kg，由此造成漫溢前与漫溢后及地下水抬升区的地表植被出现截然不同的响应，表明河水漫溢干扰在植被恢复过程中对盐分的淋洗作用意义重大。

4. 4. 3　讨论

一般植被演变特征表现为在演变初期往往植物多样性最低，而随着演替的进行植物多样性不断增大，到了中期往往达到峰值，然后又随时间的变化呈降低趋势(S. D. Smith *et al.*, 1991)。向塔里木河下游生态输水(2000 年)前，在台特玛湖区物种几乎为零，因此植物多样性也最低，随着生态输水水头抵达台特玛湖区大量物种得以萌发(2005 年 Simpson 指数、Pielou 指数分别达到了 0. 79、0. 80)。随着塔里木河下游生态输水工程的实施，在台特玛湖区域，植物组成逐渐简单化，乃至到 2015 年左右形成物种单一化(Simpson 指数、Pielou 指数分别为 0. 01、0. 12)的局面，这与国内一些学者的研究结果相似，即生物多样性往往在演替后期呈下降趋势(韩玉萍 等，2000；高贤明 等，2001)。

由于 2008—2010 年枯水期的缘故，台特玛湖形成 2008—2010 年植物多样性指数呈反增趋势。究其原因，当地的干旱对周边环境起到了干扰作用，依据生态学原理，一定范围的干扰作用引起植物对环境因子的竞争作用更加强烈，会促进植物多样性的增加(H. B. Ling *et al.*, 2017)，因此在 2009—2012 年表现为多样性有所好转的态势。

台特玛湖系深居亚欧大陆腹地的干旱区内陆河的尾闾湖，平坦的地势条件(地势差异<5‰)决定了其大多由不到1m深的水面在当地大于2000mm的蒸发量下很快干涸。水分条件变差后，一年生草本植物和多数浅根系多年生草本植物缺水死亡，形成灌木占主要地位的局面：盐穗木作为一种盐生植物，其出现最高萌发率的盐分浓度在0.4~0.6mol/L，而小于或大于这个范围时萌发率均很低，表明其耐盐性强于其他植物的耐盐性。台特玛湖区长时间过水条件使土壤表层会返盐和积盐而不利于前期所出现的物种的萌发与植物生长，但却是盐穗木种子萌发的环境，形成了2005年出现的大多数植物物种死亡。

4.5 不同水分干扰强度下植被特征分析

“有水即为绿洲，无水皆为荒漠”的谚语，不仅揭示了干旱区的植被是干旱区珍贵的自然资源，更是干旱区脆弱的、易受破坏的生态组成部分，也从侧面表明了水分对于干旱区植被的重要性。台特玛湖作为深居亚欧大陆腹地的干旱区内陆河的尾闾湖，它的存在对于周围环境有着维系植被生长，保护当地野生动物生存，阻止沙漠化恶化的积极影响。目前关于尾闾湖周围植被群落定量分析的研究报道甚少，水分梯度干扰下的植被特征研究也不多见。因此，本章节基于生态输水稳定的前提下，以围绕台特玛湖生态尤其植被为对象，根据湖水距离分为不同干扰梯度分析植被特征，为后续研究台特玛湖和生态环境的恢复提供理论依据。

4.5.1 野外样带设置及基本概况

根据道路可达性、实际因素的综合考量以及湖水的干扰情况，环台特玛湖在其周边设置6条监测样带，每条样带布设4个监测点(监测点地理位置见表4-9)。每条样带布设4个样地，在每个样地内，选取3个10m×10m大样方，然后分别在三个大样方内按对角线法选取3个1m×1m的小样方，共72个大样方216个小样方。根据离湖体的不同距离分为3个干扰梯度，即≤1km为重度干扰：样带2、样带3、样带4和样带6；≤10km为中度干扰：样带1；>10km为轻度干扰：样带5。监测内容包括群落物种组成、植被盖度、高度、密度等指标，分析物种的组成和计算植被重要性和多样性的变化。

表 4-9　台特玛湖植被监测点位置

	监测点	样方大小	经 度	纬 度	海 拔（m）
漫溢区	Plot 1	50m×50m	E88°32′42. 0″	N37°34′7. 9″	798. 2
	Plot 2	50m×50m	E88°22′23. 9″	N39°32′16. 5″	793. 4
	Plot 3	50m×50m	E88°21′22. 8″	N39°31′30. 3″	793. 3
	Plot 4	50m×50m	E88°17′03. 0″	N39°28′55. 8″	796
	Plot 5	50m×50m	E88°15′43. 4″	N39°26′33. 6″	799. 5
	Plot 6	50m×50m	E88°11′53. 5″	N39°14′6. 3″	801
	Plot 7	50m×50m	E88°23′23. 7″	N39°29′40. 2″	802
	Plot 8	50m×50m	E88°22′51. 5″	N39°29′56. 7″	791
	Plot 9	50m×50m	E88°22′23. 1″	N39°30′17″	786
	Plot 10	50m×50m	E88°22′15. 9″	N39°30′14. 7″	794
	Plot 11	50m×50m	E88°22′06. 8″	N39°30′19. 7″	794
	Plot 12	50m×50m	E88°21′56. 3″	N39°30′15. 9″	794
	Plot 13	50m×50m	E88°23′41. 3″	N39°29′41. 1″	791
	Plot 14	50m×50m	E88°23′53. 5″	N39°29′34. 7″	794
	Plot 15	50m×50m	E88°24′12. 7″	N39°29′24. 6″	795
	Plot 16	50m×50m	E88°21′30. 2″	N39°30′15. 8″	806. 4
	Plot 17	50m×50m	E88°20′45. 5″	N39°30′9. 6″	806. 5
	Plot 18	50m×50m	E88°21′46. 0″	N39°30′14. 4″	807. 5
	Plot 19	50m×50m	E88°16′28. 1″	N39°26′37. 7″	795. 3
	Plot 20	50m×50m	E88°16′13. 5″	N39°26′36. 3″	798. 5
	Plot 21	50m×50m	E88°21′23. 0″	N39°31′18. 6″	808. 9
非漫溢区	Plot 1	50m×50m	E88°20′41. 0″	N39°30′59. 0″	807. 5
	Plot 2	50m×50m	E88°20′45. 9″	N39°30′54. 0″	807. 9
	Plot 3	50m×50m	E88°20′56. 3″	N39°30′51. 4″	807. 8
	Plot 4	50m×50m	E88°21′56. 8″	N39°30′12. 2″	807. 7
	Plot 5	50m×50m	E88°23′28. 6″	N39°29′41. 2″	808
	Plot 6	50m×50m	E88°23′43. 4″	N39°29′50. 6″	807. 9
	Plot 7	50m×50m	E88°23′39. 8″	N39°30′7. 9″	807. 5
	Plot 8	50m×50m	E88°23′25. 8″	N39°29′40. 9″	807. 9
	Plot 9	50m×50m	E88°23′15. 7″	N39°29′24. 3″	806. 5
	Plot 10	50m×50m	E88°23′27. 6″	N39°29′26. 5″	807. 1
	Plot 11	50m×50m	E88°25′20. 6″	N39°36′23. 8″	812. 7
	Plot 12	50m×50m	E88°25′20. 6″	N39°36′24. 1″	811. 8
	Plot 13	50m×50m	E88°9′22. 7″	N39°26′36. 9″	810. 6
	Plot 14	50m×50m	E88°11′13. 9″	N39°17′20. 4″	812. 1
	Plot 15	50m×50m	E88°12′25. 9″	N39°16′50. 5″	810. 8
	Plot 16	50m×50m	E88°12′10. 4″	N39°15′45. 3″	812. 1
	Plot 17	50m×50m	E88°14′8. 1″	N39°18′46. 0″	810. 4
	Plot 18	50m×50m	E88°15′22. 3″	N39°19′28. 2″	809. 5

样方调查结果表明：台特玛湖周围的植物群落中共有 9 种植物，分属于 6 科、9 属，主要以灌木柽柳、盐节木、盐爪爪和多年生草本芦苇、骆驼刺、罗布麻、河西苣、花花柴为主，一年生草本植物只有盐生草(表 4-10)。台特玛湖区域内受湖水重度干扰下(近水处)的植被繁茂，而受湖水轻度干扰下(远水处)的植被稀疏，但总体上表现为植被组成单一，植被群落稀疏，且植被覆盖率低。

表 4-10　台特玛湖区域内地表植被的物种组成情况

种名	科	属	学名	生活型	重度干扰	中度干扰	轻度干扰
芦苇	禾本科	芦苇属	*Phragmites australis*	PH	√	√	
柽柳	柽柳科	柽柳属	*Tamarix chinensis*	SH	√	√	√
盐生草	藜科	盐生草属	*Halogeton glomeratus*	AH	√		
盐节木	藜科	盐节木属	*Halocnemum strobilaceum*	SH	√		√
盐爪爪	藜科	盐爪爪属	*Kalidium foliatum*	SH	√		
骆驼刺	豆科	骆驼刺属	*Alhagi sparsifolia*	PH		√	
罗布麻	夹竹桃科	罗布麻属	*Apocynum venetum*	PH		√	
河西苣	菊科	河西苣属	*Hexinia polydichotoma*	PH		√	
花花柴	菊科	花花柴属	*Karelinia caspia*	PH		√	

注：SH 表示灌木；PH 表示多年生草本植物；AH 表示一年生草本植物。

从图 4-16 可以看出，台特玛湖周边的植物群落中，在三个不同干扰程度下，柽柳高度最高，其次是芦苇、骆驼刺等多年生草本植物，盐节木、盐爪爪、盐生草等植物最矮；就盖度来讲，芦苇盖度最大，其次是罗布麻、盐节木、柽柳、花花柴、盐生草、盐爪爪、骆驼刺和河西苣；就密度来讲，盐生草、花花柴、芦苇、盐节木和罗布麻均较高，骆驼刺、河西苣和盐爪爪次之，柽柳的密度最小。综合来看，植被的高度、盖度和密度都是中度干扰下最高，然后依次为重度干扰、轻度干扰。中度干扰下植被的高度高、盖度和密度大，重度干扰下植被高度较矮，但盖度和密度大，轻度干扰下受水分影响小，植被虽然类型少，但是高度、盖度和密度并不小，柽柳的最高高度出现在轻度干扰下，达到 280cm。盐节木等丛生的盐类植物高度低，但盖度和密度都很大，多年生草本植物的高度、盖度和密度 3 个指标比较均匀，其中，芦苇盖度和密度都相当高，最高分别达到 31.53%和 58.06 个/100m^2，柽柳高度和盖度都高，但密度是所有植物密度里最低的。

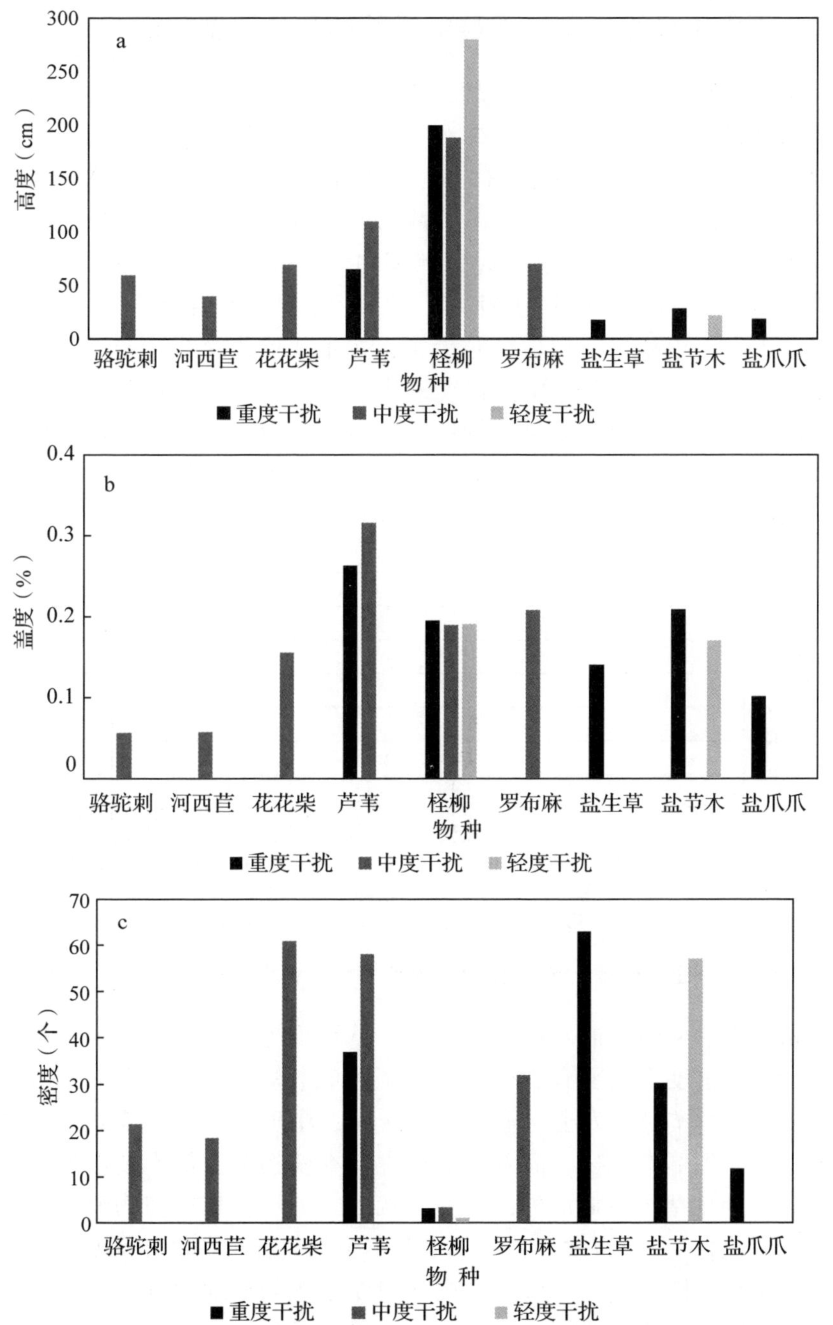

图 4-16　台特玛湖水不同干扰程度下，周边植被的高度(a)、盖度(b)、密度(c)特征

4.5.2 不同水分程度干扰下群落优势种和生活型特征

从图 4-17 可以看出，重度干扰下受到水分最大的影响，台特玛湖周围植物群落的优势种为芦苇和盐生植物，中度干扰下受到水分一定的影响，其优势种以芦苇和柽柳为主，轻度干扰下，由于样地离台特玛湖湖区的距离最远，植被生长受限，其优势种为盐节木。芦苇、柽柳、盐生草、盐节木和盐爪爪出现在重度干扰的样地中，主要是以芦苇和耐盐植物为主的植被为分布特征，芦苇重要值最高，之后分别是盐生草、盐节木、盐爪爪和柽柳；中度干扰下，植被以芦苇和深根耐旱类植被分布为主，按重要值依次为芦苇、柽柳、骆驼刺、罗布麻、河西苣和花花柴；轻度干扰下，植被生长受限，仅分布两种植物，以耐盐植物盐节木和耐旱植物柽柳为主，其中，盐节木重要值占据绝对优势，是样带 6 的优势种。综合来看，芦苇、柽柳、盐生草和盐节木为台特玛湖区植物群落的优势种。

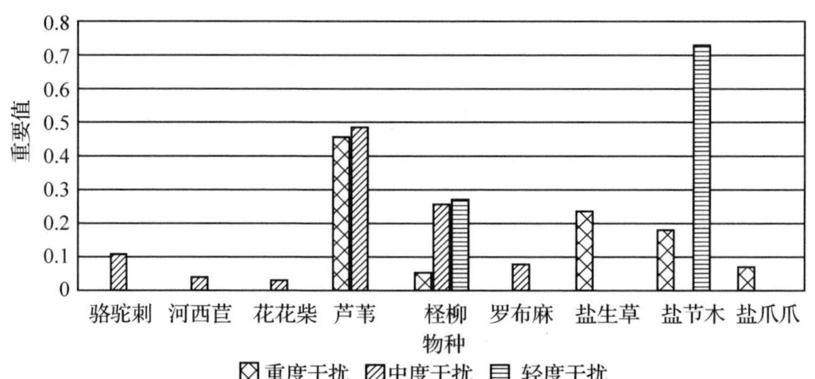

图 4-17 台特玛湖水不同程度干扰下各物种分布状况

从植被生活型的分布来看(图 4-18)，从重度干扰到轻度干扰，植被生活型逐渐变少，重度干扰下有 3 种，即多年生草本植物、一年生草本植物和灌木，以多年生草本植物为主，重要值为 0.46；中度干扰下，植被生活型降低到两种：多年生草本植物和灌木，多年生草本植物重要值不断增加，比例达到 74%，一年生草本植物消失；轻度干扰下，多年生草本植物消失，只剩下灌木，重要值为 1。可以发现，一年生草本植物只分布在水分重度干扰的样地中，多年生草本植物可以在重度干扰和中度干扰的样地中分布，但多年生草本植物出现的种类并不相同；轻度干扰下仅有灌木，而灌木在水分影响的三个梯度下均可生存。从植被的分布特点可以看出，台特玛湖的周边地表已初步形成以芦苇为主的植被类型，论耐盐度、耐淹度等而言，以芦苇为主的盐渍化草甸植物较适应当前的环境，因此，台特玛湖水岸线及周边植被类型是向着盐渍化草甸方向发展。

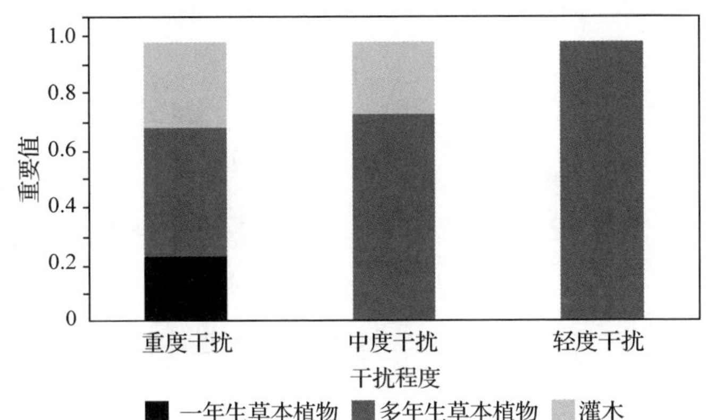

图 4-18　台特玛湖水不同干扰程度下，周边地表植被生活型特征

4.5.3　不同水分干扰程度下植物多样性分析

根据样地实际情况，选取 Simpson 指数、Shannon-Wiener 指数、Pielou 指数和 Margalef 指数为测度指标，对台特玛湖水影响下的周边地表各样带的植被植物多样性进行对比，发现湖水对其周围植被的影响很大，适当的距离会增加植物多样性，距湖水太近或太远都会减少植物多样性。

由图 4-19 可知，重度干扰和中度干扰的 Simpson 指数、Shannon-Wiener 指数、Pielou 指数和 Margalef 指数均远高于轻度干扰下的各指数。重度干扰下 Simpson 指数和 Pielou 指数最高，说明在此梯度下各样带的生态优势度和植被的均匀度较好，Shannon-Wiener 指数和 Margalef 指数则在中度干扰下最高，表明中度干扰下，样带 1 的植被的物种多样性和丰富度更好。

在三个梯度下，Simpson 指数值都比较低，可知台特玛湖区域内植被的生态优势度较低，而台特玛湖的植物多样性和丰富度是相对较好，Shannon-Wiener 指数和 Pielou 指数值最高达到 0.51 和 0.50，Margalef 指数相差不多，台特玛湖区域内植物的均匀度较好。但是，台特玛湖周边的植物多样性在三个梯度下差异悬殊，最高的中度干扰梯度下的值比最低的轻度干扰梯度下的值高出 0.48。从整体来看，台特玛湖周围植物多样性较差，植物的均匀度和丰富度都相对不高。虽然各梯度下四个指标有高有低，但比较均匀，相差不大，表明台特玛湖目前植被种类组成稳定。

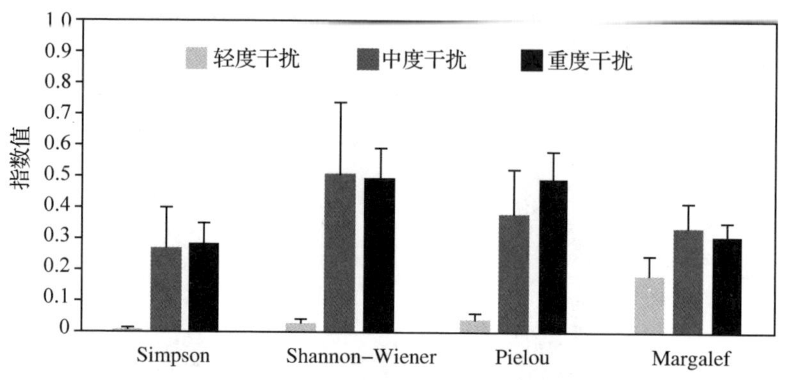

图 4-19 台特玛湖周围植物多样性指标

4.5.4 讨论

水是干旱区影响植被生长的首要限制性因素。从距离台特玛湖区远近划分出的 3 个梯度，可以明显看出水分对于台特玛湖区地表植被的重要性，在重度干扰和中度干扰下的样带中，植被的种类可以达到 5~6 种，而轻度干扰下的样带，由于距台特玛湖区太远，受到湖区水分的影响有限，植被的种类只有两种。轻度干扰和中度干扰相比重度干扰，距离台特玛湖都比较远，但植被的组成和高度、盖度、密度等指标都存在大的差异。例如：中度干扰下的样带中，生长有芦苇、柽柳、罗布麻等植物，分属于 6 科 6 属，多年生草本植物达到 74%，而轻度干扰下的样带中，只生长有 2 科 2 属的植物，都属于灌木；中度干扰下的 3 个指标都比较均匀，植被生长良好，轻度干扰下的柽柳和盐节木盖度较好，但柽柳的密度非常低。出现这样的情况与水分有着密切的联系，中度干扰下的样带地处塔里木河流入台特玛湖的入口处，虽然离主湖区较远，但并不缺乏水分，且可以持续受到水分的影响，因而植被种类多且生长良好；轻度干扰下的样带不仅距湖区远，且没有相应的水流滋养，由于水分缺乏，无法支持过多的植被的生长，更限制了其他类似于浅根植物、需水植物等植被类型的萌发。可以说干旱区的生态系统对水分具有较强的依赖性，水分更会影响植被的生长发育。

从以上研究结果可以发现，水分的多少可以影响植被的组成和分布，且适度的水分干扰可以提高植被的多样性。距离台特玛湖区最近，水分最多的中度干扰下的样带，植被组成以芦苇和盐生植物为主，分布有芦苇、柽柳、盐生草、盐节木、盐爪爪，有一年生草本植物分布；水分中等的中度干扰下的样带，生长以芦苇为主的多年生草本植物，分布有芦苇、柽柳、罗布麻、骆驼刺、河西苣、花花柴，这些植物都是深根、耐旱的荒漠植被；轻度干扰下的样带，则均为灌木，且仅有盐节木和柽柳分布，柽柳不多，平均密度只有 1 个/100m^2，相对于中度和重度干扰下的样带，少了 2 个/100m^2 和 2.2 个/100m^2。通过代表植物多样性的 Shannon-Wiener 指数和植物丰富度的 Margalef 指数的值可以得知，相对于重度干扰，中度干扰植被的植物多样性更丰富。中度干扰下的 Shannon-Wiener 指数值最大值为 0.51，比重度干扰下的相关值高出 2.39%，Margalef 指数为 0.34，比重度干扰下的相关值高出 9.64%，这符合中度干扰假说，即中度的干扰有利于维持物种的多样性，也与众多学者的研究成果相类似。因此，可以肯定中度干扰更有利于植被的生长和发育。

重度干扰和中度干扰下的植物多样性都高，且物种数相差无几，但植被组成存在差异。重度干扰下，植物有芦苇、柽柳、盐生草、盐节木、盐爪爪，分属于 3 科 5 属，且盐生植物占到 3 属，占比达到 60%，超过一半；中度干扰情况下，有 6 科 6 属的植物，分别是芦苇、柽柳、罗布麻、骆驼刺、河西苣、花花柴，多为深根耐旱性的多年生草本植物，占到此梯度物种的 74%。众所周知，干旱地区气候干旱，降水稀少，蒸发量大，土壤盐碱化严重，台特玛湖作为干旱区内陆河的尾闾湖，且是塔里木河和车尔臣河的共同尾闾，是盐分聚集地，终年积累，湖中盐分自然很高，湖水咸且苦涩，这样的环境决定了近湖区地表植被的类型，也就是说台特玛湖的周边更适宜耐盐植物的生长，所以重度干扰下的地方的物种组成是以芦苇和耐盐植物为主。中度干扰下的样带位于塔里木河汇入台特玛湖的入口处，大部分的盐分被流动的河水带走，并不会在此处聚集，因而此处的盐分含量远低于重度干扰下样带的盐分含量，故植被的植物多样性高，物种多且丰富。

4.6 小结

通过以上分析，可以得出以下几点结论：

(1)由于车尔臣河下游可汇至台特玛湖，因此流入台特玛湖的水量受车尔臣河来水量影响，湖区面积与车尔臣河径流量变化具有同步性。

(2)利用 2000—2017 年台特玛湖面积、车尔臣河径流量、塔里木河大西海子水库下泄水量数据，得出湖区面积与塔里木河大西海子水库下泄水量关系显著于与且末径流量的关系，前者皮尔逊相关系数为 0.72，后者皮尔逊相关系数为 0.67；进一步说明了台特玛湖水域面积受车尔臣河来水的影响，但更依赖于塔里木河向下游生态输水。

(3)自 2000 年以来，车尔臣河径流量与台特玛湖区植被覆盖度>80%的面积具有一定关系、与植被覆盖度>60%的面积关系减弱、与植被覆盖度>40%的面积值不存在相关性，说明来水量对台特玛湖周边植被覆盖度高的植被影响显著，而对离河岸远的植被影响不大。

(4)随着塔里木河下游生态输水工程的实施，加之近些年来，车尔臣河水情较好，有利于台特玛湖形成相对较大的水面，湖区水分条件的好转形成地表风蚀、沙化明显减弱现象；许多草本植物，如甘草、骆驼刺、白刺、罗布麻、芦苇、猪毛菜、河西苣等重新出现于台特玛湖。在生态输水后地下水位抬升的作用下，台特玛湖周边即将垂死的盐穗木、盐节木、柽柳等灌木重新发枝，长势逐渐好转。

(6)近十几年生态输水过程中，台特玛湖植被演变特征主要为：生态输水初期(2000—2006年)地表植被以新萌发的一年生草本植物占主要优势(重要值0.50)，其次是多年生草本植物(重要值0.20)，最后是灌木(重要值0.10)；随生态输水工程的进行，2008年一年生草本植物几乎消失进而被灌木与多年生草本植物替代：灌木为原生盐生植物新萌发的幼苗，多年生草本植物为芦苇；2012年以后，随着生态输水的常态化，植物群落的优势种组成趋于单一，向以芦苇为代表的方向演替。

(7)对2005—2017年台特玛湖地表植被Simpson指数、Pielou均匀度指数变化进行单调趋势检验，得到统计量Z值分别为-3.36、-3.48(绝对值均大于2.58)，整个时间段台特玛湖地表植被的多样性指数呈显著下降趋势。

(8)台特玛湖区目前植被的物种组成在三个干扰梯度下存在差异，重度干扰下，有芦苇、柽柳、盐生草、盐节木和盐爪爪生长，植被的高度较矮，但盖度和密度大；中度干扰下，有芦苇、柽柳、骆驼刺、罗布麻、河西苣和花花柴生长，植被的高度高，且盖度和密度也大；轻度干扰下，则只有盐节木和柽柳生长，但植被的高度、盖度和密度指标数值并不小，且柽柳的最高的高度出现在轻度干扰下，达到280cm。

(9)水是干旱区影响植被生长的首要限制因素，在湖水的轻度干扰下，植物种数较少。适度的水干扰有利于提高植物群落的物种多样性，中度干扰下，物种组成为一年生草本植物+多年生草本植物+灌木，植被分属于6科6属，重度干扰下，物种减少为多年生草本植物和灌木，而轻度干扰下，仅剩灌木。

(10)目前，台特玛湖植被群落优势种主要为芦苇、柽柳、盐生草和盐节木，植物种类较少。台特玛湖湖区的植物优势度较低，植物多样性较差，丰富度也不够高，而分布相对较为均匀，植被组成稳定；但在不同梯度下，植物多样性和丰富度相差悬殊，不同干扰程度下Shannon-Wiener指数和Pielou指数各自的最高值和最低分别相差0.48和0.45。

第 5 章　基于水资源利用效率的塔里木河当代尾闾台特玛湖面积合理性探讨

前人研究主要是在实施塔里木河下游生态应急输水工程过程实践中，通过监测、评估、模拟和实证分析相结合的方法观察探讨水文与植被生长的变化来评价生态输水工程带来的生态效益，如地下水抬升(陈永金 等，2021；王万瑞 等，2021)、植物多样性增加(徐海量 等，2007)、胡杨与柽柳生物量增加(白玉锋 等，2017)、根际土壤细菌多样性(李媛媛 等，2021)，以及基于脯氨酸、脱落酸、过氧化物歧化酶等为主的生理指标均有所好转(陈亚鹏 等，2004)，等等。以往研究，对在持续向塔里木河下游生态输水作用下的生态效益是否会一如既往地提升？以及由大西海子向下游长期生态输水过程中出现了哪些水资源利用问题？水资源利用问题作为制约整个塔里木河流域经济社会发展的瓶颈突出表现在哪一方面？如何从合理开发利用水资源的角度出发，遵循自然规律，采取自然恢复与人工措施相结合的举措来加以解决水资源利用不当的问题？这一系列问题却没有专门从地理学、湖泊生态学、水文学、经济学等方面进行多学科角度的研究和探讨并予以回答。本章通过对先前断流 30 年的塔里木河下游实施生态输水的整个过程中河岸带与尾闾湖自 2000 年以来的植物多样性、植被面积与植被覆盖度等动态变化进行理论联系实际的综合分析，明确了不同时段生态水消耗在哪里，发现了生态补水过程中存在水资源利用不当问题，就如何协调塔里木河源流与干流，干流上、中、下游的生态水进行了基于水资源利用效率的当代尾闾台特玛湖水域面积合理性探讨。

5.1　材料和方法

5.1.1　天然植被面积与覆盖度测量

基于 2000—2021 年塔里木河下游(包括尾闾台特玛湖)的 MODIS-EVI 数据，借助 ENVI5.0 软件平台，逐年判断植被的空间分布范围，然后利用 ArcGIS10.8 空间分析模块提取植被面积，计算植被覆盖度。本研究中所采用的植被指数数据为 MOD13Q1 产品的增强植被指数(EVI)数据，250m 的空间分辨率，选择的时间序列为 2001 年 1 月至 2020 年 12 月。

在数据处理过程中，对 EVI 时间序列数据进行了矢量数据的镶嵌、转投影、重采样、研究区裁剪，还使用 Savitzky-Golay 滤波和遥感数据的最大值合成处理对数据图像进行进一步处理。

一年中共有 23 个 EVI 数据(每 16 天一个)。采用最大值合成法(阿布都米吉提·阿布力克木，2015)，从 23 张图像中提取观测像素的最大 EVI 数据，生成新的 EVI 数据。所以得到的数据代表了年度最佳植被生长条件下的 EVI 数据。

像素二分法模型是植被反演的一种有效方法。计算公式如下：

$$Fc=\frac{\mathrm{EVI}-\mathrm{EVI}_{\mathrm{soil}}}{\mathrm{EVI}-\mathrm{EVI}_{\mathrm{veg}}} \tag{5-1}$$

式中：Fc 为植被覆盖度，在本章节中用两位小数表示；$\mathrm{EVI}_{\mathrm{soil}}$ 为研究区域内纯裸土像素的 EVI 值；$\mathrm{EVI}_{\mathrm{veg}}$ 为纯植被像素的 EVI 值。

5.1.2 台特玛湖面积测量

湖泊面积测量是通过下载图像和提取台特玛湖水域面积来完成。湖面积提取方法参照阿布都米吉提·阿布力克木(2015)、阿布都米吉提·阿布力克木等(2016)和陈国亮(2016)所使用的方法。本章共提取了 107 次湖面积数据，获得了塔里木河下游生态输水工程实施过程中，不同年份与不同季节台特玛湖水面空间分布状况，具体状况见本书第 6 章“台特玛湖生态保护目标下适宜规模的确定”中所提取的台特玛湖不同时段影像面积空间分布系列图。

5.2 结果与分析

5.2.1 湖面积与地下水变化特征

台特玛湖水域面积近 20 年的年际最大值与自实施塔里木河下游生态应急输水工程以来的大西海子水库下泄水量变化特征有紧密的联系，如图 5-1 所示，随着生态输水的实施，湖面积在年际间变化剧烈：2000 年台特玛湖面积处于整个时段的最小值，2003 年最大湖面超过 200km²；从 2007 年到 2010 年上半年，由于塔里木河处于枯水年，加之大西海子水库下泄水量减少，湖面积显著缩小；2010 年、2013 年湖的面积超过 300km²，在后期 2017 年达到近百年历史最大 511km²。2019 年，由于大西海子水库下泄水量减少，湖泊面积又稍有缩小，但整个时期湖泊面积变化呈显著增加趋势。从图 5-2 还可看出，大西海子水库下泄水量在整个时段表现为明显的上升趋势，与台特玛湖最大水域面积呈同步性变化，表明湖面积与向大西海子水库以下生态下泄水量关系密切。

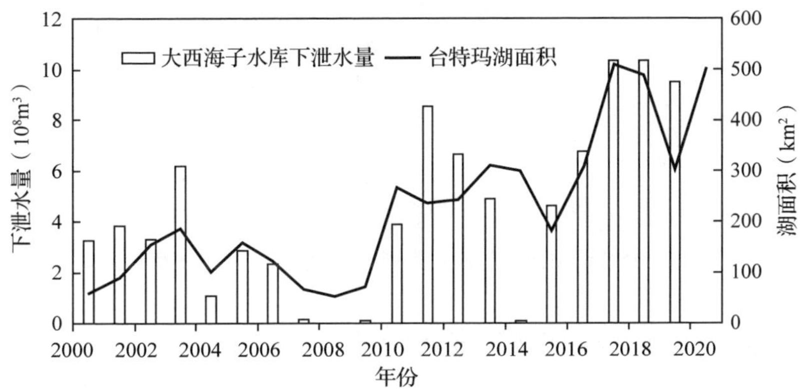

图 5-1　台特玛湖 2000—2019 年年内最大面积与大西海子水库下泄水量变化特征

图 5-2 为 2009—2011 年台特玛湖岸线附近两口监测井的地下水埋深变化情况。2011 年最浅地下水埋深在 0. 5m 以内，比 2009 年平均地下水埋深 (4. 5m) 浅了 88. 9%，表明台特玛湖周边地下水位正在变浅。

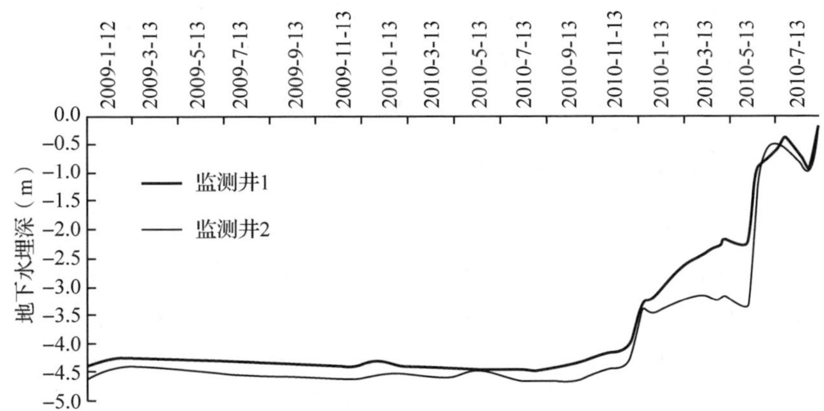

图 5-2　台特玛湖周边两口监测井地下水埋深变化情况

选取离台特玛湖最近的监测断面——库尔干断面的 J3 监测井地下水埋深数据与湖面建立相关关系，如图 5-3 所示。结果显示：J3 监测井地下水埋深与湖面积的 Pearson 相关系数为−0. 79($P<0.01$)，表明地下水埋深与湖面积呈极显著负相关关系，即湖面积越大，地下水埋深越浅。

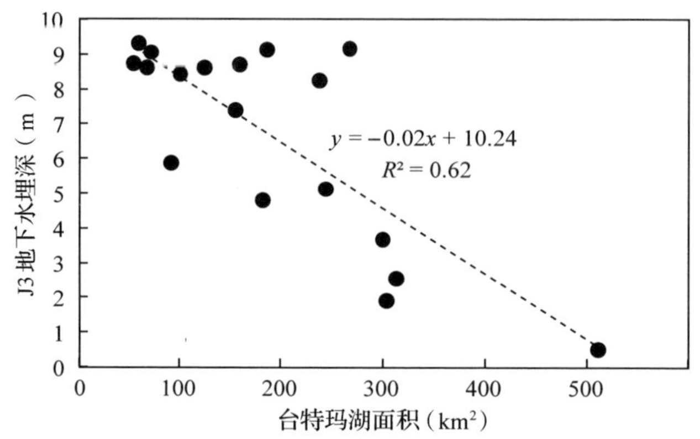

图 5-3　台特玛湖面积与库尔干断面 J3 监测井地下水埋深关系

5.2.2　基于遥感的植被面积变化特征

自实施塔里木河下游生态应急输水工程以后，台特玛湖周边地下水位不断上升，对湖周地表植被的生长产生了一定的影响。图 5-4a、图 5-4b 分别显示了总的植被面积、植被覆盖度在 10%～20%的植被面积的变化情况，如图所示，2000—2016 年，总的植被面积在不断地改善，特别是 2013 年以后湖区地表植被面积呈大幅增加的趋势。其中，2000—2010 年，这种改善效果并不明显；而在获得多年的地下水补充后，即 2010 年以后，湖区地表植被面积明显增加，沙地面积明显减少。不难看出，整个时段总植被面积(图 5-4a)与植被覆盖度 10%～20%的植被面积(图 5-5b)呈总体增加趋势。

5.2.3　植物群落结构变化

图 5-5 显示了整个塔里木河下游生态输水期间台特玛湖区植物多样性指数的变化情况，由图 5-5 所示，在 2000 年台特玛湖区植物的物种数还非常少，因为在 2000 年之前，它已经干涸了近 30 年，长期的干旱导致地表植被物种濒临灭绝；后来物种数呈显著增加趋势，在 2005 年监测到地表植被的物种数量有 12 种，达到整个时段的顶峰。随着时间的推移与水分条件的不断改善，在物种演替过程中，近年来植物逐渐被耐盐物种，如盐角草和球穗藨草所取代，物种趋于简化(表 5-1)。

表 5-1 是台特玛湖近 20 年来植物的物种重要值变化情况，由表 5-1 所示，目前植物演替顶极群落为芦苇和盐节木。

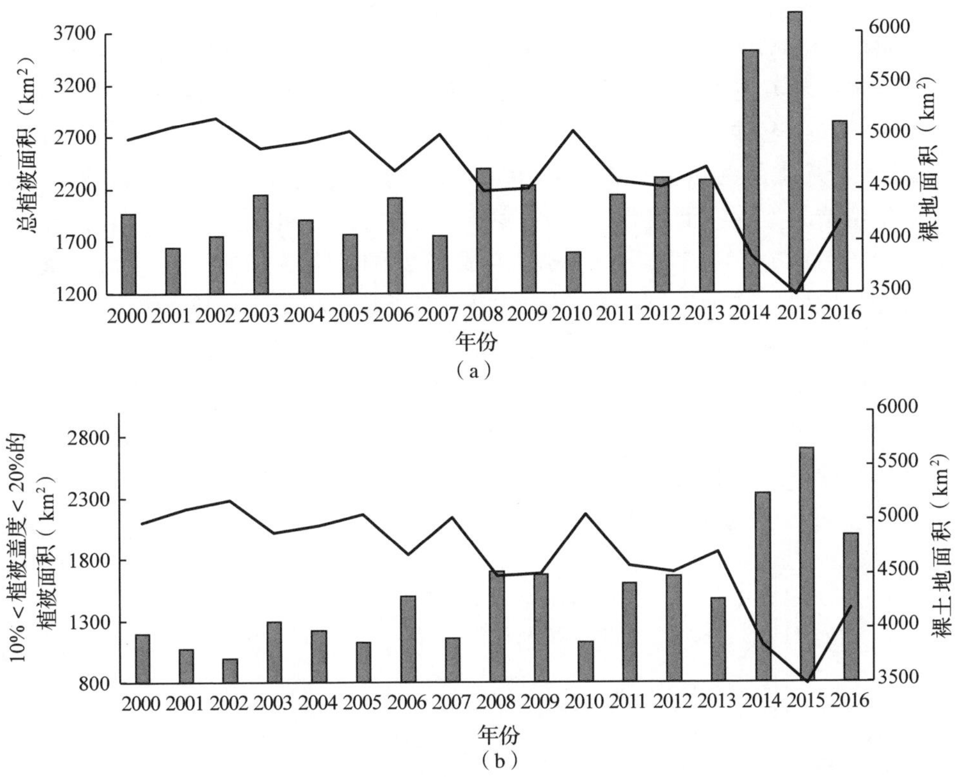

图 5-4　台特玛湖总植被面积(a)与植被覆盖度 10%~20%的植被面积(b)与裸土地面积变化情况

表 5-1　台特玛湖区主要植物种的重要值

植物种	生活型	重要值								
		2000	2005	2007	2009	2013	2014	2015	2016	2020
柽柳 *Tamarix* sp.	灌木	0.15	0.15	0.16	0.13	0.08	0.15	0.15		0.01
黑果枸杞 *Lycium ruthenicum*	灌木		0.07	0.01	0.2	0.15				
盐爪爪 *Kalidium foliatum*	灌木					0.2	0.1	0.01		
花花柴 *Karelinia caspia*	多年生草本植物		0.16	0.08		0.1				
河西苣 *Hexinia polydichotoma*	多年生草本植物		0.15	0.01		0.03			0.01	
大叶白麻 *Poacynum hendersonii*	多年生草本植物		0.07							
骆驼刺 *Alhagi sparsifolia*	半灌木		0.15		0.08	0.15			0.01	
球穗藨草 *Scirpus strobilinus*	多年生草本植物		0.01	0.33						
盐穗木 *Halostachys caspica*	灌木	0.15	0.15	0.24	0.35		0.03	0.1		0.16
盐角草 *Salicornia europaea*	一年生草本植物							0.08	0.07	0.01

自2001年塔里木河下游生态输水入台特玛湖以来，周边植物群落多样性显著增加，随着生态输水工程的推进，台特玛湖周边植被的恢复效益逐步得以显现。在生态输水后的3~5年，各年份植物群落多样性指数(Simpson指数)均大于输水前的相关指数，植物多样性的增加最为显著。这不仅保护了周围原生植被的生存，而且促进了芦苇等植物的出现。但是，在人工输水干扰下，2005—2020年地表植被的物种组成和物种多样性指数显著下降；通过M-K趋势检验，物种丰富度和Pielou均匀度指数呈极显著下降趋势($|Zc|>2.58$，$P<0.01$)，表明地表植被的物种组成在生态输水后期逐渐趋于简化。从图5-5中也可以看出，2008—2010年植物多样性指数呈较低水平，主要原因是2008—2010年为持续干旱年份，生态水没有入湖，植物种类与数量也随着周围水分条件的变差而减少。

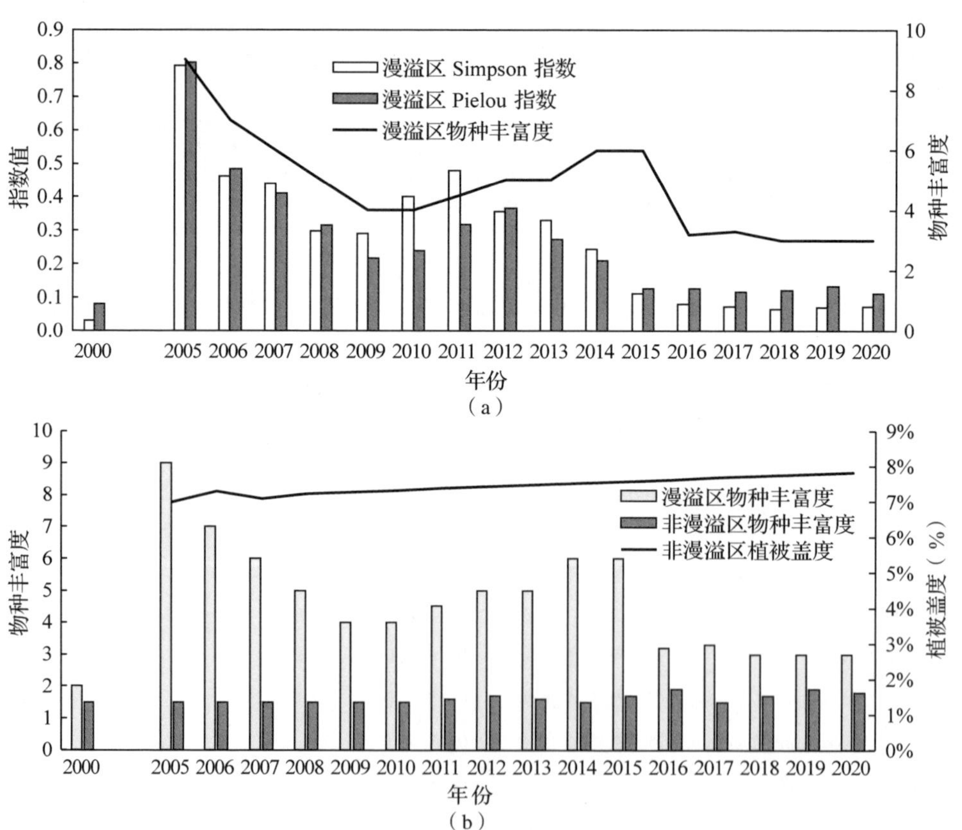

图5-5 漫溢区与非漫溢区内植物多样性指数(a)与物种丰富度指数(b)的变化情况

5.2.4　湖面积年内变化

图 5-6 显示了台特玛湖水域面积在一年内的变化情况，由图 5-6 所示，无论是 2017 年还是 2018 年，湖的面积在秋季之前(8～9 月)均呈现缩小趋势。2017 年，从春季的 332km² 缩小到秋季的 90km²，2018 年从春季的 593km² 缩小到秋季的 102km²，湖面积在年底又有所增加。

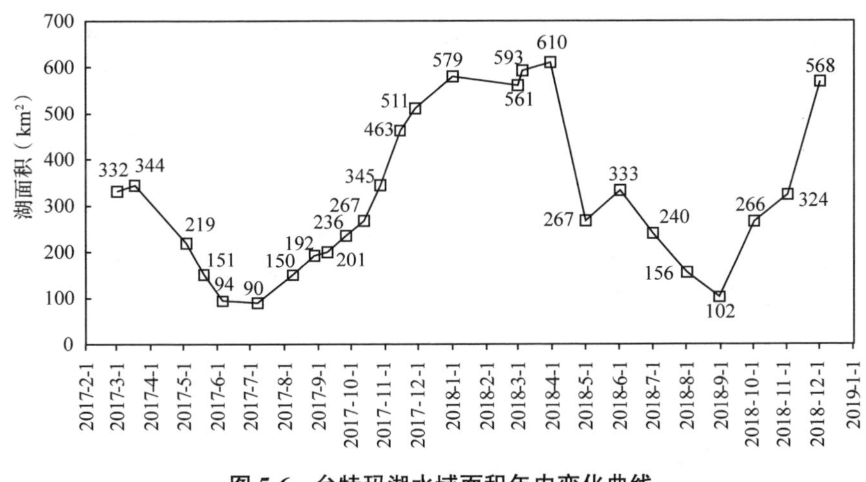

图 5-6　台特玛湖水域面积年内变化曲线

5.2.5　生态输水对河岸带及尾闾台特玛湖区植物多样性的影响

2000—2021 年塔里木河下游河岸带植物多样性指数(Simpson 优势度指数)变化过程如图 5-7a 所示，整个时段塔里木河下游河岸带植物多样性大体呈明显下降趋势，植物多样性水平在 2005 年达到高峰，随后河岸带物种组成从生态输水初期的“高峰”状态逐渐转变为后期的“衰退”状态。根据实地调查，多年生草本植物芦苇最终取代了灌木和其他多年生草本植物，成为主导物种。

2000—2020 年台特玛湖区 Simpson 优势度指数、Pielou 均匀度指数的变化过程分别如图 5-7b、图 5-7c 所示，不难看出，整个时段台特玛湖区植物多样性变化趋势与塔里木河下游河岸带植物多样性变化趋势较为一致。

另外，相关分析表明，Simpson 优势度指数与大西海子水库下泄水量两者的关系不大(相关系数仅为 0.07)。可见，生态输水后期，并不是水分条件越好，植被多样性提升越明显。

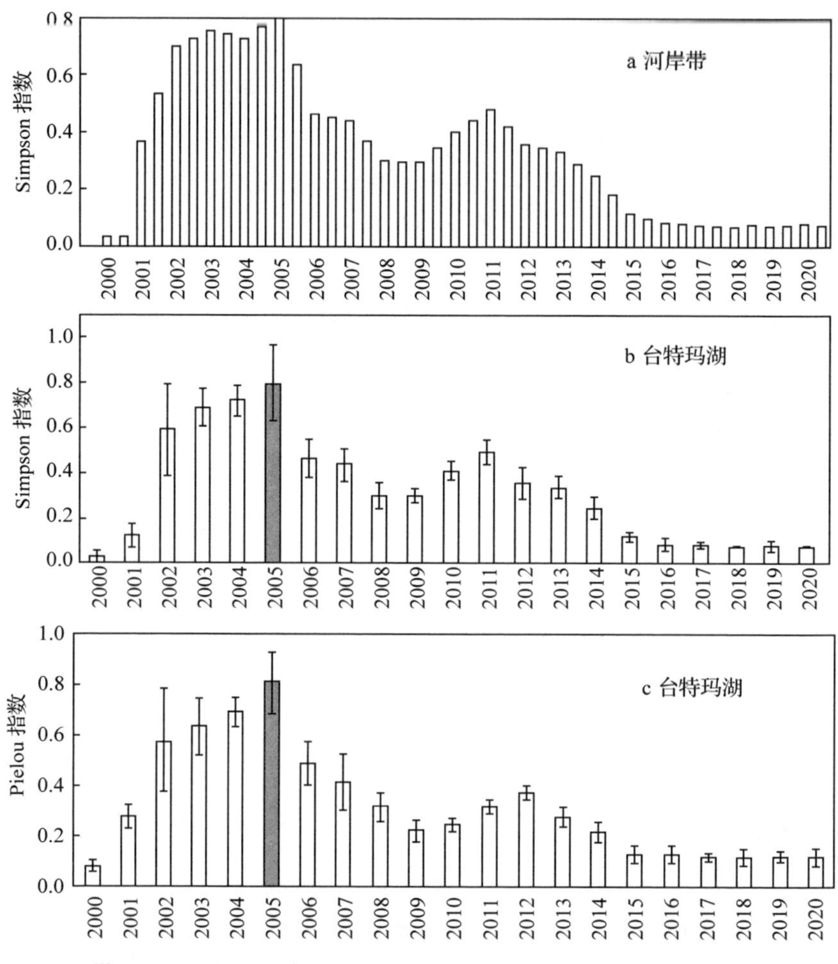

图 5-7　塔里木河下游河岸带(a)与台特玛湖区(b、c)植物多样性指数变化情况

利用2000—2021年的地表植被监测数据，分析了台特玛湖区的Simpson优势度指数(图5-7b)和Pielou均匀度指数(图5-7c)的变化趋势。从图5-7b、图5-7c可以看出，2002—2005年辛普森指数和皮洛均匀度指数均处于较高水平，地表植物多样性在2005年达到最高值，说明初期由大西海子水库向下游生态输水对台特玛湖区植物多样性有很大影响。后来，随着生态输水的进行，这两个指数出现了非常明显的下降趋势，通过M-K单调趋势检验，两者统计量Z值分别为-3.36和-3.48；说明2005年以后台特玛湖区物种组成逐渐简化。从图5-8中还可以看出，2009—2012年植物多样性指数呈反向趋势，主要原因是由于从2007—2009年的特枯水年份过渡到2010年这一特大丰水年份，水分条件发生了变化，植物多样性随着环境水分条件的变化而变化。

5.2.6　生态输水对河岸带及尾闾台特玛湖植被面积和覆盖度的影响

塔里木河下游河岸带与尾闾台特玛湖的植被面积在 2000—2021 年的变化情况如图 5-8a 所示，植被覆盖度的变化情况如图 5-8b 所示。2000—2016 年，塔里木河下游河道两岸的植被面积呈明显增加，2016 年后没有增加(图 5-8a)；同样，植被覆盖度也呈类似趋势(图 5-8b)。相比之下，2016 年后，尾闾台特玛湖的地表植被面积和植被覆盖度继续增加。到目前为止，塔里木河下游生态应急输水工程已经实施了 20 多年，河道两岸的植被面积和植被覆盖度水平已经在 2016 年达到顶峰。因此，在目前的“线性”生态输水模式下，2016 年以后塔里木河下游河道两岸的植被面积和植被覆盖度改善的空间不大。

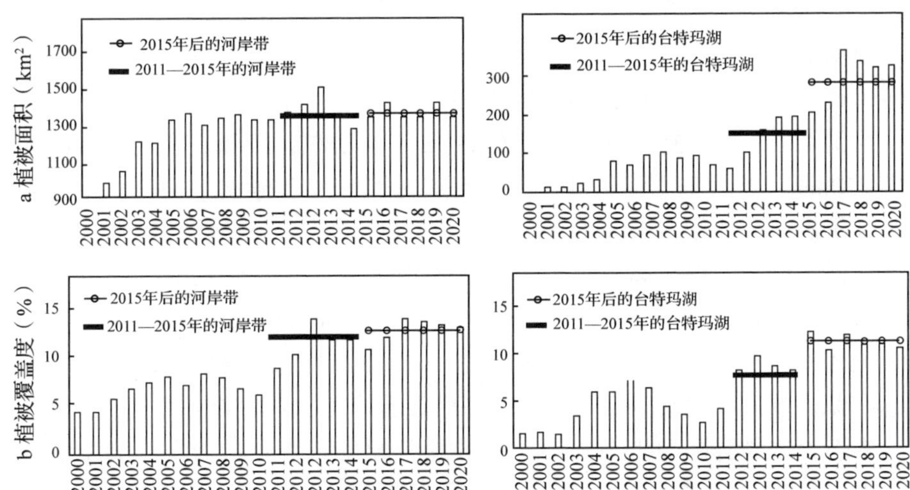

图 5-8　塔里木河下游河岸带及尾闾台特玛湖的植被面积(a)和植被覆盖度(b)变化情况

5.2.7　基于胡杨林与尾闾台特玛湖保护的生态水配置方案

为改进目前的大西海子水库向下游下泄的生态水输送模式以实现生态水高效利用目标，有必要对塔里木河下游生态水科学配置做进一步分析。

经过长期的生态调水，目前塔里木河下游生态应急输水对下游河道两岸地下水的影响已经达到“顶托”(邓铭江 等，2017)，沿岸地下水已基本饱和，塔里木河下游生态调水工程的整体影响宽度不超过 1.5km。通过监测结果发现，大西海子水库下泄水量与台特玛湖面积之间表现为同步性变化(图 5-9a)；通过建立大西海子水库下泄水量变化与台特玛湖的入湖水量以及与湖面面积回归关系的模型(图 5-9b)，发现两者的关系密切($P<0.01$，$R^2=0.96$)。

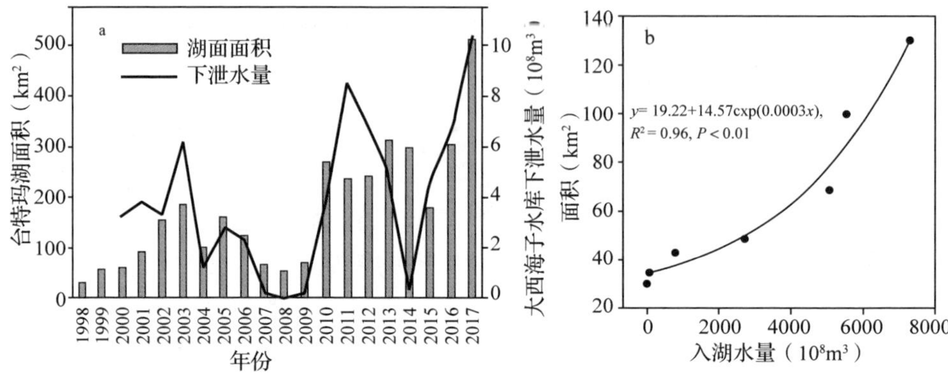

图 5-9　台特玛湖面面积与大西海子水库下泄水量变化(a)及与入湖水量关系模型(b)

根据上述研究可知，当前塔里木河下游下泄的 $3.5\times10^8m^3$ 生态水形成了台特玛湖湖面扩张，湖区水量无效蒸发，生态水利用效率不高。另外，整个塔里木河下游总长 368km，年蒸发潜力多为 1800～2900mm，降水量仅为 18.6～50mm，导致生态输水过程中的河道自然蒸发和渗漏损失巨大；特别是在干旱年份，会加剧水资源的矛盾，将会出现"花钱多而效率低"的局面；鉴于此，提出以下生态水高效利用的两个途径：

第一，应调整目前的大西海子水库向下游下泄的生态水输送模式，目标是避免过多的水量进入沙漠尾闾湖。进一步优化塔里木河下游的生态输水方案，以保证维持或提高其地下水位，持续改善塔里木河流域的生态完整性。

第二，数量有限的生态闸不能有效地分配生态水量，为了提高生态用水的效率，需要对 368km 长的塔里木河下游增设生态闸，汛期高水位时，可以开闸泄洪，以扩大对塔里木河下游河岸以外洪水淹没的范围，更有效地保护塔里木河下游河道两岸原有的生态与环境。

5.2.8　数理统计方法

(1)植物多样性指数计算

根据对塔里木河下游河岸带、尾闾台特玛湖区植物多样性的统计与分析结果，获得了对下游河岸带与尾闾台特玛湖每个样方的 Simpson 优势度指数、Pielou 均匀度指数、Margelef 丰富度指数、重要值，获得了各指数的平均值。

(2)变化趋势检验

采用 M-K(一种单调性趋势检验方法)对塔里木河下游河岸带与尾闾台特玛湖区植物多样性指数、植被面积、植被覆盖度以及湖区水面积的变化趋势

进行检验。在检验过程中，当统计量(即 Zc)为正时，反映了上升趋势；而当统计量为负时，反映了下降趋势。如果检查标准是突出的($|Zc| \geq |Z_{0.05}| = 1.96$，在 95%的水平上，$|Zc| \geq |Z_{0.01}| = 2.58$，在 99%的水平上)，那么该趋势是可信的；否则，它是不可靠的。

5.3　讨论

5.3.1　湖面积与地下水位关联性分析

台特玛湖作为塔里木河的尾闾湖，位于塔克拉玛干沙漠与库鲁克沙漠两大沙漠之间，“218”国道和“315”国道的交汇处，也是塔里木河下游重要的水生动植物栖息地和物种基因库，因此具有重要的战略意义和生态意义。2003 年，台特玛湖形成了约 180km^2 的湖面，也结束了塔里木河下游阿拉干以下自 20 世纪 70 年代完全断流近 30 年的历史。随着生态输水的常态化，2010 年以后，各年份台特玛湖年内最大湖面积稳定在 200km^2 以上。从湖面积的年内变化特征可以看出，即使在一年之中不同的时间不同的季节湖的水域面积都会有明显的差距，表明年内湖面积不稳定。虽然湖面积在一年内迅速缩小，但在年底可能会有水进入湖中，并且在年底湖的水域面积会再次增加。湖泊面积与生态调水时间有明显的相关性。当调水结束时，湖泊面积继续缩小，而当调水开始时，湖泊面积急剧增加。

随着生态输水工程的推进和湖泊面积的增加，地下水位较生态输水前有了明显的抬升。建立地下水埋深与湖面积回归关系后，地下水深度与湖面积呈极显著负相关(相关系数为-0.79)。随着塔里木河下游生态应急输水工程的推进和尾闾台特玛湖水域面积的增加，地下水得到了补给，水位较输水前有了明显的提高。但由于处于长期干旱的条件下生态环境极其恶劣，短期内无法进行有效的恢复。2002—2010 年，台特玛湖周边地下水埋深依然保持在 7.2m 左右，即生态输水 10 年后台特玛湖周边地下水位才能得到响应，这反映了地下水对生态输水响应的滞后性。

5.3.2　植被面积变化原因分析

实施塔里木河下游生态应急输水工程的前期(2000—2003 年)台特玛湖区地表植被覆盖度变化不大，主要是由于在自 1972 年大西海子水库建成后基本无水下泄至塔里木河下游河道而导致长达近 30 年的河道断流背景下，植被面积的减小与沙区面积的扩大均已达到了生态系统所能容忍的底线，这种情况下，即使遇到了较好的水分条件，地表植被的人工或自然恢复一定会表现出某种程度的滞后效应。2003—2016 年，台特玛湖地表植被面积呈显著增加趋势，说明该时段生态输水对自然植被恢复的影响过程、程度和范围及恢复面积得以显现。但在 2008—2010 年，又经历了连续干旱年份，该时段植被面积明显减少。由于 2011—2016 年，入湖水量显著增加，整个湖区地表植被面积总体呈增长趋势，但未呈现持续增长态势。主要原因可能是 2011—2016 年，随着湖面积和水体深度的增加，部分地表植被被淹没在水面以下，而在遥感影像中，表现为露出水面的植被面积减少。因此，植被面积呈波动增加趋势。

5.3.3 生态输水过程中出现的水资源利用问题

大西海子水库每年向塔里木河下游下泄 $3.5\times10^{8}m^{3}$ 的生态水，促进了自然植被的恢复和覆盖度的提高，挽救了"绿色走廊"(朱成刚 等，2021)。然而，在持续向塔里木河下游生态输水作用下的生态效益是否也是持续并保持增长？是目前学术界关心的热点。经长期踏勘发现，即使塔里木河下游生态应急输水 20 余年，但下游河岸带淹灌不到的区域胡杨树进入落种期更新非常困难，甚至很多区域地下水位不深却没有胡杨林分布，造成生态输水效益与前期设想差距很大。

从塔里木河向下游生态输水工程实施后的河岸带与尾闾湖植物多样性变化的研究结果不难推测出植物多样性在后期的提升空间不大。其主要原因是，在生态输水的前几年，水分条件由干旱→湿润变化，可促进大量草本植物和灌木的萌发和生长；但是，随着洪水次数的增加和溢流的持续(如 2010 年以后)，植被逐渐转变为以芦苇为主的植被群落(Zhao *et al.*，2021)。研究结果显示：经过 22 年的生态输水，植物多样性指数在 2005 年左右达到了一个"峰值"，即塔里木河下游植物多样性在生态输水后的第 6 年就达到"峰值"。塔里木河下游河岸的植被面积和植被覆盖度在生态输水后的前期和中期(2000—2016 年)出现了明显的增长，并达到"峰值"，植被面积和植被覆盖度水平在生态输水后的第 16 年就达到"最高值"；即使此后期生态水持续流入，植物多样性水平也不再提高。因此，可以说，试图通过简单地保证河流持续过水与增加入湖水量来分别提高塔里木河下游河岸带和尾闾台特玛湖区的植物多样性水平的设想是不切实际的。另一方面，长时间的生态输水使下游河道土壤黏粒成分增加(周龙 等，2022)，原来渗入河岸带的水量比例逐渐变少，进入尾闾台特玛湖的比例逐渐增加，2016—2021 年入湖水量占比达到了 27.19%，尾闾台特玛湖的水域面积逐步扩大，一度在 2017 年形成了 $511km^{2}$ 的近百年历史最大湖面(Zhao *et al.*，2019)；而远离下游河岸的胡杨林始终得不到淹灌。因此，以保护塔里木河下游天然“绿色走廊”、遏制生态持续恶化为目的的生态输水工程使当前的生态水利用效率不高。

5.3.4 当前台特玛湖面积合理性探讨

研究结果表明，自实施塔里木河下游生态应急输水工程以来，整个塔里木河下游(含台特玛湖)地下水得到了补充，水质淡化(邓铭江 等，2017)，水域面积扩大(阿布都米吉提·阿布力克木，2015；阿布都米吉提·阿布力克木 等，2016)，河岸和湖岸植物多样性增加(周斌，2011)，植被面积扩大(Zhu *et al.*，2019)，植被覆盖度提升(Zhao *et al.*，2013)，等等。但是，若将河岸带与尾闾台特玛湖分开来看，数据显示：在生态输水后期(2016—2021)塔里木河下游河岸带植被面积不再扩大、植被覆盖度不再提高。主要是因为以“线状输水”为主的生态水输送模式对地下水进行补给时，河岸带1km范围内的地下水得到了明显抬升(邓铭江 等，2017)，而生态输水对1km范围以外区域地下水影响不大；地下水沿河岸的“顶托效应”使每年大西海子水库下泄的生态水量更容易注入尾闾湖，从而形成下游河岸带自然植被面积和覆盖度在2000—2016年呈明显增长趋势，并在2016年达到“顶峰”，但在生态输水后期(2017—2021年)不再持续增长。

干旱区内陆河流域的生态用水量往往是一定的，如果尾闾湖用水量多，那么河岸带的用水量就少。在塔里木河下游，生态输水后期形成的台特玛湖区地表植被覆盖度的提高和植被面积的扩大是建立在大入湖水量基础之上。

经过近几十年的治理，2017年台特玛湖面积达到511km^2，水面恢复效果显著；湖泊面积大也意味着湖面蒸发量大。过多的上游节约的水资源被用于尾闾湖泊湖面的无效蒸发；如果不定期供水，湖面积又将迅速缩小。在维系台特玛湖湖面的同时，势必对上游生态用水和生产、生活用水产生严重影响，因为整个塔里木河流域中，从叶尔羌河源头拉斯开木至台特玛湖，河流全长2486km。从肖夹克至台特玛湖为塔里木河的干流，其长度达1321km，年蒸发潜力多为1800~2900mm，降水量仅为18.6~50mm。塔里木河的干流区又可分为上游段(肖夹克至英巴扎495km)、中游段(英巴扎至恰拉398km)和下游段(恰拉至台特玛湖428km)。塔里木河下游在地域上包括大西海子水库至台特玛湖的320km河段两岸及湖区。在向大西海子水库以下生态下泄水过程中，由于自然蒸发和渗漏，必然会产生巨大的损失，因此生态水未得到有效利用，特别是在干旱年份，水资源矛盾必然会加剧，导致目前“花钱多而效率低”的场景。同时，从当前塔里木河配水及生态输水影响范围来看，生态输水不畅，$3.5\times10^8m^3$ 的生态水没有实现在塔里木河上、中游段的及时扩散，造成重视了塔里木河下游的生态保护，而忽视了包括上游和中游在内的全流域生态水的均衡配置，突出体现在大量生态水涌入下游，导致台特玛湖湖面不断扩张，近百年来最大湖面面积出现。

经长期调查，作为塔里木河的尾闾，台特玛湖为宽浅式湖泊，由水域和湿地组成，湖区平均水面仅约0.5m深，湖区地形平坦，没有明显的湖底形态（近似一个大平滩），坡降仅在万分之二左右（樊自立 等，2009；樊自立 等，2013），湖区属暖温带大陆性荒漠干旱气候（年均降水量约28mm，年均蒸发潜力达2920mm），湖面存在强烈的蒸发作用；大量宝贵的生态水资源被无效蒸发，最后形成一个咸水坑，虽然有一定的生态作用，但如果将这些水用于保护和修复塔里木河干流尤其下游320km河段两岸的一些濒临死去的胡杨，生态水效益才得以充分发挥；因此，协调塔里木河源流与干流，干流上、中、下游生态水显得尤为重要。

以塔里木河上游阿拉尔为起点，生态水量需经过1321km长的河道才能到达台特玛湖，这显然加剧了塔里木河干流河道水量耗损与蒸发量。另外，台特玛湖地理位置特殊，处于沙漠中，其大环境背景会限制"小水面"生态功能的发挥；基于长期野外调查结果发现：湖岸线内、外（内、外垂直距离约100m）的小气候效益差异极显著。不难推测当湖面萎缩至很小时，生态系统将不会发挥应有的生态功能。因此认为维持一定的湖面积不是主要目的，而是以水资源高效利用下的台特玛湖湖区天然植被不萎缩、塔里木河下游河岸带植被生长不退化为根本。

综上，作为塔里木河的当代尾闾湖，台特玛湖面积应保持适当规模，面积不宜过大。应增设塔里木河干流尤其下游河岸带生态闸，利用生态水闸将河道内的生态水加以分流出去，实现1km以外的区域受到河水淹灌，更有效地保护塔里木河下游河道两岸原有的生态与环境。

5.4 塔里木河干流不同来水频率的配水方案

5.4.1 近31年塔里木河干流丰—枯水文特征

基于塔里木河干流1990—2021年连续径流资料数据，通过PⅢ频率曲线法及绘制水文频率曲线，分析得到塔里木河来水频率曲线图，如图5-10所示。

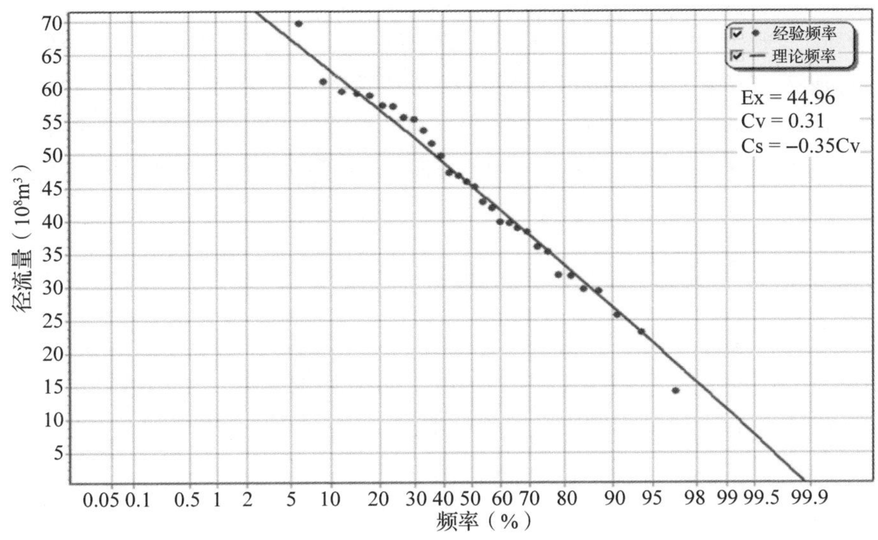

图 5-10　塔里木河(阿拉尔站)来水频率曲线

经计算得出塔里木河干流 1990—2021 年期间径流量来水频率≤25%(丰水年)时径流量为 $57.08\times10^8\text{m}^3$，来水频率为 50%(平水年)时径流量为 $44.98\times10^8\text{m}^3$，来水频率≥75%(枯水年)时径流量为 $35.14\times10^8\text{m}^3$。大西海子水库下泄水量与阿拉尔来水量往往保持较好的一致性(Ling *et al.*, 2014)，同时，塔里木河径流“丰、枯”与下游大西海子水库下泄水量“多、少”关系密切(宋郁东 等，2000)。

5.4.2　平—偏枯水年塔里木河配水方案

2000—2021 年，塔里木河下游平均年下泄水量 $4.0\times10^8\text{m}^3$，完成了 2001 年 6 月 27 日由国务院正式批复的《塔里木河流域近期综合治理规划报告》(以下简称《规划报告》)中明确提出的年均下泄 $3.5\times10^8\text{m}^3$ 的预期目标。而这一通过大西海子水库向下游生态输水目标的实现，是“四源一干”在实施最严格水资源管理措施下通过水量调度与配置才得以实现的。

而根据 2023 年计算结果(徐海量 等，2023)，以实现“水头到达台特玛湖，保障天然植被及地下水的供需平衡”的塔里木河下游生态需水量为 $2.5\times10^8\text{m}^3$，这与“塔里木河流域近期综合治理规划”项目工程前期樊自立等计算结果($3.5\times10^8\text{m}^3$)相比少 $1\times10^8\text{m}^3$。主要是因为经历 20 余年的生态输水后，实现了对下游输水沿线地下水的补给，整个沿线地下水位抬升了 4~6m(由 20 年前的 7~12m 抬升到目前的 3~5m)(王万瑞 等，2021)。当生态输水进入常态化后，用于沿线河道损失的生态水耗散被大幅减少。

因此，平—偏枯水年塔里木河下游应实施下泄 $2.5\times10^8 m^3$ 的生态输水任务。实施这一方案，既可以减轻偏枯年份塔里木河干流上、中游及源流生态放水压力，也完成了《规划报告》中提出的“水流输向下游，抵达下游台特玛湖，恢复下游生态植被，遏制沙漠的扩张”目标任务，即完成了塔里木河下游生态水复流至台特玛湖这一任务。

5.4.3 平水年塔里木河配水方案

在经历向塔里木河下游生态应急输水、常态化输水等阶段后，截至 2023 年 4 月前，已经实施了 23 次向塔里木河下游生态输水，从下游大西海子水库累计下泄生态水 $95.13\times10^8 m^3$。当塔里木河下游沿线地下水得到补充后，河道两岸 200m 范围内地下水达到顶托(邓铭江 等，2017)，水头到达台特玛湖的时间不断缩短，分别在 2010 年、近 5 年和 2021 年，水头到达尾闾台特玛湖的时间分别为 134 天、15~25 天和 7~8 天，可见生态水入湖的效率逐步增加，导致形成 2017 年历史最大湖面 $511km^2$。

根据 2022 年计算的塔里木河下游生态需水 $2.5\times10^8 m^3$，这较 2000 年樊自立等计算的 $3.5\times10^8 m^3$ 要少 $1\times10^8 m^3$，两者相减，形成理论上每年约有 $1\times10^8 m^3$ 的水量结余，若遇到像 2015—2021 年期间连续丰水年(7 年年均下泄 $5.9\times10^8 m^3$)结余的水量更多。从以上当今台特玛湖面积合理性分析内容可知，台特玛湖没有必要维持目前 $300\sim500km^2$ 的大湖面，结余出的水量应输往塔里木河下游河岸带胡杨林区。面对国家“生态水高效利用”的新要求，应加快汊渗轮灌等新技术的应用，改变过去林区滞留时间短、水资源利用效率低的局面；即通过水库调节，在河道内侧，利用生态闸、壅水坝、阻水堤、抽水泵等生态水利工程措施以及自然和人工开挖的沟道汊河、疏浚老河道等，增加供水长度与修复面积，淹灌离河岸远的胡杨林。充分改善水分供给条件，为塔里木河下游河道两岸胡杨林的漂种、发芽、生长等健康生境提供良好保障。

5.4.4 丰水年塔里木河配水方案

台特玛湖湖区在地貌单元上属湖积平原，地形平坦且没有明显的湖底形态，从空中俯瞰，台特玛湖非常像一个碟子，很大且很浅，平均深度只有 0.4~0.6m，最深的湖心区也只有 1~2m 深。极端干旱的气候使湖面在强烈的蒸发下年内及年际波动剧烈。与目前 $300\sim500km^2$ 的大湖面产生的无效蒸发相比，在维持 $30\sim110km^2$ 大小的湖面后，必定会结余一笔不少的水量；比如，在优化调度后塔里木河下游(大西海子水库)近 8 年年均下泄了 $5.5\times10^8 m^3$ 水量，这在满足了《塔里木河流域近期综合治理规划》一期工程规划 $3.5\times10^8 m^3$ 水量、2022 年计算的 $2.5\times10^8 m^3$ 生态需水量后，结余出 $2\times10^8\sim3\times10^8 m^3$ 的水量，如此大的水量若继续进入台特玛湖显然不经济。

我们在本书第 9 章探讨罗布泊历史演变及复苏的可行性时已描述，从水文地理条件来讲，塔里木盆地东部的罗布洼地有三个相对较低的积水洼地，最南的是湖底海拔为 807m 的台特玛湖（面积约 $88km^2$），中间的是湖底海拔为 788m 的喀拉和顺湖（面积约 $1100km^2$），最北的是湖底海拔为 778m 的罗布泊（面积 $5350km^2$）。台特玛湖、喀拉和顺湖和罗布泊，不是彼此分割的积水洼地，而是有河道联系沟通的串珠湖。这三个湖泊的中间把它们联系起来的干河床痕迹至今可见。在塔里木河和车尔臣河入湖水量没有发生特殊变化的情况下，水流一般应先入喀拉和顺湖或台特玛湖，最后归宿到地势最低的罗布泊。从水系的演变情况来看，塔里木河是流入罗布洼地的最大河流，孔雀河是流入罗布洼地的第二大河流，流入罗布洼地的第三条河是车尔臣河。

受罗布洼地地势高差影响，随着台特玛湖面积的扩大，湖区水沿着很久以前（到 1928 年之前）就干涸了的喀拉和顺湖遗留至今的痕迹向罗布泊方向自流延伸，即台特玛湖水量充足时水面向低海拔处的罗布泊方向延伸。通过对比各时段湖面遥感影像图发现，在 2010 年、2017 年、2019 年、2020 年，沿水面延伸方向，台特玛湖水面分别与罗布泊镇、“大耳朵”的直线距离为 130km、100km 左右，以 2020 年为例（图 5-11），台特玛湖向罗布泊方向延伸出去的水面长度达 40km，水面宽度 5～15km。说明若用人工输水管道进行生态水输送，湖区水量到达罗布泊难度并不大。

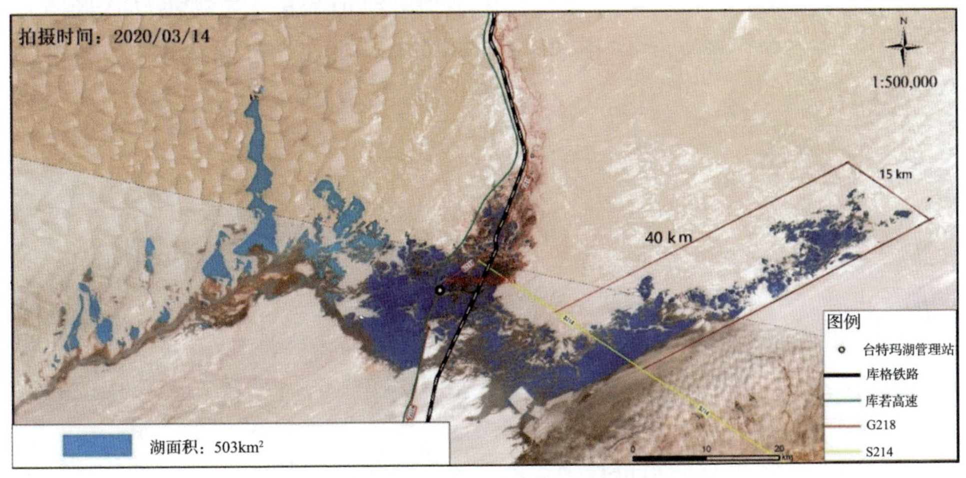

图 5-11　2020 年 3 月台特玛湖水面空间分布状况

罗布泊“大耳朵”区是整个罗布洼地的海拔最低点(约778m)，从昆金公路距“218”国道25km处的过水桥涵到“大耳朵”中心的直线距离为150km左右，而近2年国家在昆金公路修建的过水桥涵为台特玛湖水向罗布泊方向自流延伸提供了便利。

在丰水年份应实施以罗布泊复苏为目标的配水方案：输水距离约150km，通过修建人工防渗河道，$2\times10^8\sim3\times10^8m^3$ 水量由人工输水管道输往罗布泊，为恢复台特玛湖与罗布泊昔日的联通性，继续扩大修复范围，服务塔里木河流域生态保护与修复工作的全局，实现生态安全屏障体系建设以及提升生态系统质量与稳定性打下坚实的基础。

5.4.5 基于车尔臣河枯水年的塔里木河配水方案

台特玛湖是塔里木河和车尔臣河的当代归宿地，应由两河共同维系。但遇到车尔臣河枯水年，在维持最低 $30km^2$ 的湖面规模时，应由塔里木河供水以维系台特玛湖最小规模。

根据相关研究成果(Ling *et al.*，2014)，若在台特玛湖已形成 $30km^2$ 湖面的前提下，总入湖水量应不少于 $0.36\times10^8m^3$，此时大西海子水库下泄水量为 $2.86\times10^8m^3$(即，$0.36\times10^8m^3$ 的入湖水量+$2.5\times10^8m^3$ 的生态需水量)；实现台特玛湖最大湖面达到 $110km^2$，总入湖水量应为 $0.64\times10^8m^3$，此时大西海子水库下泄水量为 $3.14\times10^8m^3$($0.64\times10^8m^3$ 的入湖水+$2.5\times10^8m^3$ 的生态需水)。因此，仅依赖大西海子水库下泄水量维持台特玛湖湖面 $30\sim110km^2$，大西海子水库下泄水量为 $2.86\times10^8\sim3.14\times10^8m^3$。

鉴于维持台特玛湖的适宜面积，在车尔臣河枯水年，台特玛湖入湖水量由塔里木河干流保障，塔里木河下游至少应实施 $2.86\times10^8m^3$ 的生态输水任务。

5.5 小结

(1)通过分析塔里木河下游长时间生态输水对天然植被生长的影响特征，发现了生态补水中存在以下几点水资源利用问题：

①塔里木河下游河岸带与尾闾台特玛湖区植物多样性在2005—2006年就已达到峰值，塔里木河下游生态应急输水工程实施的后期植物多样性改善空间不大。

②在近22年生态输水过程中，塔里木河下游河岸带的植被面积、植被覆盖度在生态输水的第16年就已达到了峰值，在塔里木河下游生态应急输水工

程实施的后期(2017—2021 年)河岸带植被覆盖度提升空间不大。

③为完成大西海子水库每年下泄 $3.5\times10^8\text{m}^3$ 的流域综合治理目标的任务，导致塔里木河干流的上、中游段未充分开展胡杨林淹灌，形成上、中游胡杨林退化局面未根本改变、台特玛湖逐步扩大至 511km^2 的近百年历史最大湖面。

(2)根据以上问题，从当前塔里木河配水及影响特征来看，提出以下几点建议：

①台特玛湖没有必要维持目前 160km^2 以上过大的水域面积。基于水资源利用效率，台特玛湖没有必要维持目前 160km^2 以上过大的水域面积，但也不能过小。维持塔里木河当代尾闾台特玛湖面积不少于 30km^2 的适宜的、合理的规模，提升湖区生态与环境的质量，提高塔里木河干流上、中、下游乃至整个流域的水资源利用效率，实现人—水—生态的和谐。

②在塔里木河干流尤其下游河岸带增设生态闸，以扩大河岸带胡杨林受到洪水期淹灌影响范围。

为保证塔里木河干流尤其下游河岸林的生态供水，在空间上应增设生态闸等水利工程，疏浚老河道、在主河道两侧开挖二级河道等，最大限度地扩大河岸带胡杨林受到洪水期淹灌范围，而不是河道内的生态水全部“愈发通畅”地进入尾闾台特玛湖。

③应采用轮灌措施增加河岸胡杨林淹灌面积，保证现有胡杨林的结构完整性和恢复潜力。

鉴于有限的水资源，在对整个塔里木河流域生态用水的空间分配上，需考虑上、中、下游的次序性，胡杨林分河段、分片区执行轮灌制度，使淹灌分布相对均匀、实现胡杨林灌溉规模最大化。

④在不同来水频率下可采取不同的配水方案：在平—偏枯水年份，塔里木河下游的大西海子水库应下泄 $2.5\times10^8\text{m}^3$ 水量，以满足塔里木河下游的生态需水；在平水年份，应下泄 $3.5\times10^8\text{m}^3$ 水量，其中，约 $1\times10^8\text{m}^3$ 水量通过汊渗轮灌输送至离河岸远的胡杨林区；在丰水年份，在满足河岸带生态需水，并与车尔臣河共同维持台特玛湖 $30\sim110\text{km}^2$，结余出来的水量通过人工输水管道输往罗布泊；遇车尔臣河枯水年，单独由塔里木河至少下泄 $2.86\times10^8\text{m}^3$ 水量来维持台特玛湖最低湖面面积。

第6章　面向塔里木河下游生态保护目标的生态需水量保障方案

塔里木河干流定位为“生态型河流”，其主要保护对象主要包括沿岸条带状分布的荒漠河岸林天然植被及尾闾湖泊。2001年国务院批准了《塔里木河流域近期综合治理规划报告》(以下简称《近期综合治理》)，重点实现了“水流到台特玛湖，塔里木河干流的上、中游林地植被和草地植被得到有效保护和恢复，下游生态环境得到初步改善”的规划目标。截至2023年4月前，已经实施了23次向塔里木河下游生态输水，从下游大西海子水库累计下泄生态水$95.13\times10^8m^3$。2017年台特玛湖历史最大湖面达到$511km^2$，实现了塔里木河综合治理规划制定的$3.5\times10^8m^3$下泄水量目标，显著提升了地下水埋深，并达到适和天然植物生长的深度，植被生长明显改善，再现了原已消失的湖泊湿地景观，取得了显著的生态恢复效果。但是塔里木河流域综合治理任务是长期而艰巨的。塔里木河流域地域广大，情况复杂，前期工作基础薄弱，有一些问题需要进一步做可行性研究。目前，随着流域生态保护及修复工作的推进与深入，流域生态格局发生了明显改变，以往提出的生态保护及水量目标与现实情况出现脱节。当前，如何实现塔里木河干流上、中、下游生态水的合理配置和高效利用，和如何继续实施塔里木河下游生态输水，是塔里木河下游亟待解决的关键问题。提出生态保护目标，保证塔里木河下游生态需水量，避免过多水量进入台特玛湖，无疑是解决这一问题的核心。为此，应在明确塔里木河下游生态现状的基础上，对大西海子水库向下游下泄水量目标的制定和实现方式进行充分的科学论证。

6.1　数据和研究方法

6.1.1　数据收集及处理

(1)水文数据

水文数据包括2010—2020年塔里木河下游地下水埋深数据(英苏、喀尔达依、阿拉干、依坎布吉马勒和库尔干断面），恰拉、大西海子断面径流数据。

(2)遥感数据收集及处理

①天然植被分布数据。首先扫描41幅塔里木河流域的1：100 000地形图，利用ArcGIS10.8进行配准，误差精度控制在0.5个像元以下，生成数字栅格地图(DRG)，作为其他专题图像数据的参考数据(masterdata)。对于遥感影像数据，首先用数字栅格地形图(DRG)来配准2020年塔里木河下游及其尾闾台特玛湖区域的Landsat/TM影像，在整个影像平面上均匀选取30个道路、渠系交叉点、居民点、水库坝头等作为控制标志，在误差小于0.5个像元的精度下，利用双线性内插法进行重采样，并将重采样后的影像作为参考影像(master scene)。目视解译则是利用图像的影像特征(色调或色彩，即波谱特征)和空间特征(形状、大小、阴影、纹理、图形、位置和布局)，与多种非遥感信息资料(如地形图、土壤调查报告、图件)组合，运用生物地学相关规律，进行由此及彼、由表及里、去伪存真的综合分析和逻辑推理的思维过程。本章研究过程中利用ENVI软件对塔里木河下游及其尾闾台特玛湖区域Landsat/TM数据以4、3、2三波段假彩色合成，这样植被表现为红色，积雪表现为白色，水体表现为蓝色或黑色，沙漠表现为浅棕黄色，盐碱地则呈现由清白到青灰色调等。根据影像上反映各地物的光谱特征、辐射特征、几何特征(即地物形状、大小、色调、亮度、饱和度、结构、位置和纹理等)，建立基于遥感影像的天然植被解译标志。基于建立的解译标志并结合大量的野外地面调查，利用ArcGIS10.8软件对塔里木河流域天然绿洲进行目视解译，最终生成天然植被分布图。

②天然植被覆盖度数据。2000—2020年MODIS 16天合成的MOD13Q1 NDVI时间序列数据，其空间分辨率为250m，每年包括23期，22年共计506期。在数据分析之前对MODIS NDVI数据进行了数据格式转换和投影转换以及研究对象区域裁剪等操作，并对每年的23期数据进行Savitzky-Golay滤波以降低噪声信息对数据精度的影响；之后对每年的NDVI数据进行MVC合成处理，获得年NDVI数据，以每年NDVI最高值代表当年植被生长状况；最后将解译的植被覆被分布矢量转化为栅格数据，像元大小设置为125m。为保证NDVI数据与草地类型分布栅格数据的空间匹配，将NDVI数据也重采样为125m。

6.1.2 研究方法

(1)土地利用类型变化率

本章利用单一土地类型变化率(R_k)以及土地利用总体变化速度(R)来阐述土地覆被变化特征。设塔里木河下游内包括 n 种土地利用类型，则第 k 种土地动态度(一定时间范围内某种土地利用类型数量的变化速度)可由计算公式获得。

$$R_k=\frac{|U_{bk}-U_{ak}|}{U_{ak}} \quad (k=1, 2, \cdots, n) \tag{6-1}$$

式中：R_k 为单一土地类型变化率；U_{ak}、U_{bk} 分别表示第 k 种土地利用类型在研究初期和研究末期的面积。

(2)植被盖度计算

相关研究表明，植被盖度与 *NDVI* 指数两者之间存在着极显著线性相关。本章采用像元二分模型进行植被覆盖度的反演，其计算公式如下：

$$V_C=\frac{NDVI-NDVI_s}{NDVI_v-NDVI_s} \tag{6-2}$$

式中：V_C 为植被覆盖度；*NDVIs* 为塔里木河下游裸地 *NDVI* 值，*NDVIv* 为纯植被象元 *NDVI* 值。根据已有研究成果，$NDVI_S$ 和 $NDVI_v$ 分别取年 NDVI 直方图的 5%处及 95%处值。

(3)天然植被生态需水量

塔里木河干流平原区降水稀少，两岸植被属于荒漠河岸林类型，多为以旱生、中生植物为主，由乔木、灌木、草本植物构成的非地带性植被，主要依靠地下水来维持生命。因此，基于塔里木河干流植被景观类型遥感解译的基础上，选择潜水蒸发法来间接估算天然植被需水量。其计算公式为：

$$W=(1+30\%)*\sum 10^3 A_i W_{gi} k_p \tag{6-3}$$

式中：W 为植被需水量(m^3)；A_i 为植被类型 i 的面积(km^2)；W_{gi} 为植被类型 i 在地下水某一地下水埋深时的潜水蒸发量(mm)；30%为水分利用系数；k_p 为植被影响系数，其定义见表 6-1。

表 6-1 不同地下水埋深下的 k_p 值

地下水埋深(m)	<1.25	1.25~1.75	1.75~2.25	2.25~2.75	2.75~3.25	3.25~4	>4
植被影响系数(k_p)	1.98	1.63	1.56	1.45	1.38	1.29	1.00

植被的面积通过遥感解译获得，潜水蒸发量(W_{gi})是潜水蒸发法计算植被生态需水量的关键，以阿维利扬诺夫公式计算较为常见，其计算公式如下：

$$W_{gi}=a(1-h_i/h_{\max})^b E_{\varphi 20} \tag{6-4}$$

式中：a、b 为经验系数，在塔里木河干流，a、b 分别取值为 0.62 和 2.8；h_i 为植被类型 i 的地下水埋深(m)，通过地下水及野外监测数据；$h_{\max}$ 为潜水蒸发极限埋深(m)，在塔里木河干流取值 5m；$E_{\varphi 20}$ 为直径 20cm 蒸发皿蒸发量(mm)。塔里木河下游蒸发量根据 1991—2018 年铁干里克国家气象观测站实测资料。

(4)地下水抬升留存水量

地下水恢复量(ΔW)示意如图 6-1 所示，根据宋郁东等对地下水恢复量采用公式(6-5)计算：

$$\Delta W=M\cdot\Delta H\cdot F\cdot n \tag{6-5}$$

式中：ΔH 为潜水水位上升幅度，M 为水位变动带的饱和差，F 为计算面积，n 为土壤容重。

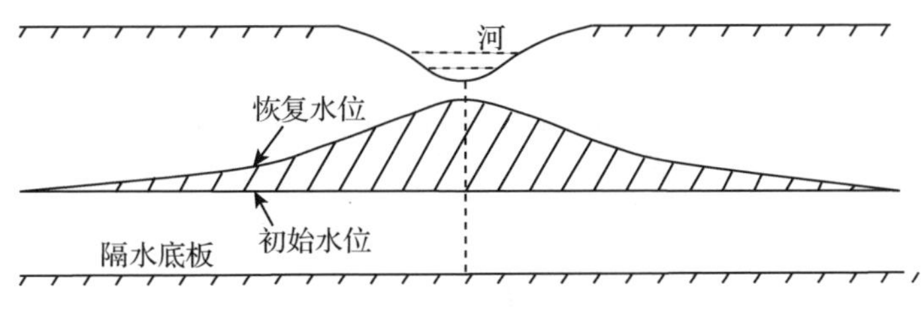

图 6-1　地下水恢复水量示意

(5)生态基流计算

根据《河湖生态环境需水计算规范》(SL 712—2014)，结合塔里木河水文过程特点及资料收集情况，采用 Qp 法和逐月最小径流计算法计算塔里木河干流上游和中游重点断面(阿拉尔、新其满、英巴扎和乌斯满断面)生态基流，根据《河湖生态环境需水计算规范》，采用 Qp 法计算河流生态基流时频率 P 设置为 90%，并利用 Tennant 法评价最终计算结果的合理性。

①Qp 法。即不同频率最枯月平均值法，根据塔里木河干流实际情况，将塔里木河干流划分为汛期和非汛期，其中，非汛期以 4~5 月和 10~11 月的径流数据作为核算依据；汛期以 6~9 月径流数据作为核算依据

逐月最小径流计算法：将径流量资料分为 1~12 月共 12 个月平均径流系列，然后取月径流系列的最小值作为该月的河道最小径流量，即生态基流。

近 10 年最枯月平均流量法：根据《河湖生态环境需水计算规范》

(SL 712—2021)对于缺乏长系列水文资料的河流断面，可采用此方法进行计算。

②Tennant 法。Tennant 法是国际上较为普遍的对河道生态需水量计算结果进行验证的方法。根据塔里木河干流径流突变分析结果(刘新华 等，2012)，采用 1957—1976 年实测径流资料进行分析评价。依据 Tennant 法分类方法标准，结合塔里木河水资源利用现状，将年内划分为一般用水期和用水敏感期，以不同用水期相应的天然径流量均值百分比作为河流需水量的评价标准(表 6-2)。

表 6-2　Tennant 法评价河道生态健康标准

用水时期	水域生态状况							
	最大	最佳	极好	非常好	好	中	差	极差
一般用水期(10 月至翌年 3 月)	200	60~100	40	30	20	10	10	0~10
用水敏感期(4~9 月)	200	60~100	60	50	40	30	10	0~10

③改进 Tennat 法。针对 Tennant 法确定的生态基流为固定值，在应用过程中，可能会造成低流量期间对水环境的严重损失。因此，将规定百分比改为对应的水文情势流量，引入季节系数来修正百分比系数。对于汛期和非汛期分别采用多年径流的 30%和 10%来计算。

④水力学方法。由于受人类活动影响量的增加，塔里木河下游段在 20 世纪 70 年代以后，多年断流，缺乏连续的、受人为影响较小的径流资料，水文学方法使用受到限制，因此，选取水力学方法中的湿周法(wetted perimeter method)对塔里木河下游段河道最小生态需水量进行计算。湿周法是利用湿周(过水断面上，河槽被水流浸湿部分的周长)作为衡量栖息指标的质量来估算河道内流量的最小值。湿周通常随着河流流量的增大而增加，当湿周超过某一临界值后，河流流量的大幅度增加也只能导致湿周的微小变化，即河流湿周存在一个临界值。保护好临界湿周区域，也就满足河道需水的最低要求。

湿周法通过建立湿周与流量的关系曲线，通过曲线上的临界点确定河道内最小生态需水量，其计算公式如下：

$$P = \sum_{i=1}^{n} \sqrt{(x_i - x_{i-1})^2 + (y_i - y_{i-1})^2} \tag{6-6}$$

式中：x_i 和 y_i 分别为实测点的起点距(m)和高程(m)；n 为分段数(个)。

根据实际测量数据，英苏和依坎布吉马勒断面为近似三角形断面，阿拉干断面为宽浅的近似梯形断面(图 6-2)。对英苏和依坎布吉马勒 2 个断面的湿周—流量采用幂函数曲线模拟，阿拉干断面采用对数曲线模拟(图 6-3)，可知拟合曲线的可决系数均在 0.8 以上，说明拟合效果较好。在对各断面湿周—流量曲线模拟的基础上确定流量变。

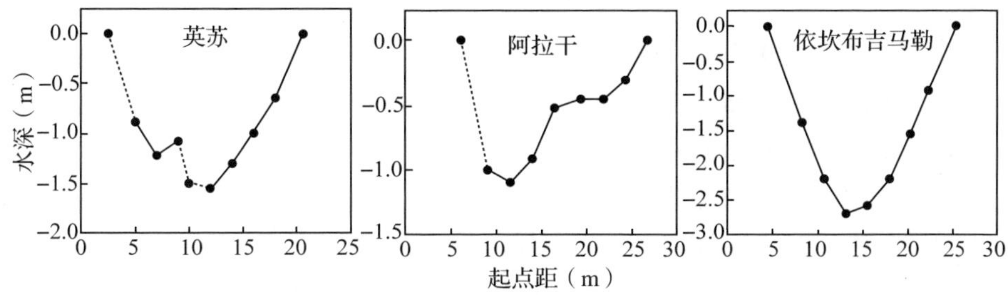

图 6-2　塔里木河下游河道典型断面形状

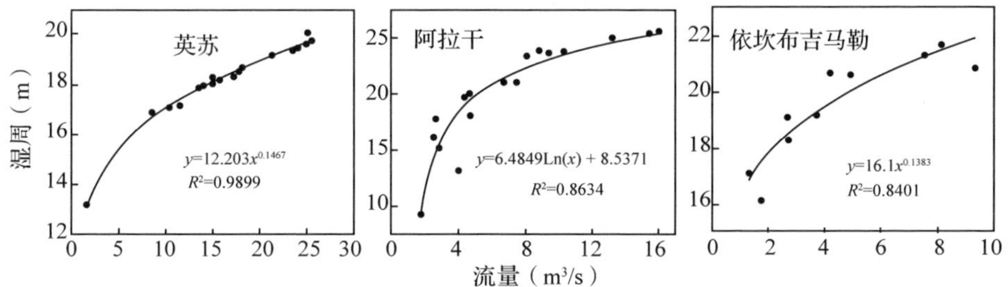

图 6-3　典型断面湿周—流量关系曲线

湿周法估算河道最小生态需水量时采用斜率法对临界点取值存在较大的不确定性。采用曲率法确定临界点更符合实际情况，其计算公式如下：

$$K_{曲}=\frac{\dfrac{d^2P}{dQ^2}}{\left[1+\left[\dfrac{dP}{dQ}\right]^2\right]^{3/2}} \tag{6-7}$$

式中：P 为湿周(m)；Q 为流量(m^3/s)。

对上式等号右边求导，得到相应于湿周—流量关系曲线上曲率对流量的导数。数学上曲率最大的点对应于曲率对流量的导数为 0 的点。令曲率对流量的导数为 0，计算得到 Q 值就是河道最小生态流量。

6.2 塔里木河下游生态保护目标

6.2.1 天然植被变化

(1)天然植被面积变化

实施塔里木河下游生态输水工程之前，塔里木河下游出现河道断流、湖泊干涸、植被生长衰退、植被面积减少等严重的生态环境问题。而维持一定面积的植被覆被是维持生态系统稳定、抵御风沙灾害的重要基础，植被覆被面积的增加则成为生态恢复的重要标志。因此，本章基于2000—2020年塔里木河下游MODIS-NDVI数据，明确塔里木河下游植被覆被面积的时空变化特征，评估向塔里木河下游生态输水对河流两岸及湖区植被恢复的效果。首先，借助ENVI 5.0软件平台，划定逐年的植被覆被空间分布范围，进而利用ArcGIS10.3空间分析功能，提取出塔里木河下游植被空间分布数据，结果如图6-4所示。

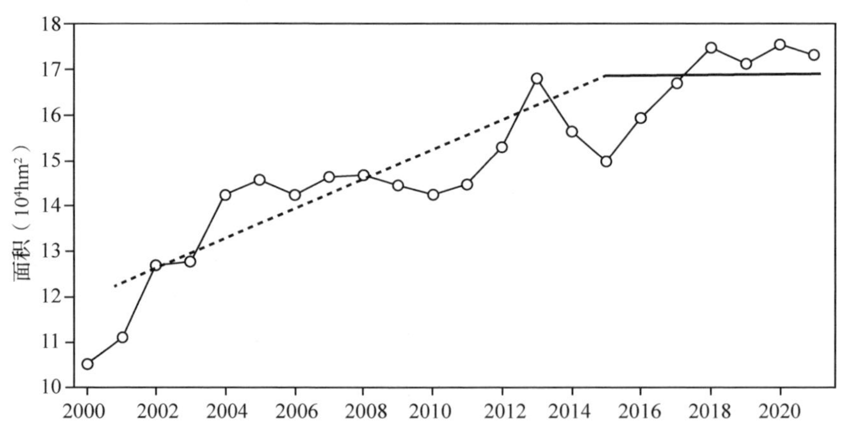

图6-4　2000—2020年塔里木河下游植被覆被面积变化特征

根据图6-4，2000—2020年之间，塔里木河下游植被覆被面积呈明显的增加趋势，下游整体年均增加量1753hm^2。从年际变化看，2000—2006年，塔里木河下游植被覆被面积增加趋势较为明显，而在2007—2009年，受生态输水水量减少的影响，植被覆被面积未出现明显增加；尤其是湖区植被面积更是出现了减少趋势；而在2010—2013年，生态输水水量明显增多，塔里木河下游河岸带植被覆被面积增长趋势有所提升，而湖区受水淹干扰，植被覆被面积出现减少；2014年，生态输水水量锐减，塔里木河下游河岸带植被覆被面积明显减少；2015—2020 年，塔里木河下游植被面积逐步趋于稳定。

(2)植被覆盖度

基于处于得到的 2000—2020 年植被覆盖度空间数据，借助 ArcGIS 的空间分析功能，计算得到塔里木河下游植被覆盖度的逐年均值。根据图 6-5，2000—2020 年，塔里木河下游植被覆盖度均值呈明显的上升趋势，由 2000 年的 4.1%增加至 2018 年的 12.58%，年均增长为 0.5%。2000—2006 年，河岸带植被覆盖度均呈增长趋势，2007—2009 年，植被覆盖度均有所下降，而在 2010—2020 年之间，除 2014 年植被覆盖度明显下降以外，植被覆盖度均呈上升趋势并逐步趋于稳定。综上所述，2000—2020 年，塔里木河下游河岸带植被覆盖度均呈上升趋势，表明生态输水工程实施后，塔里木河下游植被生长趋势明显好转并逐步趋于稳定。

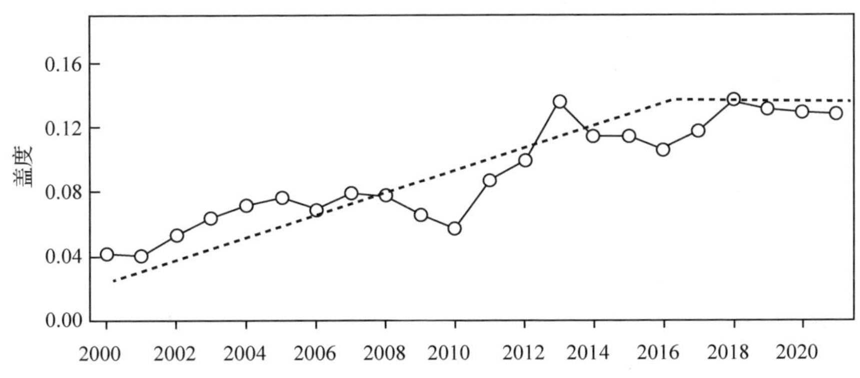

图 6-5 2000—2020 年塔里木河下游植被覆盖度年际变化特征

6.2.2 塔里木河下游生态保护目标

塔里木河流域属典型的温带大陆性干旱气候，降水稀少、蒸发强烈，流域内绿洲直面沙漠的袭扰，生态环境极度脆弱。依靠冰雪融水、山区降水等汇聚的山区来水，不但灌溉绿洲还在河流两岸滋润孕育了大范围的天然林草地，河流在其末端又形成了尾闾湖泊(湿地)，这些林地、草地、湿地等是塔里木河流域最主要的生态保护对象和最重要的生态安全屏障，也是我国生态安全战略格局“北方防沙带”和生态文明廊道的重要组成部分。河岸天然林草地生态用水主要由河道测渗及漫溢补给，对维持河道稳定，保护河流生境健康，减少水土流失具有不可替代的作用。源流下游及干流主要生态廊道由沿河两岸向外延伸的河岸天然林草地形成，生态廊道随水系彼此连通，形成了塔里木河天然生态的“骨架”，提升廊道植被质量，扩充廊道宽度，提高廊道生态稳定性一直以来都是塔里木河生态治理的要务。

以实现塔里木河流域天然林草的结构完整和功能稳定为基本原则，对于塔里木河下游而言，当前天然林草整体处于稳定状态，因此，天然林草的生态保护目标应设定为“固量提质”，即稳固现状天然林草地面积、改善天然林草长势。同时，河流—廊道—尾闾湖泊作为一个有机的整体，保证河流河道的通畅、维系廊道植被生境条件、维持河湖连通应作为塔里木河下游整体生态保护目标。因此，除实现天然林草的“固量提质”外，还应实现：①地下水埋深的维持；②重要断面的连通；③台特玛湖入湖水量。根据塔里木河下游实际特点，塔里木河下游生态保护目标应为：实现天然林草的“固量提质”，维持河湖连通，保障台特玛湖入湖水量。

6.3 塔里木河下游生态需水量

6.3.1 天然植被生态需水量

(1)天然植被面积

在干旱、半干旱地区，土地的利用主要是在绿洲内部或绿洲与荒漠的交界处，其利用方式反作用于绿洲发展的方式和规模，并对生态环境产生重要影响。通过分析遥感解译及实地调查数据，得出了塔里木河流域5种不同类型土地面积的变化特征(表6-3和图6-6)。

由表6-3和图6-6可以看出，1990—2018年，林地、草地及水域的面积呈持续增加趋势，灌木林地先增加后减少，未利用地面积呈持续减少趋势。其中，2000—2010年之间，林地、灌木林地、草地及水域面积分别增加了38km^2、136km^2、42km^{2}及287km^2，增长率分别为25.57%、13.62%、50.84%及1565.48%，而未利用地减少了502km^2，减少率为-22.4%；2010—2018年，林地、草地及水域面积分别增加了42km^2、197km^{2}及127km^2，增长率分别为22.56%、158.48%及41.57%，灌木林地与未利用地减少了176km^2、189km^2，减少率分别为15.59%及10.88%；总体来看，2000—2018年，林地、草地及水域面积分别增加了80km^2、239km^{2}及413km^2，增长率分别为53.9%、289.9%、2257.78%，灌木林地与未利用地减少了41km^2、692km^2，减少率分别为4.09%及30.84%。综上所述，塔里木河下游生态输水工程实施以后，下游不同类型土地面积的变化中，水域面积增长幅度最为明显，林地及草地面积也增加，印证了生态输水的效果十分显著。

表 6-3 塔里木河下游 1990—2018 年不同土地利用/覆被面积变化

土地利用/覆被类型	面积(km^2)			2000—2010		2010—2018		2000—2018	
	2000 年	2010 年	2018 年	面积变化(km^2)	动态度(%)	面积变化(km^2)	动态度(%)	面积变化(km^2)	动态度(%)
林地	149	187	229	38	25.57	42	22.56	80	53.90
灌木林地	996	1132	956	136	13.62	-176	-15.59	-41	-4.09
草地	82	124	321	42	50.84	197	158.48	239	289.90
水域	18	305	432	287	1565.48	127	41.57	413	2257.78
未利用地	2243	1741	1551	-502	-22.40	-189	-10.88	-692	-30.84

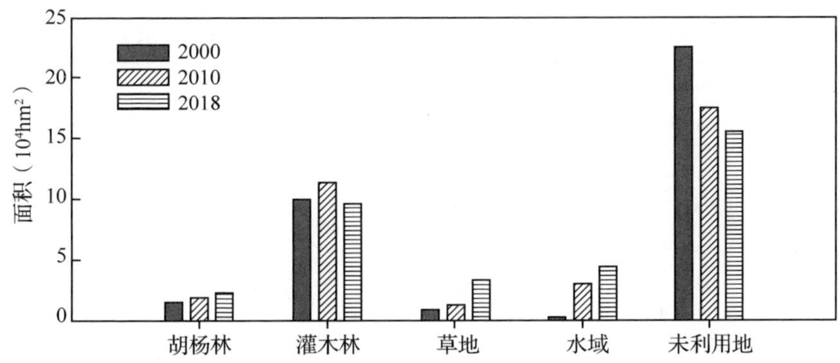

图 6-6 2000—2018 年塔里木河下游土地利用/覆被面积变化

(2) 天然植被生态需水量

根据前人生态需水量的研究成果，确定塔里木河干流不同植被类型的单位面积生态需水定额(表 6-4)。根据天然植被生态需水的面积定额法计算公式，并利用植被覆盖度提出调整系数(为避免不同区域植被生长差异造成的需水定额偏差)，最终计算出塔里木河下游天然植被生态需水量为 $1.62\times10^8m^3$ (表 6-4)。

表 6-4 面积定额法估算天然植被生态需水量

植被类型	面积(km^2)	需水定额(m^3/hm^2)	调整系数	生态需水量($\times10^8m^3$)
有林地	229	3042.65	1	0.70
疏林地	956	444.70	0.98	0.42
高覆盖度草地	163	2343.80	1.05	0.40
低覆盖度草地	158	629.70	1.05	0.10

根据樊自立等研究，将塔里木河下游潜水蒸发的极限埋深(h_{max})确定为5.0m。公式中a、b是与土壤类型有关的经验系数，宋郁东等在《中国塔里木河水资源与生态问题研究》中将a取值为0.62，b取值为2.8。根据铁干里克和若羌气象观测站1992—2019年监测资料确定下游蒸发量($E_{\varphi20}$)为2868.48mm。根据塔里木河干流乔、灌、草不同植被盖度和不同植被结构下地下水埋深分布特征的研究，结合地下水埋深实际监测资料和观测井附近植被样方调查，确定疏林地、有林地、低覆盖度草地和高覆盖度草地4种植被类型下地下水埋深(h_i)。还需考虑不同潜水埋深的植被影响系数，采用《阿克苏农业考察报告》中提供的不同埋深时的植物蒸腾对潜水相应系数。进一步借助潜水蒸发公式，计算出塔里木河下游天然植被生态需水量为$1.8\times10^8m^3$(表6-5)。

表6-5 面积定额法估算塔里木河下游天然植被生态需水量

植被类型	面积(km^2)	a	b	$E_{\varphi20}$(mm)	h_i(m)	h_{max}(m)	植被影响系数	生态需水量($\times10^8m^3$)
有林地	229	0.62	2.8	2868.48	2.5	5	1.45	0.85
疏林地	956	0.62	2.8	2868.48	3.8	5	1	0.31
高覆盖度草地	163	0.62	2.8	2868.48	2.5	5	1.45	0.60
低覆盖度草地	158	0.62	2.8	2868.48	4	5	1	0.03
合计								1.80

为避免单一方法误差过大，对两种方法的计算结果进行平均，确定塔里木河干流下游天然植被生态需水量为$1.71\times10^8m^3$。

6.3.2 地下水抬升留存水量

以2021年塔里木河下游各监测断面监测井年平均值作为各监测井现状地下水埋深(H)，各监测断面距河道不同距离所有监测井的平均值作为该断面地下水埋深现状值，两断面间地下水埋深现状值取两断面的均值。根据下游地下水水文地质相关研究成果，确定不同河段水位变动带的饱和差(M)；下游段土壤容重(n)取均值$1.36g/cm^3$；面积(F)按照距离河道两岸各1km作为地下水最大影响范围进行确定，根据公式计算得塔里木河下游大西海子水库以下2021年地下水埋深抬升留存水量以及全部断面恢复至4m所需水量(表6-6)。根据计算结果，以2021年为依据计算出地下水留存水量为$5100\times10^4m^3$，若下游地下水监测断面平均埋深全部提升至4m则需$7900\times10^4m^3$，影响范围在河道两侧1km范围内，取两者均值，塔里木河下游地下水抬升至4m需水量为$6500\times10^4m^3$。

表 6-6　地下水恢复至 4m 和 5m 时恢复需水量

河段	M	F ($10^4 hm^2$)	n (g/cm^3)	H (m)	ΔH (2021)	ΔH (4m)	ΔW (2021)	ΔW (4m)
大西海子—英苏	0.1403	1.44	1.36	4.66	0.51	0.66	0.14	0.18
英苏—喀尔达依	0.1403	0.68	1.36	4.77	0.10	0.77	0.01	0.10
喀尔达依—阿拉干	0.2018	1.53	1.36	4.61	0.45	0.61	0.19	0.51
阿拉干—库尔干	0.2018	1.14	1.36	3.94	0.53	0.00	0.17	0.00

6.3.3　河湖连通水量

为维持塔里木河下游与台特玛湖水力联系，保障《塔里木河流域近期综合治理规划报告》中“水流至台特玛湖”目标的实现，利用水力学方法——湿周法，以依坎布吉马勒断面为参考，确定库尔干断面最小生态流量为 $1.463m^3/s$，保障年内过水时长不小于 30 天，所需生态基流水量为 $380\times10^4m^3$。在塔里木河干流 90%和 75%来水频率下，大西海子水库下泄水量极少，水流难以到达库尔干断面。根据塔里木河干流实际径流特点，结合大西海子水库下泄水量要求(多年平均下泄 $3.5\times10^8m^3$)，提出库尔干断面在塔里木河干流 50%来水频率下应实现过水时间不少于 30 天，总生态基流水量不小于 $380\times10^4m^3$。

6.3.4　塔里木河下游生态需水量

参考邓铭江院士等的研究成果(邓铭江 等，2017)，当大西海子水库下泄水量介于 $2.0\times10^8\sim3.0\times10^8m^3$ 时，河道水面蒸发量约占下泄水量的 3.0%~3.3%，因此，大西海子水库至台特玛湖河段河道水面蒸发量约为 $800\times10^4m^3$。综合以上，塔里木河下游天然植被生态需水量为 $1.71\times10^8m^3$，地下水抬升至 4m 需水量为 $0.65\times10^8m^3$，保障塔里木河下游与台特玛湖水力联系所需水量为 $380\times10^4m^3$，大西海子水库至台特玛湖河段河道水面蒸发量约为 $800\times10^4m^3$。因此，若仅维持塔里木河下游与台特玛湖的水力联系条件下，塔里木河下游生态需水量(大西海子水库下泄水量)为 $2.48\times10^8m^3$。

6.4　面向生态保护目标的生态水保障方案

6.4.1　恰拉断面生态基流

恰拉站包括恰拉(合成)和恰拉(下泄)两个监测断面所对应的水文监测系

列，恰拉(合成)断面径流序列为 1957 年至今，而恰拉(下泄)断面径流序列为 2008 年至今。其中，恰拉(合成)历史断面径流量(1957 年至今)包括塔里木河干流来水和孔雀河入塔里木河干流水量，根据《塔里木河流域“四源一干”地表水水量分配方案》，恰拉(合成)断面水量包含开都河—孔雀河供水 $4.5\times10^8m^3$(生态需水量 $2\times10^8m^3$，国民经济用水量 $2.5\times10^8m^3$)。但在 2005 年塔里木河下游应急生态输水结束后，下游生态输水进入常态化输水后，孔雀河基本无水量进入塔里木河干流，下游生态输水完全由塔里木河干流承担。同时，恰拉(合成)断面作为农业和生态复合断面，其承担 $2.05\times10^8m^3$ 的农业国民经济供水任务。恰拉(合成)断面难以实现自然径流的还原，计算结果也与现实情况存在明显差异(孔雀河供水)，也不符合下泄水量的指标要求，因此，无法采用恰拉(合成)断面径流数据进行生态基流的计算。

恰拉(下泄)断面径流数据时间序列较短(2008—2022 年)，因此无法采用 Tennant 法、Q_p 法等计算河流生态基流。根据《河湖生态环境需水计算规范》(SL 712—2021)，缺乏长系列水文资料的河流，可采用近 10 年最枯月平均流量(水量)法等方法计算。同时，根据《新疆重要河湖生态流量(水量)目标制定与保障方案编制提纲》(新疆河湖长制办公室)，对于还原难度特别大的水文站可以不做还原径流分析，可采用基于用水总量控制指标的河段水量平衡法等确定。为此，本章采用近 10 年最枯月平均流量(水量)法和改进 Tennat 法计算恰拉(下泄)断面生态基流，并采用河段水量平衡法评估结果的准确性。

根据新疆维吾尔自治区塔里木河流域干流管理局提供的恰拉下泄水量数据，统计了 2009—2018 年月断流次数和月平均径流量(图 6-7)。近 10 年来，恰拉(下泄)断面所有月份均出现断流，其中，仅 8 月和 9 月断流 1 次，其他月份断流次数均在 2 次以上；恰拉(下泄)断面径流集中在 8~10 月，占近 10 年年均来水量的 77.6%。根据《新疆重要河湖生态流量(水量)目标制定与保障方案编制提纲》中关于生态基流计算的要求，以 7~10 月为恰拉(下泄)断面汛期，其他月份为非汛期。利用恰拉下泄水量数据，借助近 10 年最枯月平均流量(水量)法，计算出恰拉(下泄)断面生态基流为 $0.31m^3/s$，年生态基流量为 $978\times10^4m^3$。而根据改进 Tennat 法，恰拉(下泄)断面汛期和非汛期生态基流分别为 $5.85m^3/s$ 和 $0.4m^3/s$，年生态基流量为 $7002\times10^4m^3$。根据河段水量平衡过程，当阿拉尔断面来水量(生态基流)为 $21.59\times10^8m^3$ 时，恰拉(合成)断面为 $0.63\times10^8m^3$。水量平衡结果与改进 Tennat 法计算结果较为接近，因此恰拉(下泄)断面生态基流可采用汛期和非汛期生态基流分别为 $5.85m^3/s$ 和 $0.4m^3/s$，年生态基流量为 $7002\times10^4m^3$。

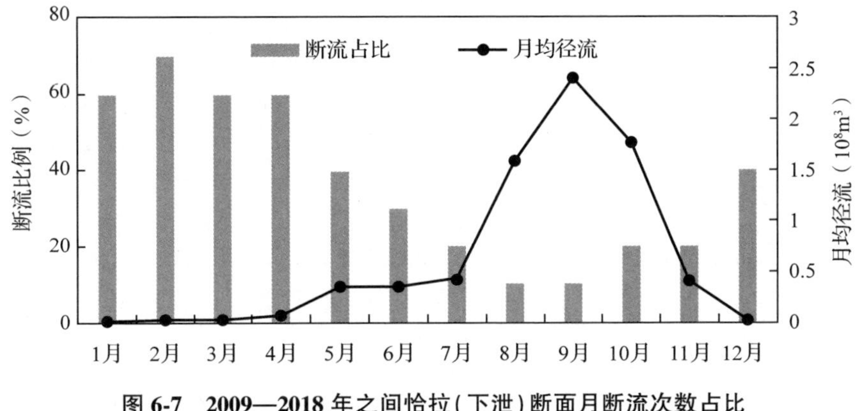

图 6-7　2009—2018 年之间恰拉(下泄)断面月断流次数占比

6.4.2　枯水年大西海子水库下泄水量指标

(1)极端枯水年大西海子水库下泄水量指标

为明确在极端来水条件下重点断面生态水量(流量)的目标，以塔里木河干流多年引水及自然耗散规律为依据，计算极端枯水年重点断面下泄水量。根据《塔里木河流域“四源一干”水量分配方案》，当阿拉尔来水量低于 75%保证率时，国民经济用水按多年平均的 90%供给。而根据塔里木河干流用水量红线指标，其上、中、下游地表水总量分别为 $4.06\times10^8m^3$、$4.7\times10^8m^3$ 和 $2.05\times10^8m^3$，因此在塔里木河干流 90%来水频率下，其农业引水指标分别为 $3.65\times10^8m^3$、$4.23\times10^8m^3$ 和 $1.85\times10^8m^3$。基于《塔里木河流域河道水量损耗占比研究》报告中所构建的断面来水与河段损耗规律模型，在阿拉尔来水量为 $24.33\times10^8m^3$(90%来水频率)，推算出塔里木河干流英巴扎、恰拉及大西海子水库下泄水量(表 6-7)。根据表 6-7，英巴扎、恰拉及大西海子水库下泄水量分别为 $10.89\times10^8m^3$、$0.79\times10^8m^3$ 和 $0.15\times10^8m^3$，干流上、中、下游以渗漏水量形式供给生态水量分别为 $8.04\times10^8m^3$、$3.49\times10^8m^3$ 和 $0.12\times10^8m^3$。而大西海子水库下泄水量仅为 $0.15\times10^8m^3$，其水量由大西海子水库自身库容水平决定。但由于在极端枯水年，干流阿拉尔至恰拉农业供水已遭受破坏，且生态供水也无法完全满足重点生态功能区生态水量，因此，在 90%来水频率下，不再提出大西海子水库的下泄水量要求。

表 6-7　塔里木河干流 90%保证率下各断面来水情况($\times10^8m^3$)

断面来水			河损水量	国民经济引水	渗漏水量
上游	阿拉尔	24.33	9.79	3.65	8.04
中游	英巴扎	10.89	4.37	4.23	3.49
下游	恰拉(下泄)	0.72	0.47		0.15
	大西海子水库	0.15			

(2)75%来水频率下大西海子水库下泄水量指标

根据《塔里木河流域“四源一干”水量分配方案》，当阿拉尔来水量大于等于 75%来水频率($33.05\times10^8m^3$)时，应完全保障国民经济用水。而根据塔里木河干流耗水量红线指标，其上、中、下游地表水总量分别为 $4.06\times10^8m^3$ 、 $4.7\times10^8m^3$ 和 $2.05\times10^8m^3$ 。基于《塔里木河流域河道水量损耗占比研究》报告中所构建的断面来水与河段损耗规律模型，在 75%来水频率下塔里木河干流阿拉尔断面来水量为 $33.05\times10^8m^3$ ，推算出塔里木河干流英巴扎、恰拉及大西海子水库下泄水量(表 6-8)。根据表 6-8，英巴扎、恰拉及大西海子水库下泄水量分别为 $13.23\times10^8m^3$ 、 $1.93\times10^8m^3$ 和 $1.5\times10^8m^3$ ，干流上、中、下游以渗漏水量形式供给生态需水量分别为 $14.03\times10^8m^3$ 、 $4.73\times10^8m^3$ 和 $0.34\times10^8m^3$ 。为此，在塔里木河干流 75%保证率下，大西海子水库可下泄水量为 $0.73\times10^8m^3$ 。

表 6-8　塔里木河干流 75%保证率下各断面来水情况($\times10^8m^3$)

断面来水			河损水量	国民经济引水	渗漏水量
上游	阿拉尔	33.05	15.76	4.06	14.03
中游	英巴扎	13.23	5.32	4.7	4.73
下游	恰拉(下泄)	1.93	0.43		0.34
	大西海子水库	1.5			

6.4.3　保障大西海子水库不同下泄水量要求下的干流来水

为维持塔里木河下游与台特玛湖的水力联系，塔里木河下游需水项包含天然植被生态需水、地下水抬升留存水量、河道水面蒸发及河道内基流(维系水力联系)，下游生态需水量即大西海子水库下泄水量应为 $2.5\times10^8m^3$ 。基于课题组前期研究成果(白元 等，2014)中生态需水量(流量)的计算结果，结合塔里木河干流“三条红线”用水总量指标，以阿拉尔、英巴扎、恰拉及大西海子水库为考核断面，计算出不同保护目标下塔里木河干流生态需水量目标。基于本章计算结果得出，当大西海子水库下泄 $2.5\times10^8 m^3$，塔里木河干流生态水量目标为 $43.37\times10^8 m^3$。

6.5　生态流量(水量)调控保障措施

(1)优化大西海子水库调控手段。长期、大剂量的生态输水已导致塔里木河下游地下水顶托，生态输水影响范围多集中在沿岸 1.2km 范围内，过量的生态水进入台特玛湖。以 2021 年为例，大西海子水库下泄水量为 $3.48\times10^8 m^3$，水头到达台特玛湖时间约为 20 天，而入湖水量达到了 $0.73\times10^8 m^3$，台特玛湖湖区形成了超过 $150km^2$ 的湖面。为减少入湖水量，同时增加包气带和地下水补给量，应在保障大西海子水库安全运行的前提下，尽量减小大西海子水库的下泄流量，延长下泄持续时间。

(2)坚持枯水年水量调度和考核适度灵活的原则。开发、利用水资源，应当首先满足城乡居民的生活用水需求，兼顾农业、工业的生产用水和生态环境的用水需要，在塔里木河流域尤其干流也不例外。在枯水年份，水量考核应首先保证干流城乡居民的生活用水和工农业的生产用水，但 3~5 年应至少充分满足一次生态环境的需水要求，而汛期应将亏缺干流的水量进行回补。干流断流河段的居民生活用水可适当抽取地下水补充；生态用水仅以河损的方式补给。因此，干流给下游的供水任务也应该是 3~5 年平均下泄水量不低于 $3.5\times10^8 m^3$，体现水量调度考核适度的灵活性。

(3)科学论证大西海子水库下泄水量目标和实现方式。大西海子水库下泄水量目标的实现，是“四源一干”在实施最严格水资源管理措施下通过水量调度与配置才最终实现的，目标的调整事关流域总体的生态—社会—经济用水的重分配，事关是否能够维系和巩固已取得的生态恢复成效。同时，本章中提出的目标是依据天然植被、地下水埋深等现状条件所计算出的理论数值，如以大西海子水库下泄 $2.48\times10^8 m^3$ 实现“水头到达台特玛湖，保障天然植被及地下水的供需平衡”的目标，需要提出适宜的下泄流量过程且保障沿线生态闸能够适时适量的分水，才不会导致过多水量进入台特玛湖。因此，应在对塔里木河下游生态环境现状科学评估的基础上，对下泄水量目标的制定和实现方式进行充分的科学论证。

(4)系统谋划流域整体的生态水配置与调度方案，完善生态水利工程布局与建设。在水资源仍然有限，干流的上、中、下游生产用水和生活用水矛盾突出、流域规模庞大的塔里木河流域，构建科学精准的生态水调度体系是实现生态水供需的时空均衡的重要途径。但由于当前国内外均未开展大尺度精细化的生态调度研究与实践，缺乏可借鉴的成熟经验。目前，流域尺度和河段以生态闸及渠系为单元的生态水调度体系的缺失，导致塔里木河流域生态水的管理还处在有水就放、下达任务就放的水平上。自 2016 年起，全面贯彻了最严格的水资源管理制度，将《塔里木河流域水量分配方案》转到了“三条红线”控制指标上来(徐海量 等，2015)，即严格控制用水总量，着力提高用水效率，严格控制河湖排污总量，严格按照水资源底线进行用水总量调度。因此，应统筹考虑塔里木河流域的生态水文过程，在明确流域整体的生态保护及修复目标的基础上，构建科学精准的生态水调配方案，并同步完善生态水利工程布局与建设。

6.6 小结

制定面向塔里木河下游生态保护目标的生态需水量保障方案，必须以生态建设与环境保护为根本，以水资源的合理配置、节约和保护为核心，以流域总体规划为指导，坚持源流与干流统筹考虑，工程措施与非工程措施紧密结合，生态效益与经济效益相兼顾，全面进行流域综合治理，尤其是要把河流—廊道—尾闾湖泊作为一个有机的整体加以考虑，将其生态保护目标应制定为：实现天然林草的“固量提质”，维持河湖联通，保障台特玛湖入湖水量。塔里木河下游天然植被生态需水为量 $1.71\times10^8 m^3$，地下水抬升至 4m 需水量为 $0.65\times10^8 m^3$，保障下游与台特玛湖水力联系所需水量为 $380\times10^4 m^3$，大西海子水库至台特玛湖河段河道水面蒸发量约为 $800\times10^4 m^3$。因此，若仅维持塔里木河下游与台特玛湖的水力联系条件下，塔里木河下游生态需水量(大西海子水库下泄水量)为 $2.48\times10^8 m^3$。结合塔里木河干流“三条红线”用水总量指标，计算出当大西海子水库下泄 $2.5\times10^8 m^3$，塔里木河干流生态需水量目标为 $43.37\times10^8 m^3$。

第 7 章　台特玛湖生态保护目标下适宜规模的确定

建设生态文明，是关系人民福祉、关乎民族未来的长远大计。塔里木河流域面积 $102\times10^4 km^2$，是我国最大的内陆河流域，涵盖新疆南部 5 个地州 45 个县(市)、新疆生产建设兵团 4 个师 55 个团场，总人口为 1185.36 万人，占全疆总人口的 47%(夏婷婷，2022)。塔里木河是南疆各族人民赖以生存、发展的母亲之河、生命之河，也是中亚乃至世界上一条著名的内陆河(艾力西尔·库尔班 等，2019)。塔里木河流域地理位置独特，与吉尔吉斯斯坦、塔吉克斯坦、巴基斯坦等 5 个国家接壤，是我国面向中亚、西亚开放的“桥头堡”和“中—巴经济走廊”的重要通道，也是国家新时期“丝绸之路经济带”建设的核心区，地缘优势明显。同时，塔里木河流域具有自然资源相对丰富与生态环境极为脆弱的双重性特点(徐海量 等，2005)，流域内依托天然绿洲自然生态系统发展的绿洲经济和传统的农牧业为主发展模式对生态环境依赖程度较高，干旱恶劣的自然环境与极端脆弱的生态条件决定了这一区域的经济发展、乡村振兴离不开生态安全保障体系建设。

过去几十年，伴随着塔里木河流域水土资源的大规模开发，流域生态与环境保护总体滞后于经济社会发展，导致种种生态与环境问题，如流域水系支离、河道断流、尾闾湖泊干涸、草场退化、荒漠化加剧等，山水林田湖草沙被人为割裂，这些生态问题与环境问题已经成为南疆乃至整个新疆经济社会发展的制约瓶颈和突出短板，阻碍了以塔里木河流域为主体的新疆南部地区经济社会的高质量发展的进程，也危及国家重大战略推进与实施的生态安全保障。自 2001 年始，国家投资 107 亿元开展塔里木河流域综合治理，历经 20 多年的《塔里木河流域近期综合治理》项目的实施，取得了明显的生态效益、经济效益与社会效益。当前，塔里木河下游这种大规模生态输水在国内外树立了干旱区受损生态系统修复的典范，具有重要的借鉴价值和示范意义(邓铭江 等，2017)。特别是塔里木河下游至尾闾台特玛湖一线，作为内地通往中亚和新疆通往内地第二条战略通道(包括：若羌—伊宁“218”国道、库尔勒—格尔木铁路、库尔勒—若羌高速公路)的“天然屏障”，生态输水遏制了塔里木河下游生态系统退化与环境恶化趋势，再现了原已消失的台特玛湖湿地景观且在 2017 年末形成近百年历史最大 511km^2 的湖面。至此，塔里木河流域综合治理工程的目标“水流输向下游，抵达下游台特玛湖，恢复下游生态植被，遏制沙漠的扩张”已完全实现。其中，台特玛湖的恢复也已成为体现塔里木河流域综合治理成效最为瞩目的标志。

2021 年 9 月，水利部党组书记、部长李国英赴塔里木河调研时指出，要均衡塔里木河流域综合治理二期的工作中“提质”和“增量”的关系，特别指出要明确台特玛湖最合适、科学的面积，明确罗布泊恢复是否存在必要性和可行性。生态屏障体系的完整和生态系统功能的稳定是保障区域生态安全的基础，生态恢复的时空格局决定了生态屏障体系是否完整，生态系统质量决定了生态功能是否稳定。台特玛湖作为塔里木河的尾闾湖泊，其生态恢复成效的巩固和提升则成为整个塔里木河流域生态安全屏障体系中重要的一环。台特玛湖水量的供给是“四源一干”在实施最严格水资源管理措施下通过水量调度与配置才最终实现的，因此，台特玛湖的维持事关塔里木河流域总体生态保护及修复工作的持续和深化。当前，台特玛湖水域多年平均水面面积达到 200km^2 以上，在进一步开展台特玛湖生态保护及修复过程中，着眼于塔里木河流域生态保护及修复工作的全局，实现优化生态安全屏障体系建设以及提升生态系统质量和稳定性，判别明确包括：一是继续扩大修复范围，恢复台特玛湖与罗布泊的连通性，二是维持湖区适宜的规模，提升湖区生态环境质量，提高水资源利用效率在内的两个方案的可行性与必要性已刻不容缓！

已开展的“台特玛湖生态监测与分析”项目，主要围绕着台特玛湖水域面积、水质、周边地下水埋深、天然植被结构与面积等“水、土、气、生”多要素的监测与评价，旨在丰富台特玛湖本地资料，从而为巩固和提升台特玛湖生态保护及修复成效提供重要的科学依据。同时，已开展工作未探明塔里木河与尾闾湖的水力联系，尤其缺少维持台特玛湖适宜规模及实现塔里木河下游生态保护与修复多目标下的下泄水量目标。因此，为促进塔里木河流域生态文明建设，实现人—水—生态的和谐，系统化推进塔里木河流域综合治理二期生态保护及修复工作，需要在对台特玛湖湖区及周边生态功能开展和流域水量供水能力的系统性评价的基础上，给予这两个方案的必要性和可行性科学的回答。为此，本章节基于大量的遥感、水文及植被等历史及实地调查数据，明晰塔里木河下游、车尔臣河与台特玛湖之间的水力关系，揭示不同来水条件下台特玛湖水域范围及植被生长的变化规律，提出维系台特玛湖生态功能稳定的水与植被的适宜规模，计算塔里木河下游的生态需水量，提出塔里木河下游及台特玛湖生态保护及修复目标及入湖水量目标，从而为塔里木河流域生态建设与环境保护整体工作的开展提供必要的极具科学价值和实践指导作用的理论依据和技术支撑。

7.1　数据来源及研究方法

(1) 基础数据

本节所用数据主要包括近 50 年台特玛湖遥感解译湖面积，2000—2021 年台特玛湖天然植被面积及盖度，近 20 年湖面最大值、最小值、平均值，以及塔里木河干流阿拉尔来水量、塔里木河下游大西海子水库下泄水量及入湖水量、车尔臣河径流量。其中，湖区天然植被面积及盖度、湖面面积均来自遥感解译结果；塔里木河下游大西海子水库下泄水量及入湖水量、车尔臣河径流量数据由新疆塔里木河流域管理局提供。

(2) 台特玛湖生态保护目标

台特玛湖生态保护目标的提出遵循“维系湖区已形成天然植被面积不萎缩、生态系统功能稳定”的基本原则，结合以往规划设计要求及研究基础上提出的“特大水面”“较大水面”“较小水面”保护目标研究成果(樊自立 等，2014)，确定台特玛湖生态保护目标。

(3) 台特玛湖适宜规模的计算

根据历史记载和实地考察结果，当湖区水域面积过小或消失时，会出现“湖区水面过小→天然植被覆盖度下降→植被面积萎缩→沙漠化”的生态退化传导过程。为维护台特玛湖湖区生态安全，同时实现有限水资源的合理配置和高效利用，台特玛湖生态保护目标的提出，既要考虑台特玛湖能长期维持的面积，又要以塔里木河下游两岸生态廊道的恢复和稳定作为衡量指标。通过分析近年来随湖区水面面积变化下湖区生态环境综合特点(包含生物多样性维持、当地气候改善等)，避免出现明显的植被退化下的湖面面积，双向角度确定出台特玛湖适宜维持面积。

7.2　台特玛湖生态保护目标

2001 年经国务院批复的《塔里木河流域近期综合治理规划报告》中提出了“水流输向下游，抵达下游台特玛湖，恢复下游生态植被，遏制沙漠的扩张”的目标，即实现塔里木河下游与尾闾台特玛湖的连通性，未提出明确的台特玛湖入湖水量及水面维持的目标。

20 世纪 90 年代以来，樊自立等生态学家基于台特玛湖历史变化与塔里木河干流、车尔臣河水量变化特点，提出台特玛湖湖面面积维持 $30km^2$ 即可的观点。国家测绘总局在 1959 年航摄，1969 年野外调绘基础上出版的 1∶100 000 地形图显示：台特玛湖面积为 $183km^2$，当年阿拉尔水文站径流量为 $37.2×10^8m^3$，属偏枯年份。由于台特玛湖是由塔里木河干流和车尔臣河共同补给，在维持水面 $10 \sim 30km^2$ 下，两河入湖水量均为 $1500×10^4m^3$。2004 年，中国工程院重大咨询项目成果报告《西北地区水资源配置、生态环境和可持续发展战略研究(水资源卷)》中提出：塔里木河向台特玛湖输水，保持水域面积 $10km^2$，需水 $1500×10^4m^3$。

7.3 台特玛湖湖面面积变化特征

7.3.1 年际变化特征

随着 2000 年启动实施向塔里木河下游生态输水工程，自 1972 年干涸的台特玛湖，直到 30 年后的 2001 年秋，塔里木河水通过下游库尔干段以下的 14km 人工河道到达台特玛湖区，形成一定面积。2010 年年底以后，因塔里木河下游应急生态输水量多、持续时间长，故台特玛湖保持相对较大水面。不同年份最大水面积变化情况如下(图 7-1)：

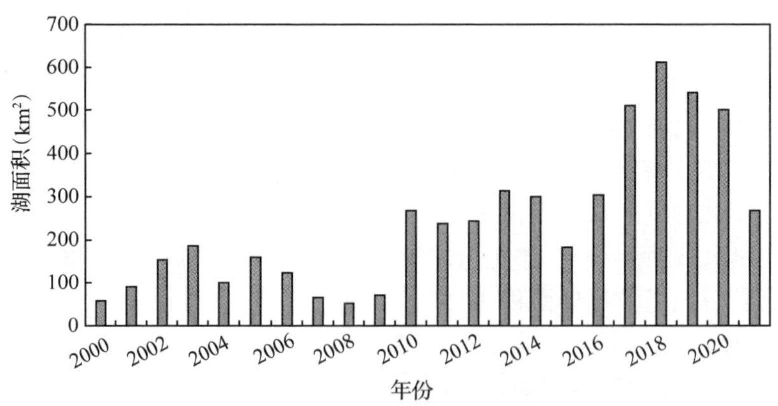

图 7-1 台特玛湖 2000 年以来的年内最大水域面积

①2000 年起实施塔里木河下游生态输水工程，前期河水未到达尾闾湖，2003 年塔里木河从大西海子水库下泄水量 $3.4×10^8m^3$，车尔臣河也有一定水量注入，台特玛湖才形成一定面积，水面超过 $190km^2$。

②2006 年，塔里木河水只流到库尔干，未入台特玛湖，到了 2009 年及

2010 年上半年，台特玛湖处于无水状态，2010 年初接近干涸。

③2010 年夏天，台特玛湖开始重新入水，2010 年 8 月达到约 300km^2。

④2013 年初，台特玛湖水面超过 320km^2。

⑤在 2017 年 10 月、2018 年 10 月、2019 年 3 月、2020 年 3 月，台特玛湖水面积分别达到 511km^2、611km^2、540km^2、501km^2。

7.3.2　年内变化特征

由于 2016 年内，除了 5 月台特玛湖影像区云覆盖比例较大、9 月无影像外，其他月份水域影像相比较清晰，因此我们选择 2016 年，该年份台特玛湖水域空间变化情况如图 7-2 所示。2016 年 1~8 月期间，1~4 月湖面积变化不大，5~8 月湖面积表现为明显减少，到了 10 月湖面积开始增加，11 月和 12 月持续增加。

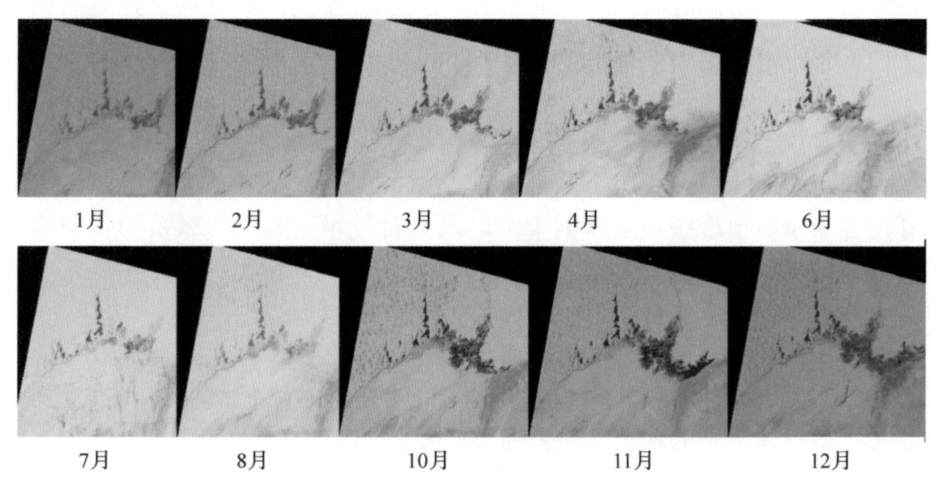

图 7-2　2016 年 1~12 月台特玛湖影像空间分布变化情况

同时以 2017 年为例，通过提取年内有影像的各月湖面积数据，其面积变化情况如图 7-3 所示，显示同 2016 年变化趋势相似：前期(4 月以前)变化不大，中期(5~8 月)湖面积呈明显持续下降趋势，后期(10 月以后)湖面积呈增加趋势。

综合以上台特玛湖水域面积变化情况，台特玛湖水域面积年内变化主要有以下特征：

(1)10 月前台特玛湖水域面积降幅较大

本章节中，提到的台特玛湖面积不仅包括水面面积，还包括形成的湿地面积。由于 20 世纪 70~90 年代台特玛湖区遥感影像的缺乏，选择了影像相对

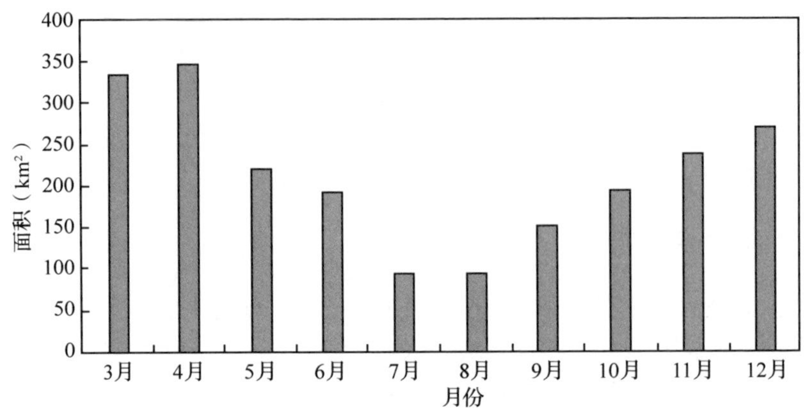

图 7-3　2017 年各月台特玛湖水域面积变化情况

多的年份，进行了湖区面积的测量。无论是在 70 年代、80 年代，还是后期塔里木河下游生态输水工程实施以后的各年份里，在 10 月以前湖区面积均表现为下降的趋势。

(2)年底台特玛湖水域面积呈回升趋势

台特玛湖面积在一年内下降速度非常快，但是，在塔里木河下游生态输水作用、车尔臣河近些年来水偏丰，以及与台特玛湖有水力联系的各源流实施最严格的水资源管理制度下，在 2000 年以后的各年份里，每年年底基本实现了有水入湖，形成台特玛湖年底水域面积又变大的趋势。

综上所述表明，台特玛湖水域面积随着生态输水量的变化而变化，在 10 月开始输水以来湖区面积表现为上升趋势，在停止输水后湖区面积表现为下降趋势，即整体上湖的水域面积表现为扩大—萎缩的变化趋势特征。

7.4　台特玛湖适宜规模的确定

7.4.1　台特玛湖湖面维持规模探讨

在新疆多个平原湖泊当中，台特玛湖为宽浅式湖泊，由水域和湿地组成，湖区地势平坦，坡降在万分之二左右，没有明显的湖底形态(近似一个大平滩)，湖区属暖温带大陆性荒漠干旱气候，年均降水量 28.5mm，年均蒸发量 2920.2mm，蒸发强烈。

台特玛湖适宜规模的确定需要同时考虑塔里木河及车尔臣河对台特玛湖来水规律。由于干旱区河流天然径流存在明显的年内集中(7~9 月来水占比约

70%)和年际差异显著(车尔臣河与塔里木河干流最大来水量分别是其最小来水量的 3.78 倍和 4.96 倍)的特点，加之湖区强烈的蒸散发与平坦的湖底形态等因素，决定了台特玛湖湖面必然存在强烈的年内及年际变化(图 7-4)。同时，湖区植被在与水文周期性规律变化的长时间适应过程中，其繁育更新、群落演替及分布格局与湖区水文过程形成了紧密的协同过程，即湖区植被是适应湖区水面强烈的年际与年内变化的。因此，干旱区内陆河湖水量周期性变化的天然禀赋和水—植被协同适应关系，决定了台特玛湖难以也不必维持固定的湖面规模。

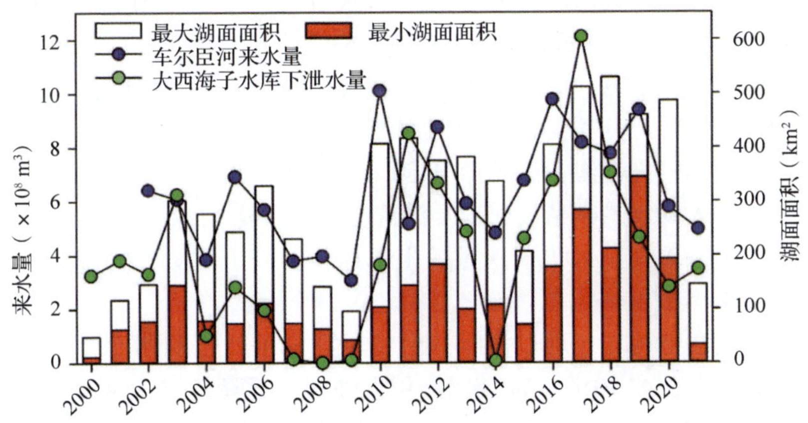

图 7-4　塔里木河干流及车尔臣河来水量与台特玛湖湖面面积年际过程变化

随着 2000 年起向塔里木河下游生态输水以来，台特玛湖湖面面积整体呈现增大趋势，有效降低了沙尘危害，保障了植物物种多样性。但通过分析塔里木河下游(含湖区)长时间序列胡杨生长状态、植物物种多样性、植被覆盖面积及盖度变化特征，认为维持台特玛湖湖面面积不是主要目的，而是如何在有限水资源合理配置和高效利用下塔里木河下游及台特玛湖湖区天然植被不发生退化。

7.4.2　台特玛湖湖面适宜规模分析

根据前期研究成果，将台特玛湖水域保护面积分为大面积(100～200km^2)、较大水域面积(30～100km^2)和小水域面积(30km^2)三种情况，本章节研究认为应以早期生态输水时期偏枯年份水量为依据建议适宜湖水面积比较切合实际，根据从 2000 年开始实施“塔里木河流域近期综合治理规划”项目(新疆维吾尔自治区人民政府、中华人民共和国水利部，2001)，2010 年阿拉尔水文站平均径流量为 36. 4×$10^8$$m^3$，属偏枯年份，湖水平均面积为 22. 3$km^2$。当然，来水量越大形成的水域面积越大越好。

若湖面面积萎缩至过小面积，会对生态功能造成不同程度的破坏。台特玛湖地理位置特殊，处于沙漠中，其大环境严重限制了“小水面”生态功能的发挥，其中存在如数百种候鸟中转站问题、兽类饮水繁衍争夺地盘等问题。且在湖岸线内外宽度 100m 范围，小气候效益差别极显著、风沙成堆影响道路安全等问题开始出现。

根据历年湖区水面面积、植被面积和覆盖度遥感监测数据，以 2007—2009 年连续枯水年(大西海子水库总下泄水量仅为 2438×$10^4$$m^3$)为例，2007 年湖面缩小至约 30$km^2$，2008 年植被盖度下降了 28. 1%，2009 年植被面积下降，下降幅度为 4. 97%。根据中国科学院新疆生态与地理研究所实地调研，2008 年、2009 年台特玛湖湖区和周边的部分区域再次形成了 0. 3～0. 5m 的鱼鳞状沙丘，达到轻度沙漠化。2010 年后，大西海子水库下泄水量大幅度增加，加之车尔臣河入湖水量，植被面积及覆盖度随之恢复。

为避免台特玛湖湖区出现严重的生态退化，基于历史资料分析，应保障台特玛湖面不小于 30km^2。

根据前述章节可知，通过往年入台特玛湖水量变化及湖面面积年际变化和年内变化特点，在 10 月之前湖面面积大多处于下降趋势，因而认为需使在年末 9～11 月阶段内对台特玛湖进行补水时，所能达到的台特玛湖面积经过后续无下泄水量情况下，随着自身湖面面积的扩张—萎缩变化过程，大多在 5～6 月达到最小湖面面积时，台特玛湖仍能维持在 30km^2 以上。

7. 4. 3 维持台特玛湖适宜面积的合理性评估

由于湖面面积处于变化过程，且建议使台特玛湖面积在从 9～11 月生态输水后，不再进水的条件下，随着湖面自然萎缩至 5～6 月时，湖面面积仍维持在 30km^2 以上，认为此阶段下为台特玛湖适宜面积。

通过对年内台特玛湖湖面面积的解译与分析，建立台特玛湖湖面在无水入湖情况下的面积变化拟合曲线。

(1) 水面 2019 年时空分布

2019 年 3 月 17 日台特玛湖面积为 540km^2，其中，塔里木河和车尔臣河形成的面积分别为 418km^2 和 121km^2(图 7-5)。

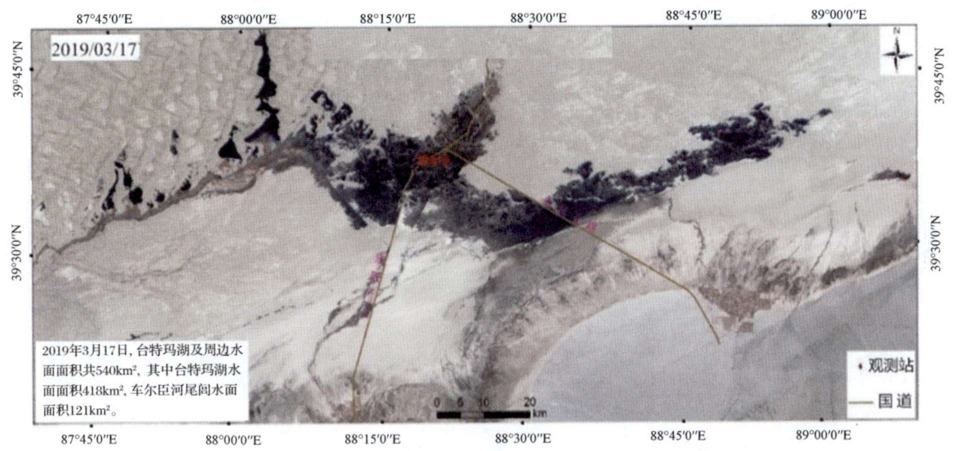

图 7-5　2019 年 3 月 17 日台特玛湖影像面积提取及空间分布

2019 年 7 月 14 日台特玛湖面积共 243km^2，其中，塔里木河和车尔臣河形成的面积分别为 139km^2 和 104km^2(图 7-6)。

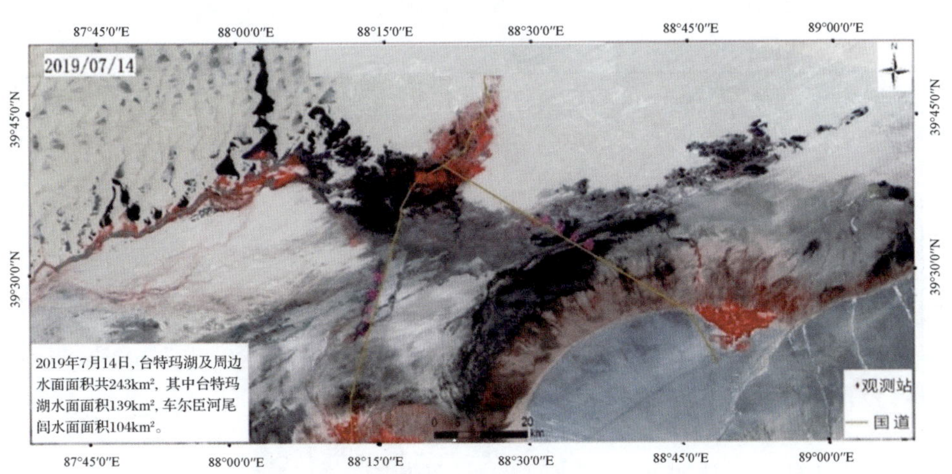

图 7-6　2019 年 7 月 14 日台特玛湖影像面积提取及空间分布

2019 年 9 月 13 日台特玛湖面积为 207km^2，其中，塔里木河和车尔臣河形成的面积分别为 110km^2 和 96km^2(图 7-7)。

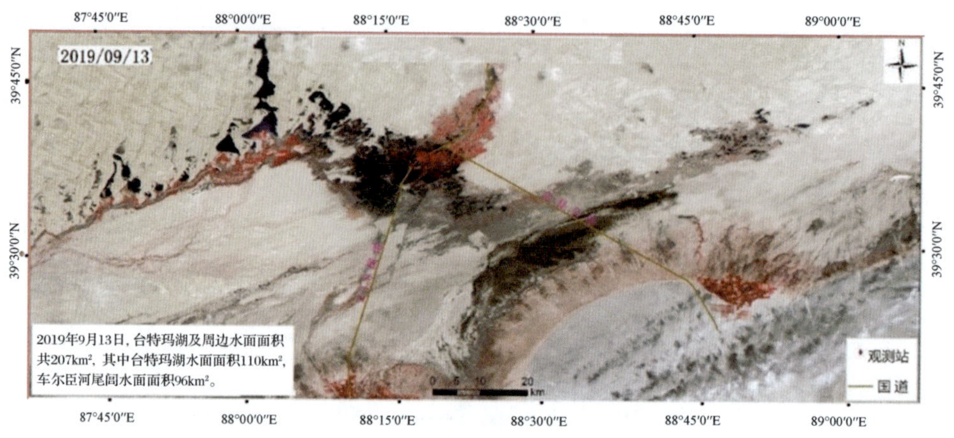

图 7-7　2019 年 9 月 13 日台特玛湖影像面积提取及空间分布

(2) 水面 2020 年时空分布

以 2020 年为例，2020 年 3 月 14 日台特玛湖面积为 501km^2，其中，塔里木河和车尔臣河形成的面积分别为 382km^2 和 119km^2(图 7-8)。

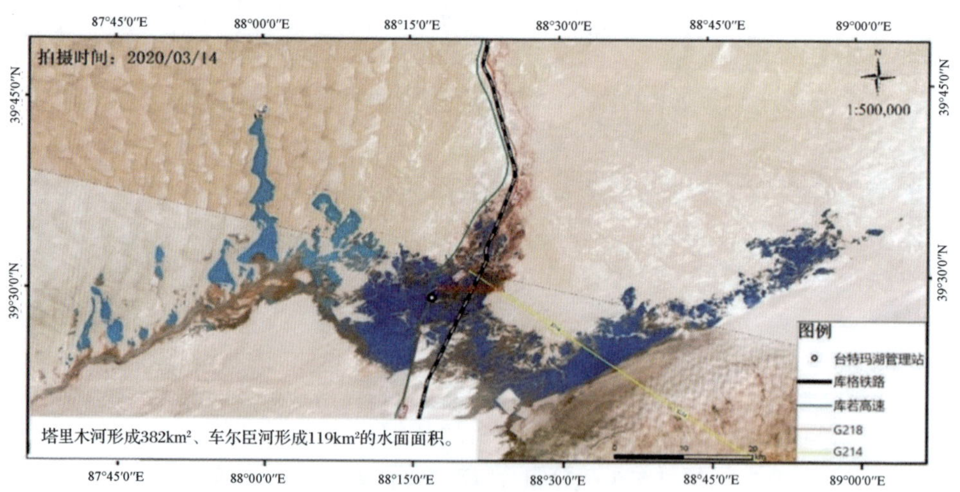

图 7-8　2020 年 3 月 14 日台特玛湖影像面积提取及空间分布

到了 2020 年 5 月 15，湖泊面积已达到 325km^2(图 7-9)，其中，塔里木河和车尔臣河形成的面积分别为 217km^2 和 108km^2。

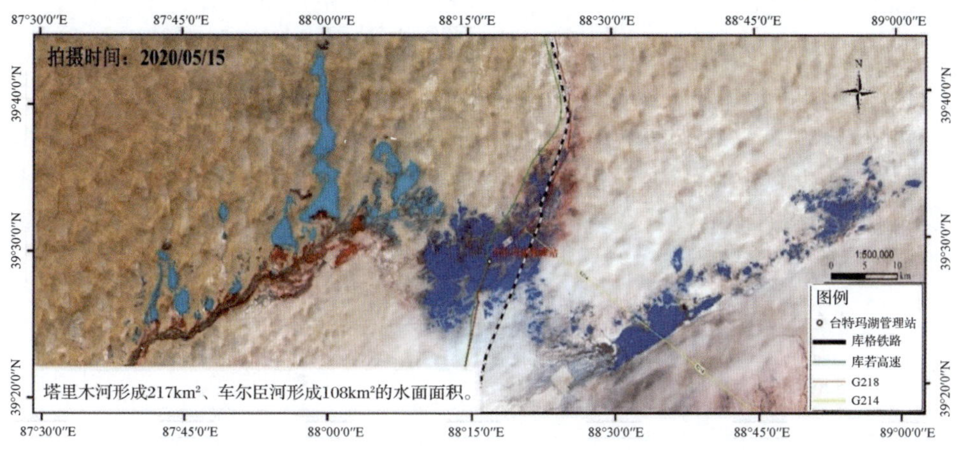

图 7-9　2020 年 5 月 15 日台特玛湖影像面积提取及空间分布

到了 2020 年 10 月 4 日，湖泊面积已达到 153km^2(图 7-10)，其中，塔里木河和车尔臣河形成的湖面面积分别为 101km^2 和 51km^2。

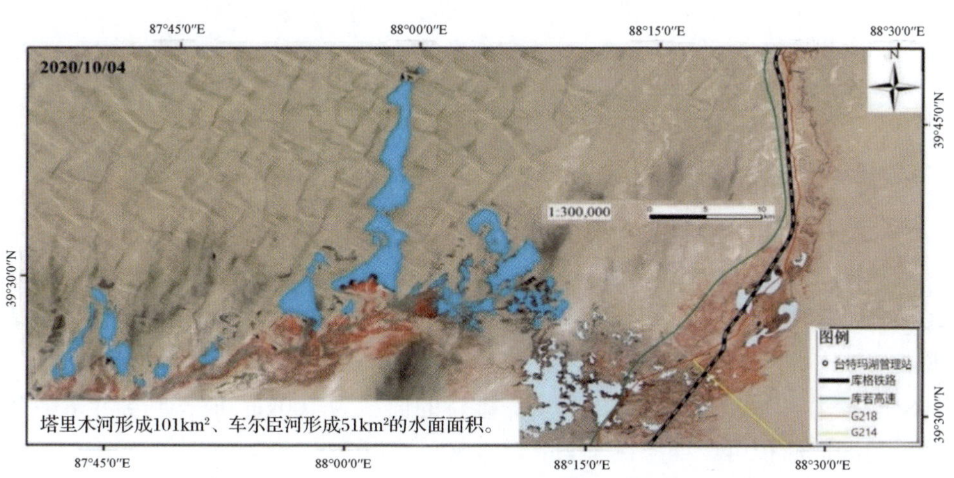

图 7-10　2020 年 10 月 4 日台特玛湖影像面积提取及空间分布

通过分析可以看出台特玛湖面积在一年中的上半年一般较大，越接近夏秋季，下降幅度越大。以 2020 年数据分析为例，在 2020 年，从 3 月初的 501km^2 下降到 5 月初的 325km^2，再下降到 10 月初的 153km^2，5 月、10 月的湖面积分别约是 3 月初的湖面积的 6/10 和 3/10。5 月、10 月的湖面积分别较 3 月初的湖面积减少 35. 1%和 69. 5%。

同样，在 2019 年，3 月、7 月、9 月的台特玛湖水面积分别为 539km^2、

243km² 和 206km²。再以 2021 年数据分析为例，2021 年，在 3 月、4 月、7 月、9 月、10 月的台特玛湖水面积分别为 268km²、214km²、152km²、110km²、138km²。

综上所述，台特玛湖水域面积年内变化特征表现为：前期(4 月以前)变化不大，中期(5～8 月)湖面积呈明显持续下降趋势，后期湖面积增加，则考虑通过对 3～7 月湖面面积变化建立拟合曲线，以此推求 6 月时萎缩到 30km² 湖面面积时 11 月湖面面积的大小。

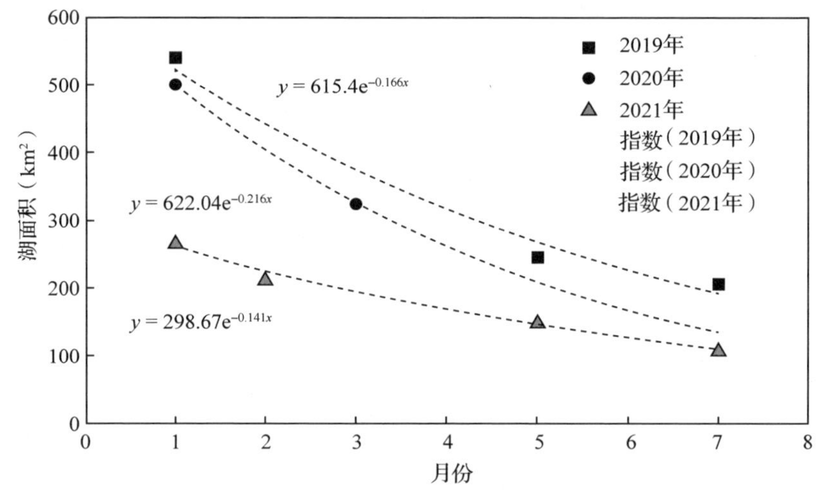

图 7-11　台特玛湖湖面面积 3～9 月拟合曲线

从图 7-11 可以看出，台特玛湖湖面面积变化呈现较好的指数关系，通过 2019 年、2020 年、2021 年湖面面积变化拟合曲线，其 R^2 均在 0.98 以上，表明拟合效果较好，通过函数 $y = 615.4e^{-0.166x}$、$y = 622.04e^{-0.216x}$、$y = 298.67e^{-0.141x}$，共同推求在 11 月所需维持的面积为 100km² 时，到翌年 6 月缩减后的湖面面积可以维持在 32km²，即 30km² 以上。

据前期研究对高频水淹、适度水淹、长期不漫溢等不同水分干扰条件下的植物多样性等生态指标的影响分析中，揭示了中度水分干扰在干旱区内陆河流域生态系统修复中的重要作用。基于遥感技术手段，当台特玛湖湖面从供水后的“大湖面”到“小湖面”的萎缩过程中，“大湖面”与“小湖面”的水面积差值，即减少的水面积值，就是从水中逐渐被“解放”出来的植被面积值，“裸露”在地表、而不是“浸没”在水中。依据多期枯水期影像数据算得的植被面积结果，得出植被面积没有明显下降，推测台特玛湖在每年的 7～10 月供水后，至少有 70%～80%的河岸带植被面积得到复苏。

根据台特玛湖周边植被面积、植被覆盖度及湖区面积数据，推算出当台特玛湖最大面积达到 110km² 时，对应的植被面积为 232km²，植被覆盖度为 15.1%（图 7-12）。此时为相对理想状态，即不需维持大湖面条件，既可保障湖区天然植被的面积和质量达到优良状态。而保证 30km² 时需在 10 月湖面面积达到 100km²，其与最优状态下湖面面积相近，与近 10 年中最大的 511km² 的湖面面积相比，这一供水目标下的供水量所能带来的生态恢复成效可能会有一些降低，对生态功能的发挥可能会有部分影响，但不会出现生态功能明显退化的现象。在前期 20 余年生态输水作用下，对地下水已有一定的补给，而地下水对湖面萎缩有一定的滞后效应，其水位不会在短时间内下降。因此，在此适宜面积下可保证植被不发生退化。

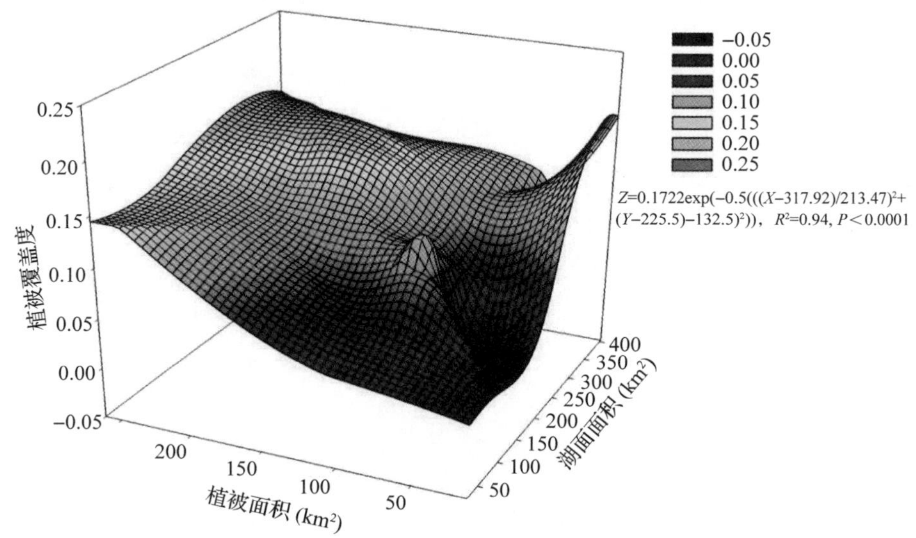

图 7-12　台特玛湖湖面面积与周边植被面积及其覆盖度的关系模型

7.5　小结

通过上述对台特玛湖湖面面积的年际变化、年内变化以及湖面所需维持面积的下限值综合分析，认为下限值为萎缩到最小湖面面积时的规模。

（1）通过历史数据及前人研究结果，考虑维持适宜面积下周边植被不发生退化，生态环境的稳定，认为台特玛湖湖面面积需维持在 30km² 以上。

（2）通过历年台特玛湖湖面面积的遥感影像，分析台特玛湖湖面面积的年际变化、年内变化特征。可以看出：维持 30km² 水面面积是一个过程性要求，其过程表现为增长—萎缩—再增长—再萎缩的交替趋势，并不只是一个确切数字。根据历年水文资料，向台特玛湖生态输水一般在10月左右开始，生态输水后湖面面积表现为扩大过程，大多在11～12月湖面积达到顶峰。输水时段过后湖面面积呈现出萎缩过程，大多在翌年5～6月达到的湖面面积为最小面积。我们所求证的湖面面积保持在30km^{2}以上，即为维持台特玛湖的适宜面积目标值，换言之，台特玛湖在生态输水后经过萎缩过程，在翌年的5～6月仍能维持30km^{2}以上的有效湖面。

(3)依据台特玛湖湖面在生态输水后翌年维持在30km^{2}以上，通过对这一下限目标下进行的生态输水造成的面积变化进行分析，得出需在输水月(10月左右)达到一定的湖面面积，通过验证得出在此面积下基本不会影响台特玛湖生态功能的正常发挥，周围植被不会出现明显退化，认为其具有合理性。

第 8 章　车尔臣河下游跑水口耗水量分析及封堵成效关系研究

科学评估车尔臣河下游跑水口封堵后的成效和量化生态水量，为统筹配置车尔臣河流域水资源意义重大。要想了解车尔臣河下游跑水口能否封堵必须从其历史的形成、演化及水量消耗过程来论证。

生态经济服务价值包括供给服务、调节服务、文化服务。封堵车尔臣河下游跑水口后水面的下降是一个缓慢、持续的过程，当完全封堵跑水口后，其生态服务价值损失量是我们评判封堵成效的一个有力证据。因此，针对车尔臣河下游跑水口耗水量分析及封堵后的成效这一章节，我们从 8 个跑水坑周边植被的生态服务价值、节约水量用于农业产生的生态服务价值及封堵后周边植被产生的生态服务损失价值等方面来计算直接损失量、替代损失量等，这将为统筹配置包括车尔臣河在内的整个塔里木河流域水资源的决策制定提供科学支撑。

8.1　车尔臣河河道变迁

8.1.1　文献记载中的车尔臣河

车尔臣河在山区流经坚硬基岩，河道没有大的变化，出山后流经松散的沉积物为主的洪积冲积扇，在侵蚀和沉积作用下，河道在中游和下游三角洲则有较大变迁。按《水经注》(公元 5—6 世纪)，车尔臣河称作“阿耨达大水”，原文为：“南河又东迳且末国北……又东右会阿耨达大水。且末河东北流经且末国北，又流而左会南河。会流东逝，通为注滨河。……注滨河又东迳鄯善国北，其水东注泽，泽在楼兰国北。”《新疆图志・水道志》(卷六十九)，对这段记载的解释为：“卡墙河(车尔臣河)阿耨达大水也，阿耨达是其总名，在流经且末国后，乃名为且末河。左会右会意为徊环，实则阿耨达支水左支会于南河，其大股水流北流自入泽(罗布泊)。”说得更明确一些，车尔臣河在冲洪积扇以下分为东西两支，西支称且末河，左会南河(即今塔里木河阿拉干以下段)，右支为主流，仍称阿耨达大水，自入罗布泊(樊自立，2010)。《塔克拉玛干沙漠水资源评价与利用》中讲：“我们在塔里木河考察时发现在东经85°以东地区有明显的向东南延伸的迹象。据此认为左支入塔里木河是有可能的。”古且末遗址在今且末北偏西，距县城约80km，位于古且末河西支。古且末国按《汉书·西域传》记载：“户二百三十，口千六百一十，胜兵三百二十，有蒲陶诸果”。但是到了唐代按《大唐西域记》(公元664年)记载，已是“城廓岿然，人烟断绝。”又按《新唐书·地理志》讲，“西经特勒井，渡且末河，五百里至播仙镇。”《新五代吏·四夷傅》记载：“自冲云界西，始涉碱碛。……又西渡陷河(即车尔臣河，作者注)。”看来到了唐和五代，且末地区只留下古且末河东支即车尔臣河，故且末河西支随着古且末国被风沙吞没也就断流了。

8.1.2 近代历史文献记载

《新疆图志》把车尔臣河称作卡墙河，“由卡墙(今且末)入罗布淖尔约千里有余，虽不通舟楫，夏涨而冬不枯。”在1969年出版的1∶100 000地形图还可看出，车尔臣河入台特玛湖后，再流出与塔里木河在阿不旦处汇合入喀拉和顺湖，再从喀拉和顺湖流出入于罗布泊。台特玛湖作为车尔臣河和塔里木河的终点湖，是在20世纪50年代以后。1921—1924年塔里木河在中游轮台大坝处改道形成拉依河，在库尔勒普惠入于孔雀河流入罗布泊，其下游铁干里克以下断流。1951年修了轮台大坝封堵了拉依河，塔里木河重返下游故道，流经恰拉、铁干里克、阿拉干到库尔干，再没有从七克里克流向阿不旦，而是改道沿新形成的河道入台特玛湖。20世纪50年和60年代初入湖水量还有$4\times10^8\sim5\times10^8m^3$，湖水面$20\sim88km^2$(饶瑞符，1998)。70年代以后塔里木河下游断流无水入湖，再加上车尔臣河下游改道无水补给，使台特玛湖70年代末和80年代初干涸(梁匡一，1990)，直到2000年起塔里木河下游向台特玛湖进行生态输水才开始形成一定湖水面积。

8.1.3 现代历史监测

在1959年11月航摄、1969年8月外业调绘、1971年出版的阿拉干1∶100 000的影像地形图上，车尔臣河是从肖尔库勒东偏南流入台特玛湖，当时库尔勒至若羌公路从湖中通过，形成东西两个小湖群，水域面积$183km^2$。以后由于车尔臣河从东南向西北改道，河水注入海拔808~809m博斯坦洼地，周边是塔克拉玛大沙漠的高大沙丘，洼地为芦苇和盐碱地，这个地方现在叫康拉克，在康拉克的西边高大沙丘之间的洼地，由车尔臣河水注入形成10多个集水小湖，面积 100~200km^2。2012 年年初台特玛湖水通过塔里木河故道流到 36 团北阿不旦，康拉克和台特玛湖湿地水域面积达 507km^2。这些小湖在 20 世纪 80 年代以前的地形图和遥感影像中是看不到的，由于车尔臣河改道后水量消耗在康拉克湿地和沙丘中的小湖，所以从 1983 年以后就无水进入台特玛湖，直到 1999 年才见到局部有水，连续干涸了 16~18 年。

1983 年，由中国科学院新疆分院支持，进行了塔里木河两岸资源与环境研究，由梁匡一撰写的《塔里木河的归宿地——台特玛湖》，讲到湖面的大小取决于每年塔里木河与车尔臣河来水量的多寡。根据航摄照片，结合他们 1983 年的实际考察，百年以来湖水面积东西长 14km，南北宽 12km。1964 年 10 月 9 日所见为一不规则的圆形湖体。极目眺望满湖盈水，看不到湖的东缘，估算台特玛湖的水量为 $1.3\times10^8 \sim 2.02\times10^8 m^3$。湖的西岸和西北岸比较明显，而东岸界线已被风蚀，新月形沙丘大量发育，沙丘逐渐侵入湖区内。1983 年拍摄的 1 : 25 000 黑白航片显示，除车尔臣河河床还残留有几小片水塘外，已全部干涸，台特玛湖的外形已不可辨认，极目一望，只是沙海和盐壳。

2000 年出版的《塔里木河中下游实际踏勘报告》中讲到，1982 年台特玛湖的情况与梁匡一先生记载的情况相同，罗布庄以东和车尔臣河有残存积水，矿化度为 17.69g/L。干涸的湖底为一层不厚的松软盐壳，盐壳以下的沉积物为细砂和粉砂，1m 以上是干沙层，没有见到地下水，盐壳被风蚀后吹起的沙子已形成 0.5m 的舌状沙丘。1982 年后台特玛湖再没有看到有积水，直到 1999 年才见到有车尔臣河水流入，在公路两侧形成了一定湖面。

8.2　数据来源及研究方法

8.2.1　实地调查

2023 年 1 月上旬和中旬，对车尔臣河下游的 8 个跑水坑进行实地踏勘，量测水深(图 8-1)，从而开展 8 个跑水坑区域实地调查，以了解区域地形地貌特征、水深以及周围生态环境等基础信息，为计算跑水坑耗水量以及对封堵后的成效关系探讨提供实际基础。

8.2.2　数据来源

(1) 遥感影像数据

利用多源遥感数据，提取 2000—2022 年台特玛—康拉克跑水区逐月的湖

图 8-1　车尔臣河下游 8 个跑水坑实地调查

面数据。利用 Sentinel-1 号卫星的微波数据(重访周期为 6 天，分辨率 5～20m)，在 Google GEE 遥感大数据平台支持下，对多年时间序列微波影像进行裁剪、轨道校正、热噪声去除、辐射定标、多视、滤波、地形校正和分贝化处理，得到对地表特征具有明显识别能力的后向散射系数影像数据，基于后向散射系数影像数据计算 SDWI 水体指数，提取台特玛—康拉克跑水区的范围，SDWI 大于 0 时为水体，小于 0 时为非水体，但受到非水体因素影响，水体 SDWI 常会>0，根据研究区环境特征，区分水体与非水体的 SDWI 阈值利用 SDWI 影像的直方图来确定，进而根据阈值判别水体与非水体，提取出来湖面范围进行空间分析。之后利用光学遥感数据提取更高空间分辨率的台特玛—康拉克跑水区范围，对微波数据获得的湖区范围进行精度校验。利用 BIGEMAP 地图下载器获取 Google Earth 无偏移影像，经过投影转换和地面校正制备 1∶50 000 地形图，结合湖面水岸线，甄别康拉克跑水区(跑水口)库容及湖面面积。

(2)2022 年遥感影像数据

选取的遥感影像数据为 2022 年 1 月 3 日、3 月 31 日、4 月 17 日、5 月 11 日、6 月 4 日、7 月 22 日、8 月 15 日、9 月 24 日、10 月 26 日以及 11 月 19 日的 Landsat8 OLI 影像，来源为美国航空航天局网站，分辨率为 30m，含云量<

10%；以及2022年12月6日2景10m空间分辨率的哨兵2号影像。通过ENVI5.0软件对遥感影像数据进行预处理，首先对于获取的遥感数据进行校正：辐射校正—遥感影像的几何精校正，基本环节包括①位置计算②像元灰度值内插—边界的提取：基于整景TM影像，运用遥感及地理信息系统软件将台特玛湖湖区各个波段影像提取出来，调用ERDAS IMAGINE模块进行裁剪，将ArcInfo多边形文件转换为栅格图像文件，通过掩膜运算实现区域提取，后进行最佳波段的组合，最后进行数据的融合等，对得到的各时期遥感影像进行目视判读和数字化工作。

8.2.3 研究方法

基于Landsat8 OLI影像，来源为美国航空航天局网站，分辨率为30m，以及2景10m空间分辨率的哨兵2号影像和Sentinel-1号卫星的微波数据等多源数据解译的车尔臣河下游8个跑水坑(跑水口)，结合年际湖面面积变化，以及现场实际量测的水深数据，利用面积—水深关系求得跑水坑总水量；后通过：①以单位河长耗水率计算车尔臣河塔提让[①]断面至8个跑水坑的水量损失，建立关系模型求得车尔臣河入湖水量，依据跑水坑面积—水量关系，求得8个跑水坑水量；②基于2022年车尔臣河实测入湖水量，依据跑水坑面积—水量关系，求得入8个跑水坑水量；③基于对长时序8个跑水坑面积变化规律进行分析，以湖面面积—深度—蒸散量变化推求8个跑水坑损耗水量。

8.3 车尔臣河下游跑水口耗水量分析

台特玛湖是车尔臣河与塔里木河的共同尾闾湖。1972—2001年，塔里木河断流无水注入，仅有车尔臣河间歇性有水补给台特玛湖区。1989—2001年，车尔臣河河流逐步改道并在沙漠中形成一些水坑洼地。具体为：1989年5月，形成了第一个面积较大的跑水区(约15km^2)，而在1991年和2001年，分别增加了1个较大跑水区(面积约11km^2)和4个小跑水区(面积约25km^2)；后期分别又增加了2个跑水坑。至此，我们将其统称为康拉克8个跑水坑。

① 注：塔提让(Tatrang)：目前，不同学者对“Tatrang”这一民族语地名表达习惯不一，如塔提让、塔堤让、塔特朗等，鉴于此种情况，为了规范表达民族语地名，本专著使用了“塔提让”表达，是依据国家测绘局地名研究所编，中国地图出版社于1995年6月出版(第2版)的《中国地名录：中华人民共和国地图集地名索引》或新疆维吾尔自治区测绘局编制，中国地图出版社于2005年6月出版发行(第1版)的《新疆维吾尔自治区地图集》，以及星球地图出版社编制，星球地图出版社2020年出版(第2版)的《新疆维吾尔自治区地图册》为标准进行规范表达，特此说明。

如图 8-2 所示，整个台特玛湖区水面由三部分组成：A–8 个跑水坑水面、B–博斯坦湖水面、C–台特玛湖水面。其中，由车尔臣河形成的湖泊群由两大区组成：A 区+B 区。A 区：车尔臣河在 2000 年年底在康拉克地区形成的湖面(湖泊、河流)；A 区湖面形成主要依靠车尔臣河洪水期地表水汇入及地下水出露。车尔臣河改道(1989 年开始、2002 年结束)后，A 区面积逐渐增加。B 区：是仅在车尔臣河来水量大的时期存在。B 区主要依靠车尔臣河每年汛期地表水的汇入形成。车尔臣河改道前有少部分水量通过车尔臣河下游汊流汇入该区域。

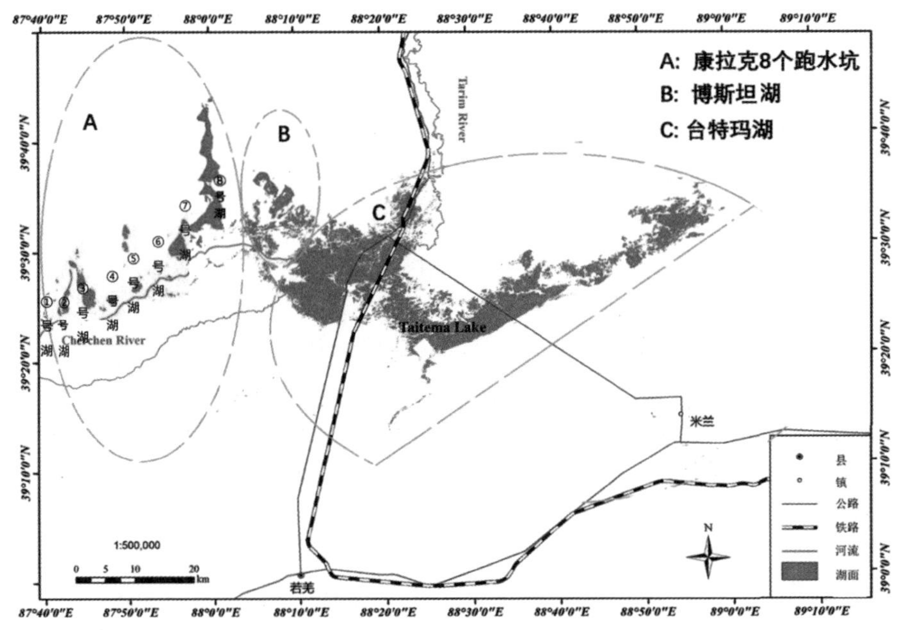

图 8-2　台特玛湖湖区水面组成情况

8.3.1　八个跑水坑总水量估算

整个区域包含台特玛湖水面面积(台特玛湖+8 个跑水坑+博斯坦湖)，其水域示意如图 8-3 所示，整个湖区面积与台特玛湖面积做差即可得到 8 个跑水坑与博斯坦湖水面面积之和。依据长期以来所解译的湖区面积，比较 8 个跑水坑与博斯坦湖水面面积之和，8 个跑水坑约占两者面积之和的 3/4，博斯坦湖水面面积约占两者面积之和的 1/4，从而求得每年 8 个跑水坑年均水面积。

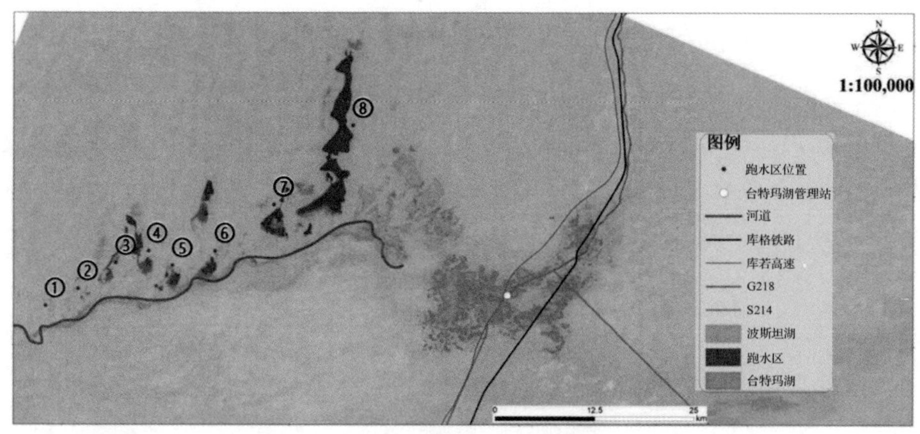

图 8-3　跑水坑区域示意

经过实地量测，7 号跑水坑平均水深 4.1m，8 号跑水坑平均水深 4.2m。基于近 12 年跑水坑平均面积计算得到 8 个跑水坑水量约为 $3.5\times10^8m^3$；根据跑水坑年际变化，在 2013 年、2015 年、2016 年跑水坑面积达到了 $130km^2$、$87km^2$、$87km^2$，基于超过的跑水坑年际平均面积约 $101km^2$，考虑跑水坑区域底部构造变化及面积变化，认为其面积在超过平均年际面积下的水量约为 $4\times10^8m^3$。综合认为 8 个跑水坑总水量约 $3.5\times10^8\sim4\times10^8m^3$(图 8-4)。

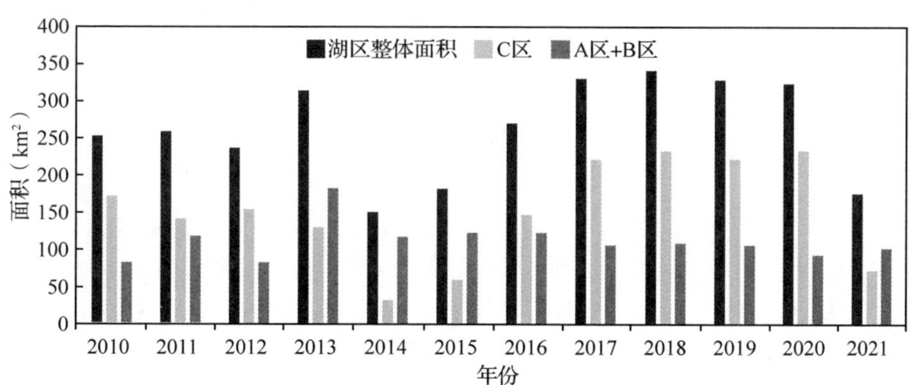

图 8-4　2010—2021 年湖区面积变化

8.3.2 基于单位河长耗水率计算跑水坑消耗水量

(1)基于2022年年内湖面面积变化估算湖面面积关系

2022年年内湖区水面面积计算。对2022年台特玛湖湖区遥感影像进行解译，湖区水面如图8-5所示。由于遥感影像所在区域原因以及影像间隔时间，2022年1月、3月、12月的影像因被云覆盖而暂时未出，故解译了2022年2月、4月、5月、6月、7月、8月、9月、10月、11月遥感影像。

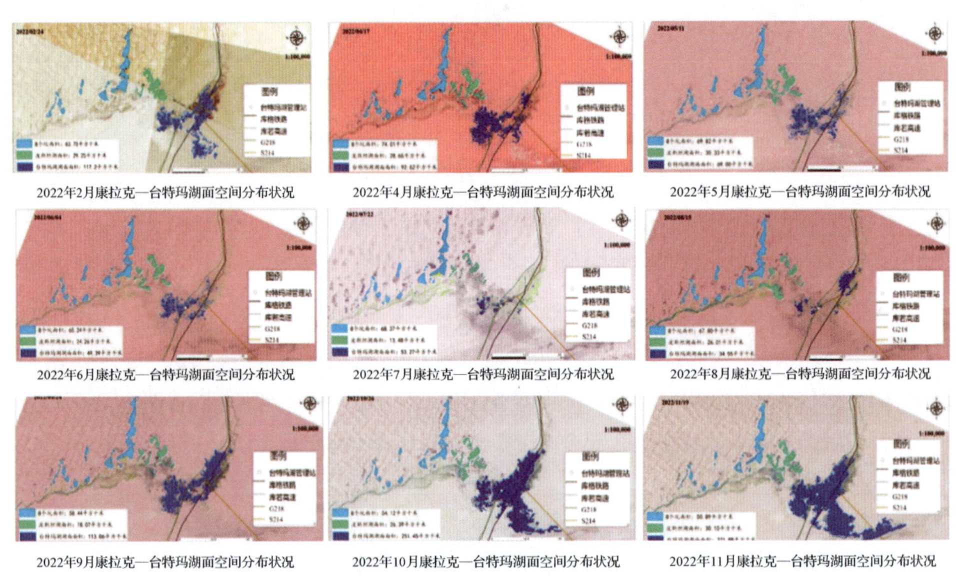

图8-5 康拉克—台特玛湖2022年不同月份遥感影像

基于解译的2022年年内台特玛湖湖区遥感影像，湖区水面面积如图8-6所示。由图可知8个跑水坑平均水面面积为65.81km^2，博斯坦湖水域平均水面面积为26.54km^2，台特玛湖平均湖面面积为122.49km^2，求得跑水坑面积所占8个跑水坑以及博斯坦湖面积之和的71%。

综上所述，基于年内各月湖区A、B、C区域面积，求解得到8个跑水坑占车尔臣河入湖所形成的总水面面积的71%，由于8个跑水坑以及博斯坦湖形成的水面的距离较近，其所在区域地形地质情况基本相同，因而认为各水坑形成深度差异不大，则水面面积所占比例近似等同于所占水量的多少。

(2)基于单位河长耗水率的车尔臣河入湖水量计算

①计算思路。车尔臣河从且末水文站A点下泄水量后，在绿洲内满足生产、生活用水及沿途330km的河流自然损耗水量后在B点入湖，入湖后依次

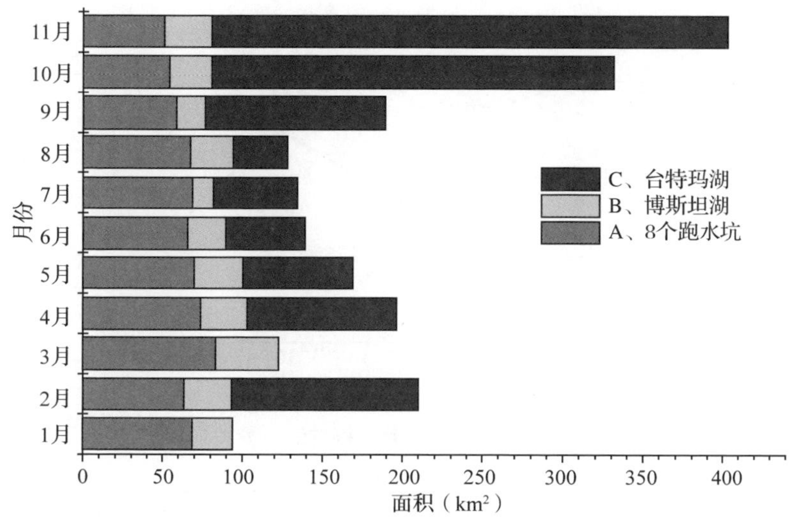

图 8-6　2022 年台特玛湖区年内面积变化情况

形成康拉克 8 个跑水坑水面与博斯坦湖水面，示意图见图 8-7。目的是计算康拉克跑水坑占用的生态水量(按 8 个跑水坑约占跑水坑及博斯坦湖水面面积之和的比例为 71%)，基于 2022 年年内湖面面积变化估算湖面面积，然后分析 8 个跑水坑的维持水量为车尔臣河入湖水量的 71%。

首先需要计算车尔臣河的入湖水量，而其计算公式如下：

入湖水量 = 且末水文站下泄水量 −(生产、生活用水)− 车尔臣河河道自然损失量(河损量)

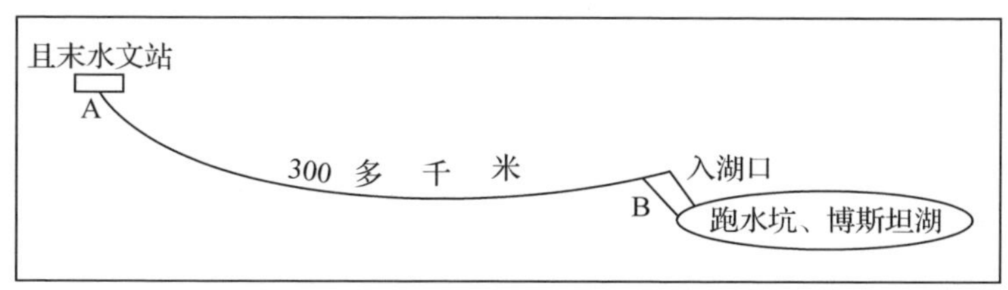

图 8-7　研究问题示意

② 车尔臣河河损量计算(A 点至 B 点)。明晰车尔臣河入台特玛湖河段水量损耗对塔里木河干流尤其下游及其尾闾区域水资源精准配置有着重要意义。由于车尔臣河下游水文监测数据较少，且考虑车尔臣河与塔里木河下游水文地质条件的相似性，参考塔里木河下游的河损与车尔臣河下游河损量进行类比。

③首先构建大西海子水库下泄水量与河损量关系，两者拟合关系较优(图

8-8)。

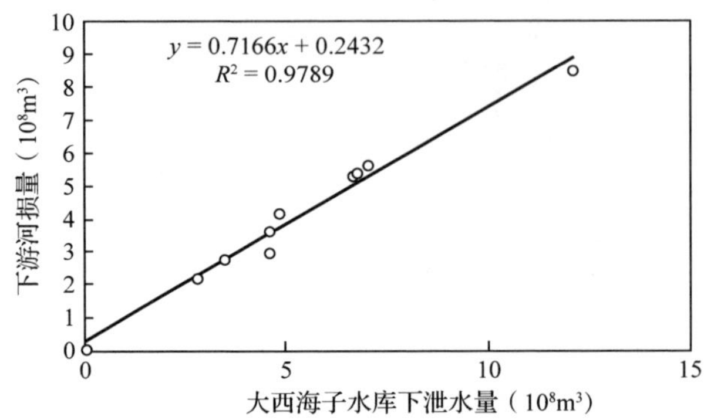

图 8-8　大西海子水库下泄水量与河损量关系模型

④借助这一关系模型推算车尔臣河河损量，具体计算公式：

河损量=(0. 7166 ×(车尔臣河来水-灌区用水)+0. 2432)× 330(A 点至 B 点)/357. 6(大西海子水库至台特玛湖距离)

注：灌区用水量，根据《新疆车尔臣河流域水生态保护与修复规划》，在50%保障率下，大石门断面来水量 8. 8×10^8m^3，现状年(2019 年)大石门水库至塔提让大桥河段灌区地表水引水 3. 7×10^8m^3。

⑤车尔臣河且末水文站—入湖口(A 点至 B 点)330km 长的河道河损量为 2. 55×10^8m^3。从图 8-9 可以看出，车尔臣河来水量在 2012—2021 年间的平均来水量为 7. 20×10^8m^3，车尔臣河且末水文站至入湖口(A 点至 B 点)的平均河损量为 2. 55×10^8m^3。

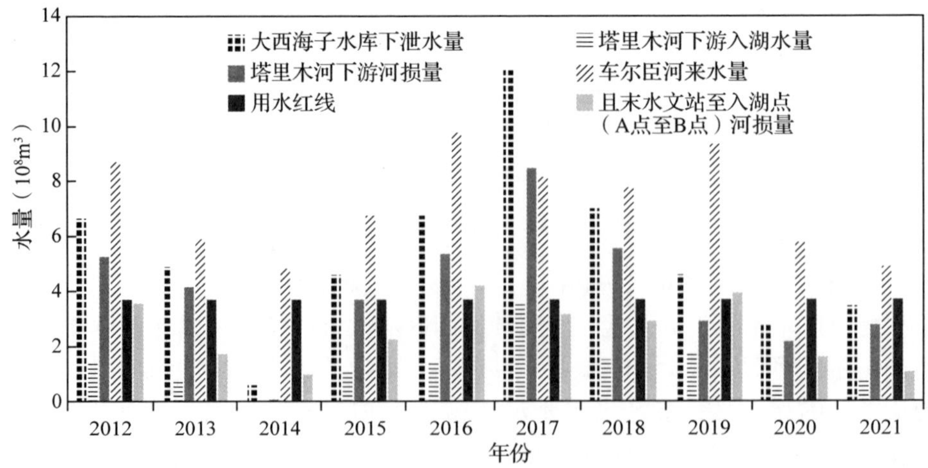

图 8-9　车尔臣河河段河损量估算

车尔臣河实测入湖水量计算：

且末水文站多年平均(1957—2021 年)年径流量 $5.97\times10^8m^3$，而近 10 年且末水文站年径流量平均为 $7.20\times10^8m^3$，根据相关成果，取车尔臣河且末水文站年径流量数据为 $6.76\times10^8m^3$；灌区 2030 年地表水用水总量控制指标为 $3.16\times10^8m^3$。

根据当地用水情况，车尔臣河下游入湖水量为 $W_{入湖}$，该值的计算用且末站来水量减去生产与生活用水量和沿程河损水量，具体计算公式为：

$$W_{入湖}=W_{且末径流}-W_{生产、生活}-W_{河损}=6.76\times10^8-3.16\times10^8-2.55\times10^8$$
$$=1.05\times10^8m^3$$

因此，车尔臣河的年均入湖水量为 $1.05\times10^8m^3$。

基于上述分析，车尔臣河尾闾八个跑水坑占用生态水量为入湖水量的 71%，因此，入 8 个跑水坑的水量约为 $0.75\times10^8m^3$。

8.3.3　基于 2022 年实测车尔臣河入湖水量估算入跑水坑水量

根据 2 景 10m 空间分辨率的哨兵 2 号遥感影像解译成果，2022 年 12 月 6 日车尔臣河尾闾水域面积为 $57.82km^2$，比 1 月 15 日面积减少 $18.99km^2$，减少 25%；7 号湖、8 号湖面积减少 $7.83km^2$，减少 15%。2022 年 1～12 月卫星遥感影像监测结果，车尔臣河尾闾 8 个跑水坑水面面积变化如图 8-10 所示。

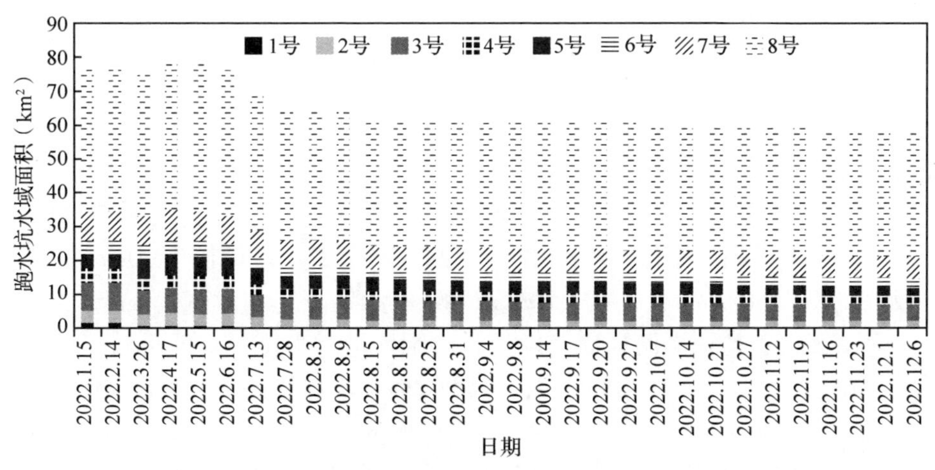

图 8-10　2022 年年内车尔臣河尾闾 8 个跑水坑水面面积变化

根据断面水情监测，截至 2022 年 12 月 6 日，塔里木河干流和车尔臣河累计入湖水量为 $3.5956\times10^8m^3$，其中，塔里木河干流入台特玛湖水量为 $1.8712\times10^8m^3$，车尔臣河累计入台特玛湖水量为 $1.7244\times10^8m^3$(2 月 25 日至

10 月 7 日五次入台特玛湖水量为 $1.4086\times10^8m^3$；第六次从 10 月 14 日开始，截至 12 月 6 日累计入台特玛湖水量为 $3.158\times10^8m^3$）。

基于车尔臣河与台特玛湖区的水力关系及上述分析，湖区内跑水坑所占水量约占车尔臣河入湖水量的 71%，即为 $1.22\times10^8m^3$。

8.3.4 基于蒸散发估算的八个跑水坑耗散水量

基于湖面蒸散量，考虑 8 个跑水坑位于新疆南部塔里木盆地，处于西北干旱区，且当地气象数据缺乏，考虑博斯腾湖地理位置与气象状况与湖区气象状况相近，博斯腾湖位于开都河—孔雀河流域，均位于新疆塔里木盆地，为西北干旱区，通过对前人研究资料进行整理，得到博斯腾湖的蒸发量计算结果(表 8-1)。

表 8-1 博斯腾湖蒸发量计算

年份	年平均水位 (m)	湖面面积 (km^2)	∅20cm 蒸发皿年蒸发量 (mm)	折算为湖面蒸发量 (mm)	年蒸发总量 ($\times10^8m^3$)
1985	1045.62	911	2599.9	1221.95	11.13
1986	1044.77	866	2234.1	1050.03	9.09
1987	1044.95	877	2590.2	1217.39	10.68
1988	1045.21	891	2275.3	1069.39	9.53
1989	1045.3	895	2289.6	1076.11	9.63

参考博斯腾湖湖面年蒸发量估算(钟新才，1988)的方法，其采用的 Zhou 等计算方法，可以表示为：

$$E_l = E_{\Phi20} \cdot k \cdot s \tag{8-1}$$

式中：E_l是湖面单位面积的年蒸发量(mm)；$E_{\Phi20}$是口径为 20mm 的蒸发皿测量的蒸发量(mm)；k 是湖面蒸发量修正系数；s 是湖面面积(km^2)。

研究发现，博斯腾湖湖面蒸发量和出湖水量对水位下降的贡献率分别达到了 47%和 58%，1960—1987 年，入湖水量和湖面降水量均呈下降趋势，而该时期博斯腾湖水位下降了 3.04m，湖水量减少了约 $3.10km^3$；1988—2002 年，博斯腾湖入湖水量和湖面降水量对水位的变化贡献率分别为 115% 和 4%，而该时期入湖水量、湖面降水量、湖面蒸发量和出湖水量均呈上升趋势，同期湖水位上升了约 4.01m，水量增加 $4.13km^3$。2003—2014 年，湖面蒸发量和出湖水量对湖泊水位下降贡献量分别为 43%和 75%，研究发现，该时期入湖水量、湖面降水量、湖面蒸发量和出湖水量均呈下降趋势，同期湖水位下降约 3.24m，水量减少了约 3.41km^3。然而，2015—2018 年，博斯腾湖入湖水量增加，湖面降水量下降，湖面蒸发量和出湖水量增加，而同期入湖水量和湖面降水量对水位的变化贡献率分别达 112%和 3%，使得同期水位上升 1.93m 左右，水量增加了约 1.98km^3。通过对博斯腾湖水量平衡计算，结果见表 8-2，表示了 4 个阶段下博斯腾湖的蒸发量。

表 8-2　博斯腾湖 4 个时期的水量平衡

阶段	湖泊水量变化（$\times10^3m^3/a$）	湖水消耗量	
		湖面蒸发量（$\times10^3m^3/a$）	占比（%）
1960—1987	-0.11	0.93	23
1988—2002	0.28	0.83	18
2003—2014	-0.28	0.94	20
2015—2018	0.5	1.08	20

由上述可知，博斯腾湖湖面平均面积为 888km^2 时，年蒸发总量约为 $10\times10^8m^3$。则可推求得到每平方千米时湖面的年蒸发量为 $0.01\times10^8m^3$。

基于遥感影像解译及计算，由 2010—2021 年跑水坑面积变化得到八个跑水坑面积平均约为 84km^2。依据 2019—2022 年各典型月份跑水坑面积变化（图 8-11）可知，近 4 年跑水坑月内平均面积为 78km^2。基于推求的单位面积的博斯腾湖蒸发量可知，8 个跑水坑年蒸发量约为 0.78×10^8～$0.84\times10^8m^3$。

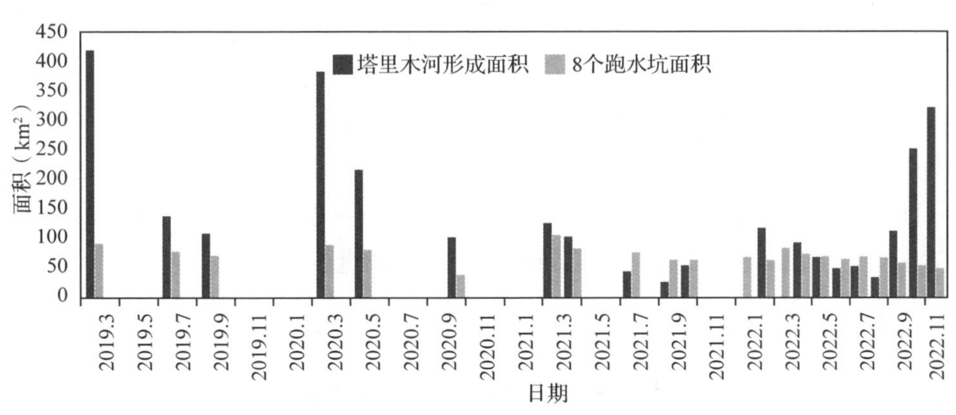

图 8-11　近 4 年年内台特玛湖及 8 个跑水坑面积变化

基于车尔臣河历年来水量以及跑水坑实地量测水深，最大深度 11m，平均水深 3～4m，通过跑水坑年际面积变化估算得到跑水坑总水量约为 3.5×

10^8~$4\times10^8m^3$。计算跑水口耗散水量，通过单位河长耗水率、2022年实测入湖水量及跑水坑蒸发量，利用以上3种方法对康拉克8个跑水坑的耗水量进行了计算：考虑8个跑水坑的形成是一个持续的过程，认为围堵的水量约为现有面积的蒸发量，故由上述计算得到若将跑水坑围填后可节约的水量为0.78×10^8~$0.84\times10^8m^3$。

8.4 封堵成效分析

2000年出版的《塔里木河中下游实际踏勘报告》中讲到，1982年台特玛湖的情况与梁匡一先生记载的情况相同，罗布庄以东和车尔臣河有残存积水，矿化度为17.69g/L。干涸的湖底为一层不厚的松软盐壳，盐壳以下的沉积物为细沙和粉砂，1m以上是干沙层，没有见到地下水，盐壳被风蚀后吹起的沙子已形成0.5m的舌状沙丘。1982年后台特玛湖再没有看到有积水，直到1999年才见到由车尔臣河水流入，在公路两侧形成了一定湖面。1983—1999年的17年间，台特玛湖基本干涸。

车尔臣河改道跑水前：1972—1989年，塔里木河断流无水注入，仅有车尔臣河间歇性有水补给台特玛湖，在丰水年形成30~90km^2的台特玛湖水面。2000年出版的《塔里木河中下游实际踏勘报告》记录“1982年台特玛湖罗布庄以东和车尔臣河有残存积水”。

车尔臣河改道跑水后：1989—2002年，由于车尔臣河河流逐步改道并在沙漠中形成一些水坑洼地。1989年5月，形成了第一个面积较大的跑水区(约15km^2)；1991年和2001年初，分别增加了1个较大跑水区(面积约11km^2)和4个小跑水区(面积约25km^2)，此时原河道继续流入原尾闾湖，新河道注入新湖泊；2007年和2010年分别增加了2个较大跑水区(约14.5km^2)和1个小跑水区(4km^2)。由上述内容可以看出，8个跑水坑历史上本并不存在，从1989年车尔臣河改道才开始出现，靠近沙漠，偏离国道。

8.4.1 研究方法

通过遥感影像手段，对8个跑水坑近年的遥感影像进行解译，得到植被分布状况及其面积，同时以谢高地等(2001)“全国生态系统服务价值当量因子表”为基础，对8个跑水坑区域生态系统服务价值进行计算。

(1)8个跑水坑遥感影像解译面积

遥感技术可以实现大范围、及时快速地监测区域变化速率和特征，通过对 8 个跑水坑及其周围植被的近年遥感影像数据进行解译，得到跑水坑周围植被分布情况，如图 8-12 所示。

图 8-12　车尔臣河 8 个跑水坑周边植被分布情况

由遥感影像解译结果得到植被面积约为 25km^2，即 37 500 亩，基于实地调查，其植被类型以芦苇为主，芦苇面积占比在 90%以上。

8.4.2　生态系统服务价值计算

生态系统功能即生态系统的过程或性质，其中，生态系统过程指构成生态系统的生物以及非生物因素为了达到一定的结果(如养分循环、初级生产、分 解作用等)而发生的复杂相互作用(谢高地 等，2005)。生态系统服务的多样性对于持续地提供产品的生产和服务是至关重要的。生态系统服务是以生态系统功能为基础的，生态系统功能又是以生态系统服务作为支撑的。

根据生态学和生态系统服务原理以及千年生态系统评估(The Millennium Ecosystem Assessment，MA)中所提出的生态系统服务的分类，将生态系统服务分为三类，即供给服务、调节服务、文化服务(图 8-13)。

生态系统所提供服务产品的数量、质量和价值量都存在着差异。但是其提供的服务产品价值都可以体现在供给服务价值和调节服务价值以及文化服务价值三个方面。生态系统的供给服务价值是产生经济服务价值的基础，也是实现社会服务价值的重要保障；经济服务是手段，只有商品供给、服务的

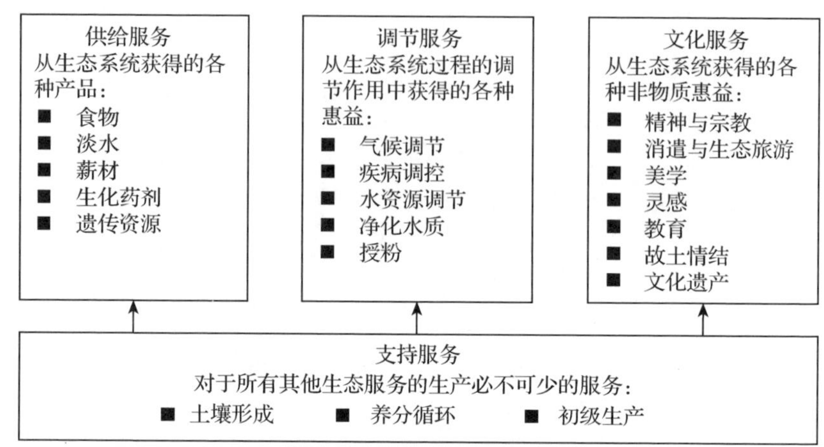

图 8-13　生态系统服务的分类

多元化才能提高人们日益增长的物质文化需求，才能带动经济的发展，才能更好地保护生态与环境；调节服务价值是目标，供给服务价值和文化服务价值的提高是社会物质与精神文明提高的自然与物质基础。三大服务价值是同时产生、同时存在的有机统一体。从总体来看，供给服务可以形成直接的经济价值，调节服务和文化服务可以构成间接的经济价值。将直接经济价值和间接经济价值加总求和，可以获得生态系统的总体服务价值。

根据图 8-13，MA 根据功能把生态系统划分为：供给服务、调节服务、文化服务和支持服务，这其中的支持服务作为其他三种服务的基础贯穿始终，涉及领域多有交叉，评估相当复杂，其他三项服务的价值评估涵盖了支持服务，并且支持服务对人类的影响要么是通过间接的方式，要么是发生在一个很长的时间；然而，其他类别生态系统服务的变化则是对人类产生相对较为直接的短期影响。因此，本章节就生态系统对支持服务的价值评估可以暂且忽略不计。与另外三种服务相对应的生态系统所提供服务产品的数量、质量和价值所对应的关系进行分析计算，求得生态系统的总体服务价值，其中，供

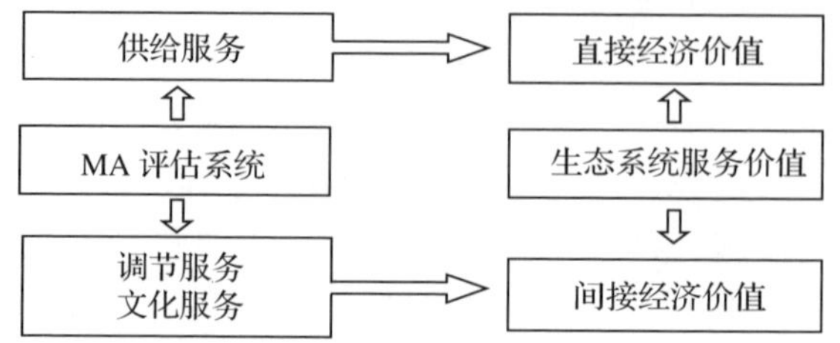

图 8-14　MA 评估系统与生态系统服务价值联系

给服务价值对应的是直接经济价值，调节服务价值和文化服务价值对应的是间接经济价值(图8-14)。

以谢高地2008年“全国生态系统服务价值当量因子表”作为研究基础，估算了项目区8个跑水坑周围生态系统服务价值见表8-3。

表8-3　全国生态系统服务价值当量因子

生态服务类型	地理国情类型	森林				草地			农田	湿地	河流/湖泊	荒漠	
		有林地	灌木林	疏林	其他林地	高覆盖度草地	中覆盖度草地	低覆盖度草地				裸地	裸岩石质
供给服务	食物生产	0.33	0.099	0.033	0.264	0.516	0.344	0.086	1	0.36	0.53	0.02	0.022
	原材料生产	2.98	0.894	0.298	2.384	0.432	0.288	0.072	0.39	0.24	0.35	0.04	0.044
调节服务	气体调节	4.32	1.296	0.432	3.456	1.8	1.2	0.3	0.72	2.41	0.51	0.06	0.066
	气候调节	4.07	1.221	0.407	3.256	1.872	1.248	0.312	0.97	13.55	2.06	0.13	0.143
	水文调节	4.09	1.227	0.409	3.272	1.824	1.216	0.304	0.77	13.44	18.77	0.07	0.077
	废物处理	1.72	0.516	0.172	1.376	1.584	1.056	0.264	1.39	14.4	14.85	0.26	0.286
支持服务	保持土壤	4.02	1.206	0.402	3.216	2.688	1.792	0.448	1.47	1.99	0.41	0.17	0.187
	维持生物多样性	4.51	1.353	0.451	3.608	2.244	1.496	0.374	1.02	3.69	3.43	0.4	0.44
文化服务	提供美学景观	2.08	0.624	0.208	1.664	1.044	0.696	0.174	0.17	4.69	4.44	0.24	0.264

8.4.3　研究结果

(1)8个跑水坑生态经济价值分析

单位面积生态经济价值计算：研究参照谢高地等(2001；2005)的计算方法，以农田生态系统的食物生产作为单位当量因子，从而代入得到草地生态系统服务的价值。通过查阅《且末县2015年统计年鉴》可以确定一个生态服务价值当量因子的经济价值量为5000元/hm^2，由此得到中覆盖草地指标的单位服务价值，见表8-4。由表可以得到，25km^2的生态经济价值为3356×10^4元，则单位面积(亩)的生态经济价值约为895元。其单位面积的生态经济价值较低。

表 8-4 生态系统各项指标的单位面积服务价值

生态服务类型	地理国情类型	草地（中度覆盖）	草地中度覆盖区域面积(hm^2)	生态价值（万元）
供给服务	食物生产(元/hm^2)	860		215
	原材料生产(元/hm^2)	720		180
调节服务	气体调节(元/hm^2)	1200		300
	气候调节(元/hm^2)	1872		468
	水文调节(元/hm^2)	3040	2500	760
	废物处理(元/hm^2)	0		0
支持服务	保持土壤(元/hm^2)	896		224
	维持生物多样性(元/hm^2)	4488		1122
文化服务	提供美学景观(元/hm^2)	348		87
合计		13 424		3356

(2)直接价值评估

现代监测：在 1959 年航测、1969 年调绘、1971 年出版的 1∶100 000 影像地形图上，车尔臣河是从肖尔库勒东偏南流入台特玛湖，当时库尔勒至若羌公路从湖中通过，形成东西两个小湖群，水域面积 183km^2。以后由于车尔臣河从东南向西北改道，河水注入海拔 808～809m 博斯坦洼地，周边是塔克拉玛大沙漠的高大沙丘，洼地为芦苇和盐碱地(图 8-15)。

(a)

(b)

(c)

图 8-15 车尔臣河跑水坑周围植被状况

依据现代监测以及多年遥感影像，同时开展实地调查，8 个跑水坑周围植被主要以芦苇为主，约占 90% 以上，基本无乔木、灌木类型的植被，其土壤以风沙土类型为主。8 个跑水坑周围植被种类单一，物种多样性价值较低；其地理位置位于沙漠之中，偏离国道，旅游文化价值较低。

综合上述分析认为：8 个跑水坑周围植被的直接价值较低。

8.5　小结

(1)基于车尔臣河历年来水量、实地量测跑水坑深度，综合遥感影像手段解译的跑水坑年际变化面积和年内变化面积，综合估算跑水坑总水量为 $3.5\times10^8\sim4\times10^8 m^3$。

(2)8 个跑水坑是由于车尔臣河改道后持续形成的，考虑地表水—地下水补给转化关系，认为封堵后可减少的水量为维持现有面积下跑水坑的蒸发量。通过 3 种方法对康拉克 8 个跑水坑的耗水量进行了计算：节约水量即为维持现有的跑水坑面积下可减少的蒸发量，为 $0.78\times10^8\sim0.84\times10^8 m^3$。

(3)跑水坑是历时近 20 年形成的，地表水—地下水转化始终在频繁进行着，封堵跑水口后，水面的下降也一定是一个缓慢和逐步的过程，因此，植被也会随坑塘的水量及周边地下水位的下降而逐步退化，不是一蹴而就的。根据上述分析，此退化过程将在 7~10 年才能完全体现。总体而言，封堵跑水口对周边环境的影响是一个缓慢而持久的过程。

第 9 章　罗布泊历史演变及复苏的可行性

如今看到的大范围的台特玛湖，是死而复生的台特玛湖。当看到悠闲地游弋在台特玛湖丛生的芦苇间的一群群水鸟，你难道不想探寻一下它的前世今生？在世界的干旱地区，罗布泊曾是十分著名的湖泊。历史上“黄河重源说”给它增添了神秘的色彩；中西陆路交通史上，罗布泊地区是我国内地通达西域和西方的交通咽喉，它与楼兰王国的兴衰密切相关，这增加了它的知名度。罗布泊水面曾达上千平方千米，且孕育了延绵上千年的古楼兰文明。在 20 世纪 70 年代以前，罗布泊为中国仅次于青海湖的第二大咸水湖。在 20 世纪中后期，因塔里木河流量减少、周围沙漠化严重而导致罗布泊水域面积迅速退缩。1972 年，美国第一颗人造地球资源卫星的相片上反映出罗布泊完全干涸(杨川德 等，1993)。但 1972 年大西海子水库建成以后，整个塔里木河干流区农业用水大幅增加，大西海子水库以下的河道经常断流，至 2000 年塔里木河下游生态输水工程开展以前，塔里木河下游 320km 的河道断流近 30 年，无水入湖。1962 年台特玛湖的面积为 88km^2，湖水矿化度 7.69g/L。到 1981 年 5 月调查时，湖水全部干涸，只有由车尔臣河的一些河曲形成的牛轭湖，还有一些残存的积水，矿化度高达 17.6g/L。湖盆为 5～15cm 厚的较松软盐壳，湖滨芦苇全部死亡，不少地段积沙 30～50cm 厚(夏训诚，2007)。

如今塔里木河下游生态输水工程自 2000 年以来已开展 23 年，塔里木河下游水文完整性得到了恢复，水流至台特玛湖，湖面积逐渐扩大，在 2017 年湖面达到 511km^2。近些年水利相关部门非常关心的一个问题是：与台特玛湖相距约 200km 的罗布泊是塔里木河和孔雀河的归宿点或终点湖，现代湖名罗布泊，与古代湖名楼兰海、牢兰海，均指塔里木河尾间(如台特玛湖北岸至今遗有罗布庄地名)。位于罗布洼地的台特玛湖、喀拉和顺湖和罗布泊，不是彼此分割的洼地，而是有河道(是近代形成的，由于塔里木河尾闾位置改变，随着泥沙淤积，上述通道亦会改变)联系沟通的串珠湖。在塔里木河和车尔臣河入湖水量没有发生特殊变化的情况下，水流一般先进入喀拉和顺湖或台特玛湖，最后归宿到罗布泊(杨川德 等，1993)。可见近期罗布泊的急剧变化，主要是人类活动所致，罗布泊是否有复苏的可能？在干旱区对内陆河水资源的利用，既有利亦有弊。如何协调利弊两者之间的关系，也是值得研究的重大问题。为此，新疆塔里木河流域管理局牵头，并携手中国科学院新疆生态与地理研究所开展了“罗布泊复苏可行性分析”相关内容的调查与分析。

“九五”期间，国家科学技术委员会把西北水资源合理利用列为科技攻关项目时，樊自立先生被聘为新疆流域规划委员会委员、塔里木世行贷款专家组成员、自治区专家顾问团成员，也是“九五”塔里木河攻关的主要完成人之一，曾看着水头流入台特玛湖，撰写《塔里木河与罗布泊研究》一书 。“罗布泊复苏可行性分析”相关内容就是在樊自立先生的指导下完成。本章中的罗布泊地区包括罗布洼地及塔里木河和孔雀河下游范围，行政区划属新疆维吾尔自治区的若羌县和尉犁县。

9.1 罗布洼地的概况

9.1.1 地理位置

杨川德等(1993)研究认为，塔里木盆地东部有 3 个相对较低的积水洼地，最南的台特玛湖，湖底海拔 807m，面积约 88km^2；中间的喀拉和顺湖，面积约 1100km^2，湖底海拔 788m；最北的是罗布泊，地势最低，湖底海拔 778m，面积 5350km^2，总称为罗布洼地或罗布泊地区。加帕尔 · 买合皮尔等(1996)认为，罗布洼地的地理位置在东经 88°~92°，北纬 39°21′~41°之间，洼地面积约为 10×10^{4}km^2。罗布洼地的北部是库鲁克塔格山和北山，南部是阿尔金山，东部和东南部是阿其克谷地和库木塔格沙漠，西部是塔克拉玛干大沙漠。罗布泊盐湖区隶属于新疆维吾尔自治区巴音郭楞蒙古自治州(简称巴州)若羌县管辖，距离若羌县城约 150km，距离其西部的巴音郭楞蒙古自治州首府库尔勒市的直线距离约 450km，距离其北部的鄯善县城的直线距离约 300km。

9.1.2 地貌特征

罗布洼地在地貌单元上属山前平原，冲积—湖积平原和湖积平原。地表自然景观由盐壳、雅丹、沙漠、砾质戈壁四大地貌类型组成。其中，砾质戈壁地貌主要分布在洪积扇，所占面积甚小，不在重点研究范围内，因此不叙述。其他地貌类型具体如下：

(1)雅丹地貌的形成

罗布泊地区的雅丹地貌，面积约 3000km^2。关于雅丹地貌的成因，可以归纳为以下 3 种类型：①以风的吹蚀作用为主的雅丹地貌类型，主要分布在孔雀河下游以南楼兰故城一带。②以流水的侵蚀作用为主的雅丹地貌类型，主要分布在三垅沙附近。③在流水作用的基础上，再经风的吹蚀作用的雅丹地貌类型，主要分布在白龙堆一带(夏训诚，2007)。

(2) 盐壳地貌的形成

罗布泊干盐湖地貌景观的形成，可从遥感影像中，罗布泊“大耳朵”湖区环状盐壳地貌来讲。大耳朵的“耳轮线”与干盐湖表层盐壳物质组成特征有一定关系。湖泊干涸初期，地下水位较高，在强烈的蒸发作用下，盐分会随毛管作用上升至地表，在表层富集，形成盐霜，研究区少量的季节性阵雨也会加强这一过程，而新结晶的盐霜又和沙尘混合形成坚硬的盐土混合物；而在某些季节，上游来水或潜层补给致使地下水位上升，使表层盐壳湿润，在野外考察时，观察到地面返潮的现象。2005—2006 年李保国等(2008)在湖心区域实钻，测定地下水位埋深都在 2m 以下，表明此区浅层埋藏的地下水已不能影响到表层盐壳，湖心区域地表特征趋于稳定。

(3) 沙漠地貌的形成

沙漠地貌的形成是大约在中更新世晚期及晚更新世初期，由于风力侵蚀及搬运作用，库姆塔格沙漠不断扩大的风沙逐步覆盖了部分雅丹地貌，掩盖后形成羽毛状沙丘(屈建军 等，2004)。

9.1.3 主要地貌类型的分布

以罗布洼地为中心，其不同方向有着不同的地貌类型(图 9-1)。其中，沙漠地貌分布于东南部，雅丹地貌分布于北部、东部和西部，盐壳地貌分布在罗布洼地中。具体如下：

(1) 楼兰故城一带——雅丹地貌

楼兰故城一带，即北纬 40°30′~40°39′，东经 89°54′~90°01′间，为海拔 789m 左右的湖积台地，地面被切割成深达 6m，由浅灰色、灰色粉质黏土夹薄层粉砂组成，台地边缘被风蚀成北偏东 45°向延伸的垄岗状雅丹地貌。

(2) 罗布洼地北岸的龙城一带——雅丹地貌

龙城雅丹地貌位于罗布泊北岸，雅丹顶部海拔 815~820m，分布面积约 1800km^2，地面被切割成宽 20~25m，长 30~50m，呈北偏东 20°~30°延伸和四周陡峭的垄状形态，称雅丹地貌。雅丹上部由灰黄色含石膏单晶粉质黏土组成，中部由灰绿色粉质黏土夹薄层粉砂组成，含少量石膏晶体，下部由灰绿色与灰黄色粉质黏土夹薄层石膏组成。

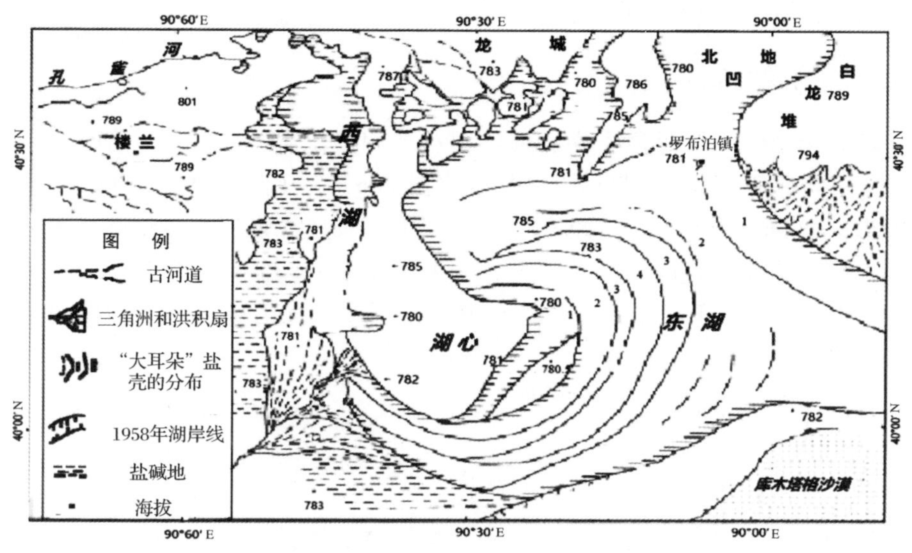

图 9-1　罗布泊地区四大分区位置（引自夏训诚，2008）

（3）罗布洼地北凹地的白龙堆——雅丹地貌

白龙堆雅丹地貌位于罗布洼地北部凹地周边，雅丹顶面海拔 800~810m，分布面积约 1000km²，地面被切割成深 10~220m，为呈东北偏北风向延伸的垄状或丘状地貌，由灰白色、灰黄色粉质黏土与灰白色钙芒硝夹石膏组成，因色呈灰白，故称白龙堆。

（4）罗布洼地东湖北部湖岸阶地——盐壳地貌

罗布泊东湖北部分布着一系列岛屿，其面积大小不一，岛屿顶部海拔分别为 781~782m 和 784~785m，组成物质相似，地面为厚 30cm 左右的盐壳层，下部为含石膏的湖相粉质黏土，因此这些岛屿多为早期的湖积台地经后期侵蚀形成。除岛屿外，湖岸带还分布着高度与岛屿相当的两级侵蚀阶地，阶地顶面也为盐壳或被风沙所覆。

（5）罗布洼地西岸——盐壳地貌

罗布泊西北岸沿北纬 40°27′向西，地面呈台阶状升高，干湖底海拔 780 米，地表覆盖厚 20~30cm 的盐壳，质较松散，为 1962 年罗布泊最后干涸时形成的新盐壳。新盐壳向西地面海拔升至 782m，为第一湖积台地，该台地西界东经 90°15′，但宽度南北不一，窄处仅 2km 左右，最宽处超过 10km，地面为厚 30~40cm 的较坚硬的盐壳，为较早盐壳，有时见有稀疏的红柳生长，该台地形成于 20 世纪 30 年代湖面扩大时期。第二湖积台地以西为广阔的湖积平原，海拔 784~785m，由浅灰色湖相黏土夹粉砂层组成，地面经风蚀形成高

2m 左右的垄状地形或低雅丹地貌。

9.1.4 气候特征

罗布泊地区气候异常干燥、炎热，年平均气温 11.6℃，夏季最高气温>40℃，冬季最低气温-20℃以下，年降水量 20mm，年蒸发量>3000mm，年日照时数>3200h，全年≥10℃的积温>4500 ℃。且风蚀强烈，全年盛行风方向为东北风，3~5 月为多风季节，6~8 月为大风季节，全年 8 级及其以上大风日>60 天，常常引起沙暴天气，位于罗布泊下风向的若羌、且末地区每年浮尘天气有 115~193 天。

9.1.5 土壤特征

(1)土壤类型

罗布泊地区的土壤类型较为单一，有几个土类仅仅分出一个亚类。罗布泊地区不同类型的土壤，在所占面积上，盐土、龟裂土也占有相当的面积；沙漠地区，风沙土和石膏棕漠土占有绝对优势，其他土壤类型所占面积很小。根据 2007 年夏训诚撰写的《中国罗布泊》，整个罗布泊地区土壤类型的面积占比具体见表 9-1。

表 9-1 罗布泊地区土壤类型所占比例

土壤类型	面积比例(%)	土壤类型	面积比例(%)
棕漠土	44.4	草甸土	0.39
龟裂土	4.49	盐土	16.95
残余盐土	0.35	风沙土	32.23
残余沼泽土	0.33	绿洲黄土	0.06
棕色荒漠土	0.45	绿洲潮土	0.33

(2)主要土壤类型特征与分布

罗布泊地区的棕漠土、风沙土、盐土、龟裂土这四个主要土类，反映出了该区域干旱、高盐的特征。

土壤类型的精细划分：参照《中国土壤》和《新疆土壤地理》等专著的分类原则，罗布泊地区的土壤可以分为以下主要类型：棕漠土、龟裂土、残余盐土、残余沼泽土、棕色荒漠土、草甸土、沼泽土、盐土、风沙土、绿洲黄土和绿洲潮土。以上土类依次所对应的土壤亚类分别是山地石膏棕漠土、石膏棕漠土；龟裂性土；残余盐土；残余沼泽土、残余泥炭沼泽土；荒漠化棕色荒漠土；盐化淡色草甸土、盐化荒漠化草甸土；盐化沼泽土；典型盐土、硝酸盐—氯化矿物盐土、氯化物矿质盐土、沼泽盐土；半固定风沙土、流动风沙土；绿洲黄土；绿洲潮土、绿洲盐化潮土。

土壤类型的分布：棕漠土和风沙土主要分布在嘎顺戈壁、库鲁克塔格、北山及阿尔金山山前洪积平原，如棕漠土主要分布于阿尔金山等山前冲积扇，风沙土在罗布泊地区广泛分布。盐土分布在罗布泊、塔里木河及车尔臣河下游冲积平原（冲积扇边缘以及干涸的湖盆旁）；龟裂土主要分布在雅丹地貌顶面以及河流冲积高阶地（如孔雀河冲积高阶地及风蚀雅丹地形顶面上和罗布泊湖盆）（李文斌 等，2011）。

（3）罗布泊的盐壳

罗布泊干涸湖盆地理位置为东经 90°59′50″，北纬 39°58′0″。罗布泊从过去有水湖泊到干盐湖过程中，水体的消退序列和演化方向是受湖盆地形严格控制的。

1980—1981 年，中国科学院新疆分院组建罗布泊综合科学考察队对罗布泊地区进行了考察，综合科学考察成果汇编于《罗布泊科学考察与研究》一书，其中，《罗布泊地区土壤的形成特点和类型》一文将盐壳从盐土中分出。

20 世纪 80 年代，新疆开展了第二次全疆土壤普查，并于 20 世纪 90 年代初出版专著《新疆土壤》，其中，将这片地区划为非土壤类型的“盐壳”“盐泥”。

在《罗布泊科学考察与研究》专文“罗布泊的盐壳”中，根据成因和形态的不同，将罗布洼地的盐壳分为 5 种类型：埋藏盐壳、垡块状盐壳、厚层龟裂状盐壳、薄层龟裂状盐壳和棱块状盐壳。但在属于大耳朵湖盆地区，仅有薄层龟裂状盐壳、厚层龟裂状盐壳与垡块状盐壳 3 种。

在罗布泊东北部，因北山无流水进入，是古罗布泊的水分蒸发积盐区，从而形成卤水汇集的盐湖，沉积了厚度超过 20cm 的钙芒硝岩层，而在罗布泊西北及阿其克谷地以及南岸的科什兰孜至拉乌子一带，因接近河流淡水补给区，则沉积了厚度超过 20m 的以黏土为主的灰绿色或灰黄色湖相沉积物，在阿其克谷地土雅一带，后期还覆盖了 2~3m 厚的河流粒质冲积物。

9.1.6 水系分布

罗布泊是塔里木河的终端湖，它的位置就在塔里木盆地东北最低处，盆地中河流如塔里木河、孔雀河、车尔臣河等汇集于此，曾经形成了巨大的湖泊。而在近100年内，罗布泊曾是塔里木河、孔雀河、车尔臣河三条大河的终端湖。

9.1.7 罗布泊的面积

因为罗布泊位于塔里木盆地最东端的低洼处，所以我们称之为塔里木河流域的尾闾湖。随着气候不断演变，塔里木盆地水系水流开始不断减少，水域面积萎缩，导致罗布泊气候不断向干旱演化。

陈宗器等于1931年和1934年实地考察罗布泊时见到了罗布泊“大耳朵”湖心区域水域，当时覆水面积逾1900km^2，水深1m左右(陈宗器，1936)。

近几十年，由于人为影响和自然因素，罗布泊水域面积不断萎缩，到1962年其水域面积仅剩下660km^2，最后于1972年，罗布泊完全干涸(杨川德等，1993)，只剩下一片盐壳，成为极端干旱的沙漠环境。

9.1.8 动物资源

罗布泊地区，在动物地理区划上属于古北界蒙新区西部荒漠亚区。动物均明显地具有荒漠动物群的基本特征。高行宜等(1985)在1980—1981年对罗布泊地区进行了3次考察，记录到的兽类23种，鸟类96种，在参考他人研究成果基础上，对罗布泊地区的动物生态地理环境类型进行划分，并总结了不同生态地理条件下的主要动物分布情况。

(1)湖沼类群

栖息在河湖沼泽或沿岸带，其特点是生物量大，分布集中，大多具有相当的产业价值。兽类4种，以麝鼠(*Ondatra zibethicus*)占优势，有野猪(*Sus scrofa*)和马鹿(*Cervus elaphus*)；鸟类52种，以游禽、涉禽为主体，赤嘴潜鸭(*Netta rufina*)和红脚鹬(*Tringa totanus*)数量占优势，还有玉带海雕(*Haliaeetus leucoryphus*)、普通翠鸟(*Alcedo atthis*)、大苇莺(*Acrocephalus arundinaceus*)等。

(2)农田居民区类群

鸟兽的生存环境复杂，食物丰富，种类组成繁多，栖息密度较大。有17种兽类，占优势的为子午沙鼠(*Meriones meridianus*)，还有大耳猬(*Hemiechinus dauricus*)、蝙蝠(*Chiroptera* sp.)、小家鼠(*Mus musculus*)、小林姬鼠(*Apodemus syhaticus*)、灰仓鼠(*Cricetulus migratorius*)等。此外，在周围地带马鹿出没。有65种鸟类，以红尾伯劳(*Lanius cristatus*)、紫翅椋鸟(*Sturnus vulgaris*)、树麻雀(*Passer montanus*)占优势，还有环颈雉(*Phasianus colchicus*)、原鸽(*Columba livia*)、欧斑鸠(*Streptopelia turtur*)、大杜鹃(*Cuculus canorus*)、楼燕(*Apus a-*

pus)、家燕(*Hirundo rustica*)、家麻雀(*Passer domesticus*)等。

(3)阔叶林类群

由树栖、林下与林缘活动的种类组成。有 16 种兽类，常见的有马鹿、塔里木兔(*Lepus yarkandensis*)、子午沙鼠等。45 种鸟类，具代表性的有白翅啄木鸟(*Dendrocopos leucopterus*)、斑啄木鸟(*Dendrocopos major*)和中亚鸽(*Columba eversmanni*)、红尾伯劳、白尾地鸦(*Podoces biddulphi*)、凤头百灵(*Galerida cristata*)和树麻雀。本类群的组成种类，在密度分布上一般不形成优势。

(4)灌丛草地类群

包括兽类 18 种，以塔里木兔占优势。鸟类 48 种。常见的鸟兽有马鹿、小林姬鼠、子午沙鼠、凤头百灵、紫翅椋鸟、白尾地鸦、漠鵖(*Oenanthe deserti*)、树麻雀等。

(5)盐生草甸类群

由野生双峰驼(*Camelus bactrianus*)、塔里木兔、毛腿沙鸡等。包括兽类 11 种，鸟类 17 种，其中子午沙鼠为优势种，还有鹅喉羚(*Gazella subgutturosa*)、短耳沙鼠(*Brachiones przewalskii*)、白尾地鸦、树麻雀等。

(6)荒漠类群

种类组成较为丰富，兽类 17 种，鸟类 40 种，仅有子午沙鼠、科氏倭三趾跳鼠形成优势，鹅喉羚为常见种，其余均为偶见。绝大部分种均出现于戈壁，在盐漠中，仅有家燕、野骆驼、迷鸟；在沙漠中，几种鸟兽亦仅偶尔活动或隐避其周缘地带。

在 20 世纪，由于自然和人为因素的影响下，罗布泊干涸后，动植物种类数量减少，在盐壳、砾质戈壁以及雅丹地貌分布的地区，几乎为裸地，现成为中国动植物种类最少的地区。以罗布泊为中心的中部平原，仅有少量的野骆驼以及鹅喉羚出没；库鲁克塔格地区偶有野骆驼、鹅喉羚出没，分布较多的有子午沙鼠、跳鼠等啮齿类动物以及沙蜥等爬行类动物。

9.1.9　植物资源

罗布泊地区包含了塔里木河谷植被州(Ⅰ)中的塔里木河下游植被小区($Ⅰ_1$)和罗布泊荒漠州(Ⅱ)中的孔雀河下游三角洲植被小区($Ⅱ_1$)、库鲁克沙漠植被小区($Ⅱ_2$)、台特玛湖与喀拉和顺湖植被小区($Ⅱ_3$)、北部雅丹植被小区($Ⅱ_4$)、罗布泊干涸湖盆植被小区($Ⅱ_5$)、阿其克谷地植被小区($Ⅱ_6$)。各植被小区特征如下：

(1)塔里木河谷植被州(Ⅰ)

塔里木河下游植被小区($Ⅰ_1$)

本小区位于34团场至罗布庄间的塔里木河下游地段，河流谷地呈走廊状挟持在两侧大沙漠中。使谷地荒漠化和盐渍化更加增强。土壤为荒漠化吐加依土和草甸盐土，地下水埋深6~10m。在沿岸为很窄的断续分布的胡杨疏林，是本小区的主要植被类型。其次为分布在盐化沙丘上的稀疏柽柳灌丛，以及由大叶白麻、胀果甘草、芦苇等组成的盐化草甸，小片出现于河间低地。

(2)罗布泊荒漠州(Ⅱ)

①孔雀河下游三角洲植被小区($Ⅱ_1$)。本小区位于营盘至罗布泊干涸湖盆北岸，包括部分库鲁克塔格南坡山前洪积扇。因孔雀河下游河水断流，原生的较密集的草本草甸及沼泽皆已变成荒漠景色，沿河岸仅见有少量稀疏的假苇拂子茅(*Calamagrostis pseudophragmites*)、芦苇等草本植物。此外，还有散生的灌木，如柽柳(*Tamarix* sp.)、沙拐枣(*Calligonum* sp.)、膜果麻黄(*Ephedra przewalskii*)等。

主要植被类型是分布在洪积扇上的膜果麻黄、木霸王(*Zygophyllum xanthoxylum*)组成的灌木荒漠。

②库鲁克沙漠植被小区($Ⅱ_2$)。本小区主要为库鲁克沙漠，植被非常贫乏。在沙漠的边缘地带、丘间低地及老河床可见稀疏的柽柳、沙拐枣、盐节木(*Halocnemum strobilaceum*)、骆驼刺(*Alhagi camelorum*)、花花柴(*Karelinia caspia*)、芦苇(*Phragmites australis*)等植物。大部分地区为流动沙丘，应加强对沙漠西部边缘的柽柳灌丛的保护和更新，防止沙漠向西扩展，与塔克拉玛干沙漠连接。

③台特玛湖和喀拉和顺湖植被小区($Ⅱ_3$)。本小区位于库鲁克沙漠南部，是具有干河床、小洼地的盐土平原。植被贫乏，只在台特玛湖等小湖泊周围分布有芦苇盐化草甸；在小洼地上分布有盐节木、盐爪爪(*Kalidium* sp.)组成的多汁盐柴类荒漠；在喀拉和顺湖南部边缘分布有大白刺(*Nitraria roborowskii*)为主的灌木荒漠。这些灌木群落面积都不大。

④北部雅丹植被小区($Ⅱ_4$)。本小区位于罗布泊干涸湖盆的东北部，为著名的雅丹地貌区。这里几乎不长植物，只在避风积沙的沟槽中，有时才有稀疏的白刺(*Nitraria tangutorum*)和芦苇分布，以及见有星散的柽柳和骆驼刺。

⑤罗布泊干涸湖盆植被小区($Ⅱ_5$)。本小区位于罗布泊荒漠州的中部，主要为罗布泊干涸湖盆及其周边广大的盐土平原，地势最低，积盐最重，整个地区为光裸的盐壳地。有时见有稀少的芦苇生长。

⑥阿其克谷地植被小区($Ⅱ_6$)。本小区位于北山西部和库姆塔格沙漠之间，为狭长平坦的谷地，南北宽 20~30km，东西长约 150km。东部与疏勒河下游相接，土壤主要为典型盐土。地下水深埋 70~200cm，植被与其他小区植被相比发育较好。主要植被类型是：芦苇、大叶白麻(*Poacynum hendersonii*)组成的盐生草甸和芦苇草甸。在谷地边缘砂质基质上分布着甘肃沙拐枣灌木荒漠以及散生的柽柳灌丛。此外，还有小片分布的盐节木、盐爪爪荒漠。这里分布有十几种植物，是野骆驼良好的采食地和栖息地。

9.1.10　人口与经济

清代至今，居住在罗布泊地区的维吾尔族人，历来被人称作“罗布淖尔回人”“罗布人”或“罗布淖尔人”。他们是讲维吾尔语罗布泊方言的维吾尔族人(李吟屏，2008)。现今罗布泊又称罗布淖(nào)尔，是少数民族语地名，意为“众水汇入的地方”。罗布泊是取用了“罗布”的原音，系音译，“淖尔”的意译(湖泊)。“罗布人”这一名称来自地名，就像“喀什人”“和田人”这样的称呼一样。由于从前主要聚居在罗布泊周缘地区靠渔猎为生，生活方式独特。《回疆志》记载：“不种五谷，不牧牲畜，唯一小舟捕鱼为食。”

在过去捕鱼、狩猎是罗布泊人的主要生产方式，后来随着生产方式的改变，牧业和农业为罗布泊人的主要生产方式，而渔业与狩猎则成为他们的副业。罗布泊的枯竭与塔里木河下游河流的日益减少等生态环境的巨变，改变了当地居民传统的生产方式。社会制度的改变与经济的迅速发展，20 世纪以后罗布泊人的生产方式有了巨大的变化。如今的罗布泊维吾尔人的生产、生活方式以农耕业与牧业为主(艾比布拉·卡德尔，2007)。

后来在罗布泊地区发现了全中国最丰富的钾盐矿藏资源——罗布泊地区北部钾盐矿，钾盐储量 2.5×10^8t 以上，与中国格尔木钾盐基地一起成为中国为数不多的钾盐生产基地。

9.2　罗布泊演变与河湖水力联系

9.2.1　1900 年以来罗布泊湖面积变化

有一种说法，一提起罗布泊就认为是“大耳朵”，按罗布泊的最大水域范围 5350km^2 可以伸入阿其克谷地，形状不是“耳朵”状，“耳朵”状的罗布泊，是罗布泊退缩到一定阶段的形状。以下是中国历史文献对罗布泊范围大小的记载，虽仅文字描述，不很精确，但亦可看出它逐步由大到小的变化过程。

依据历史文献(夏训诚，2007)，罗布泊面积的变化特征简介总结于下：

①“清朝初期罗布泊面积亦很大，但比汉代以前的面积缩小了很多。到了清朝末期，比起清朝初期的面积又大大缩小了。”

②近代对罗布泊作精确测量的，是我国地理学家陈宗器等人。他们于1930—1931年实测罗布泊面积约1900km²。“略葫芦形，南北纵长一百七十里，东西宽度：北部较窄约四十里，南部向东膨涨处有九十里(华里)”。

③在1962年根据航测编绘的1∶200 000地形图上，罗布泊面积为660km²，呈南北向的纺锤形湖的西岸线与1931年湖的岸线基本吻合，在东经91°附近，东岸线向西收缩5~25km。罗布泊真正的干涸，反映在美国1972年第一颗人造地球资源卫星的相片上。近期退出的湖盆形成薄层的龟裂状盐壳，较早退出的湖盆则形成厚层龟裂状盐壳。

9.2.2 罗布泊是游移的湖泊吗？

根据1973年6月1日美国拍摄的卫星相片，绘制罗布泊水岸线影痕(图9-1、图9-2)。罗布泊湖盆卫片影痕是历史上入湖水口改道变化和湖面萎缩、水位下降的记录。

在万年前，罗布泊古湖盆略呈荷花形(根据图9-2中影痕)。影痕形成具体如下：

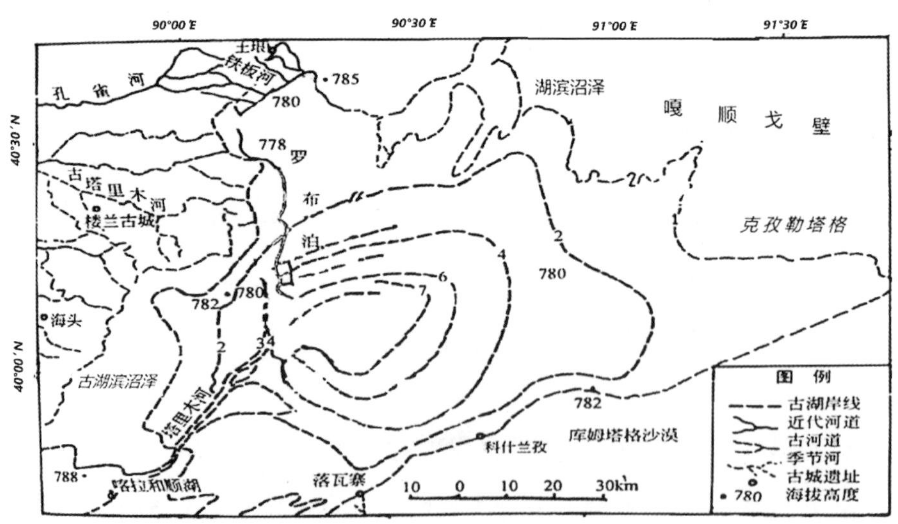

图9-2　古代罗布泊湖岸线变化(万年前罗布泊呈荷花形的湖盆)
(引自夏训诚，2008)

后至 1921 年前，罗布泊湖盆略呈圆形(图 9-2)，1921 年入湖口改道，从北进入，后罗布泊湖盆呈葫芦形(图 9-3)，湖东南部部分湖盆干涸。现出耳廓形，此后随入湖水量逐渐减少，完全干涸。

再后来的呈“盲肠状”的罗布泊，实际是罗布泊由 1931 年“葫芦状”向西收缩，特别是东南部收缩很大变成的。

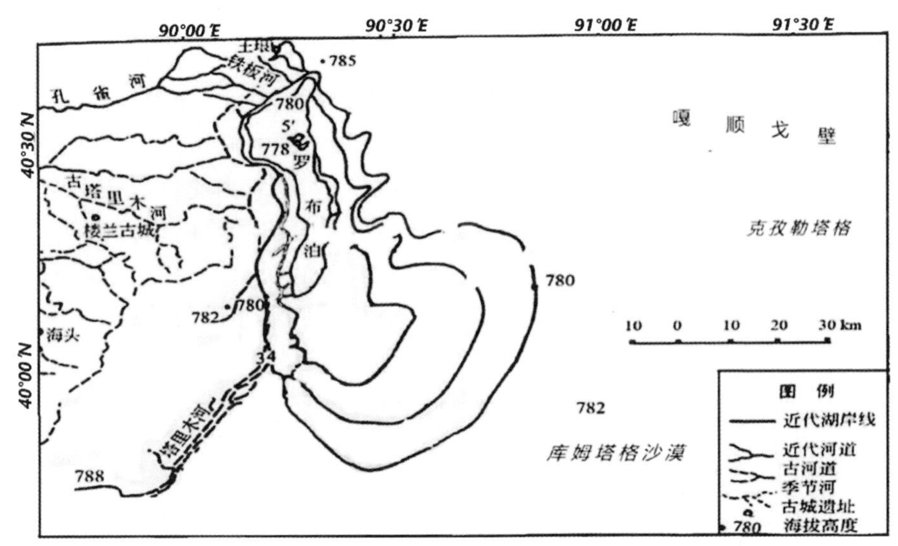

图 9-3　近代罗布泊湖岸线变化(1921 年前罗布泊呈葫芦形的湖盆)
(根据夏训诚《中国罗布泊》相关图修改)

因此，图 9-2 中古湖盆的影痕是数百至上千年前就已经形成，图 9-3 西部新湖面是在 1921 年改道后被水再次浸淹后又明显萎缩四次而成。

在塔里木盆地东北最低处，即海拔 780m，由龟裂状盐壳环显现的湖盆区。在历史时期罗布泊水域面积时大时小，但从未越出这个范围。罗布洼地的位置在北纬 40°以北，东经 90°27′~90°28′是无疑的，其位置恰好落在盐壳环以内，这和 1931 年陈宗器实测罗布泊，东西经度有变化说明罗布泊是从东向西退缩。因此，罗布泊只在一个地区，它的西岸线是稳定的，大约在东经 90°15′呈一南北向轴线，其收缩是沿着这条轴线由阿其克谷地向西收缩，“大耳朵”湖区只能代表罗布泊退缩过程中某一阶段，罗布泊退缩是经由了“葫芦状”到“大耳朵状”，再到“盲肠状”，直至最后消失。因此，罗布泊是只经历了湖面的收缩过程，位置从未发生过游移(樊自立，2012)。上述实际湖面萎缩、耳轮形以内湖水涨落进退的变化足以说明罗布泊并非游移湖。

9.2.3 罗布泊两个入水口及演变过程

(1)罗布泊两个入水口的由来

从罗布泊中心的沉积物分析来看，3000 年来沉积的 1.5m 厚沉积物均有水深，植物花粉证明了 3000 年来一直有水进入罗布泊。

虽然罗布泊的干涸湖盆十分平坦，但关于进入罗布泊的入水口，均分布在西、西北与西南部。历史上进入罗布泊共有两个水口，一个是由孔雀河流入的西北口，另一个是由塔里木河流入的西南口(图 9-4)。西南入口是 1921 年以前塔里木河从穿过喀拉和顺淡水湖进入罗布泊的入湖口。西北入口是在 1921 年塔里木河的改道，河流由孔雀河从西北口入湖。因此，历史上产生两个入水口的主要原因是：历史时期有两个不同方向的水源供给，也就是说，补给罗布洼地的主要水源是来自由塔里木盆地周围的天山、帕米尔高原、昆仑山、喀喇昆仑山等高山形成的塔里木河、孔雀河和车尔臣河(加帕尔·买合皮尔 等，1996)。

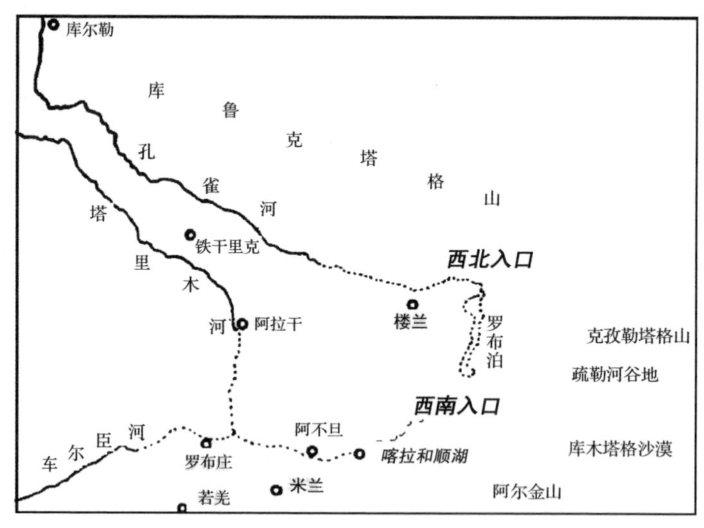

图 9-4　罗布泊的两个入水口

(2)两个入水口交替演变过程

①公元 400 年，在这以前，河流主要从西北入口进入罗布泊。约在 1500 年前(公元 400 年)，塔里木河和孔雀河是合流的，主要在楼兰附近从西北口流入罗布泊。

②约在 1500 年后，塔里木河从西南入口进入罗布泊。约在 1500 年后，

因楼兰附近河床淤积抬高，导致河流自然改道向南，河流穿过台特玛湖和喀拉和顺湖，从西南流入罗布泊(同期造成楼兰古国因断水而逐渐消亡)，这是近 2000 年来，罗布泊水域面积的第一次缩小。

公元 400 年后，由于塔里木河改道使入水口由西北转向西南，穿过喀拉和顺淡水湖，从西南入口流入罗布泊(樊自立，2012)。后因唐、清及民国时期塔里木盆地农业开发而湖面数次由东向西明显萎缩，形成耳廓型。

③1921 年，塔里木河遇特大丰水，拉依河形成，汇入孔雀河从西北口进入罗布泊。近代孔雀河发生大的变化是在 1921 年。1921 年塔里木河在中游轮台大坝一带冲开一条小水磨沟渠，形成拉依河(泥河)在普惠入孔雀河，沿库鲁克河(孔雀河下游遗留的故道)重新从罗布洼地北部的西北口注入罗布泊，水面逐渐扩大。1934 年，斯文・赫定和陈宗器等从库尔勒出发在尉犁县境内顺孔雀河乘独木舟可直通罗布泊，可见孔雀河当时流入罗布泊的水量是相当大的。

④1952 年，拉依河被堵，塔里木河重归故道后，只有孔雀河仍沿库鲁克河入罗布泊。近代塔里木河流域尤其是下游发生大的变化是在 1952 年，是在拉依河口筑大坝，阻止河水流入孔雀河，把塔里木河干流逼入流经铁干里克的故道，下游折向西南才从西南口流入罗布泊。1962 年，孔雀河阿克苏甫水坝建成后河道断流，无水入罗布泊。

9.2.4　罗布泊—喀拉和顺湖—台特玛湖水力联系

从水文地理条件来讲，罗布洼地主要有 3 个积水洼地，最北部的是罗布泊，最南端的是台特玛湖，罗布泊和台特玛湖中间有喀拉和顺湖。但是，喀拉和顺湖很久以前(到 1928 年之前)就干涸了。这 3 个湖的中间将它们联系起来的干河床痕迹至今可见。从水系的演变情况来看，塔里木河是流入罗布洼地的最大河流，孔雀河是流入罗布洼地的第二大河流，流入罗布洼地的第三条河是车尔臣河。台特玛湖位于罗布泊的西南部，除有塔里木河、车尔臣河流入外，还有来自阿尔金山的瓦石峡河、若羌河、米兰河流入(加帕尔・买合皮尔 等，1996)。

从陈宗器绘制的 1930—1931 年历史图鉴(图 9-5)显示，台特玛湖历史上有水道与罗布泊相连。

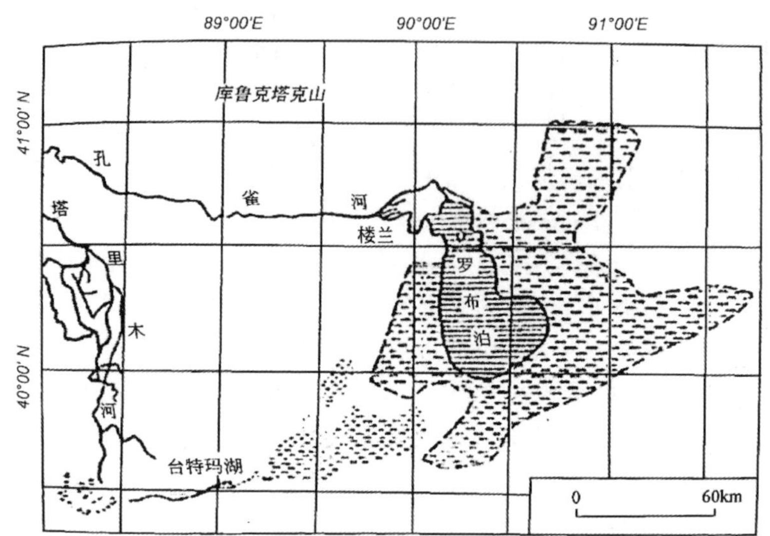

图 9-5　陈宗器绘制的 1930—1931 年罗布泊与台特玛湖相对位置

（引自樊自立，2012）

综合以上，结合前人研究认为，台特玛湖消失时间晚于罗布泊的消失时间，主要由两者地理位置决定：台特玛湖位于罗布泊上游，补给水源相对充足；台特玛湖的入湖河流流程比罗布泊的入湖河流流程要短，蒸发和下渗也相对较少；台特玛湖水位低至不能外流时，罗布泊失去水源补给而干涸，台特玛湖变成塔里木河的尾闾湖，干涸的时间晚于罗布泊的干涸时间。

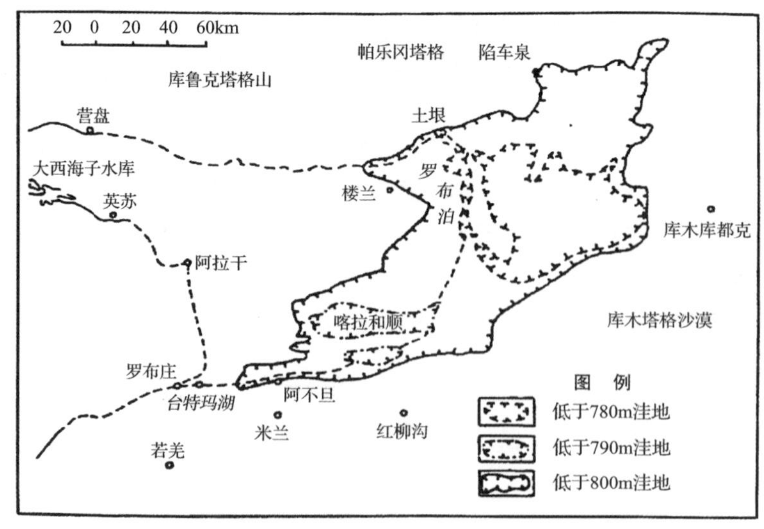

图 9-6　罗布泊地区湖泊与洼地分布状况（引自樊自立，2012）

从图 9-6 可以看出：罗布洼地平均海拔低于 780m(湖底最低点海拔 778m)。而罗布洼地内的平均高程低于喀拉和顺湖的 790m(湖底最低点海拔 788m)以及台特玛湖的 807m，两者高程均高于罗布洼地的罗布泊“大耳朵湖盆”的高程。

9.2.5　康拉克—台特玛湖水力联系

历史时期，明显影响罗布泊的塔里木河和孔雀河常因水量分配的骤然变化而改道，从而造成河水由南边或由北边注入罗布泊，并在入湖河口形成三角洲。南部的车尔臣河也流经其上，虽然流程短，它的汇入有助于加强塔里木河在尾段的作用(樊自立，2012)。因此，车尔臣河尾闾湖的变化过程需要在此阐述。

(1)康拉克—台特玛湖一带湖泊群的形成

康拉克湖泊群的形成从以下时间段分别进行阐述：

①20 世纪 60 年代之前。台特玛湖的水域面积也较大，此时康拉克区只有小型的河成湖，而没有面积大于 2km^2 的湖。

②20 世纪 60 年代末到 1989 年。随着恰拉和大西海子水库的建立和恰拉西南的湖泊入水口的封堵，塔里木河下游的尾闾湖泊逐渐干涸。1972 年塔里木河下游断流，其尾闾台特玛湖完全干涸。

③1989 年到 20 世纪初。塔里木河下游水文状况持续恶化，原有湖泊没有地表水汇入。但是，在康拉克地区，由于车尔臣河下游自 1989 年开始发生改道变迁(2002 年车尔臣河改道结束)，水流向河道北边的沙丘间风成洼地，逐渐形成若干小湖(即逐渐在塔克拉玛干沙漠东南边缘形成若干小湖)。整个期间康拉克区的湖泊格局基本形成，即河道北边形成若干小湖。整个湖区水域则继续大幅变化。

④2002 年以后。干涸 30 多年的老台特玛湖，随着自 2000 年起塔里木河下游应急生态输水工程的实施，在 2002 年年底老台特玛湖开始形成大片水域。

阿布都米吉提·阿布力克木(2015)就康拉克湖泊群 1989 年以后的具体形成过程及格局时空演变情况进行了专题研究，结果如下：在 1989 年夏，车尔臣河下游水不再流入老河道，而在沙漠腹地康拉克区形成一个跑水坑，其面积为 15.5km^2；第二个 11km^2 的跑水坑形成于 1991 年夏；2001 年初又形成了 4 个较大的跑水坑，其总面积为 21km^2；2003 年夏，康拉克湖泊群中最大最深的水坑形成，其面积为 20km^2；2007 年前期又形成了总面积为 14.5km^2 的两个较大的跑水坑；2010 年夏，大跑水坑的部分水流入北边的洼地又形成一个小湖，其面积为 4km²；2013 年 10 月，在 2010 年夏形成的湖泊水往北边的洼地流入，又形成一个面积约 18km² 的风成湖；2002 年年底形成的康拉克地区的跑水坑只是面积有所变化，水域格局未发生明显变化。随着每年车尔臣河水的到来，一路持续补给上述几处跑水坑。

综合以上，20 世纪 60 年代以前，康拉克—台特玛湖一带两河形成的湖面积主要是由塔里木河维持，而车尔臣河形成的湖面积均不超过 2km²；60 年代初至 2002 年，塔里木河水逐渐变小乃至断流，至 1972 年后不再入湖，而车尔臣河基本不变，因此，该期间康拉克—台特玛湖一带由两河形成的湖面积的维持过程主要为：塔里木河水的贡献率逐渐变小→贡献率与车尔臣河持平→完全由车尔臣河维持。2002 年以后，由于塔里木河下游生态输水工程的实施和车尔臣河水量偏丰，康拉克—台特玛湖形成的湖面积又由两河共同承担。

(2)康拉克—台特玛湖一带湖面积变化

1970 年至今，分别通过车尔臣河、塔里木河形成的水面遥感影像分析，结合高程、补给水源以及车尔臣河改道前后汇入口位置，尤其依据阿布都米吉提·阿布力克木(2015)针对塔里木河下游湖泊格局时空演变的专题研究成果，可将车尔臣河与塔里木河两河形成的水面区域进行划分，划分结果为 A、B、C、D 4 个区(图 9-7)。

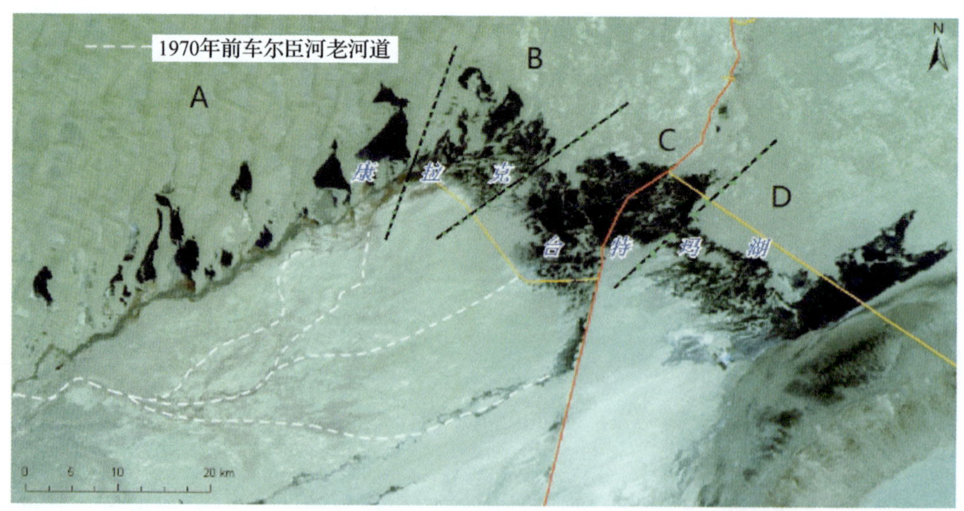

图 9-7　车尔臣河与塔里木河形成的康拉克—台特玛湖水域面积分区状况

①由车尔臣河形成的湖泊群由两大区组成：A 区+B 区。A 区：是车尔臣河于 2000 年年底在康拉克地区形成的湖面(湖泊、河流)；A 区湖面形成主要

依靠车尔臣河洪水期地表水汇入及地下水出露。车尔臣河改道(1989 年开始、2002 年结束)后，A 区面积逐渐增加。B 区：是仅在车尔臣河来水量大的时期存在。B 区主要依靠车尔臣河每年汛期地表水的汇入形成。车尔臣河改道前有少部分水量通过车尔臣河下游汊流汇入该区域。

②由塔里木河形成的湖泊群由两大区组成：C 区+D 区。C 区：是由塔里木河供水，从该区东部汇入。车尔臣河改道结束前个别年份也有少部分水量从 C 区西部汇入(通过影像，个别年份是在 1972—1991 年)。D 区：是由塔里木河供水，从该区东部汇入。该区与 C 区间有高坎阻隔，C 区水量较大时可越过高坎补给 D 区。

1972—2002 年，塔里木河下游无水进入台特玛湖，入湖水量完全由车尔臣河贡献，即该时段车尔臣河来水决定了台特玛湖的规模。具体如下：

①1972—1989 年时段，车尔臣河下游水量全部注入台特玛湖区，但形成的水域面积非常小，除了 1973 年春一次特大洪水外，其他(有影像的)年份平均值仅为 23km^2，特别是在 1976 年秋季、冬季湖面基本干涸(图 9-8)。

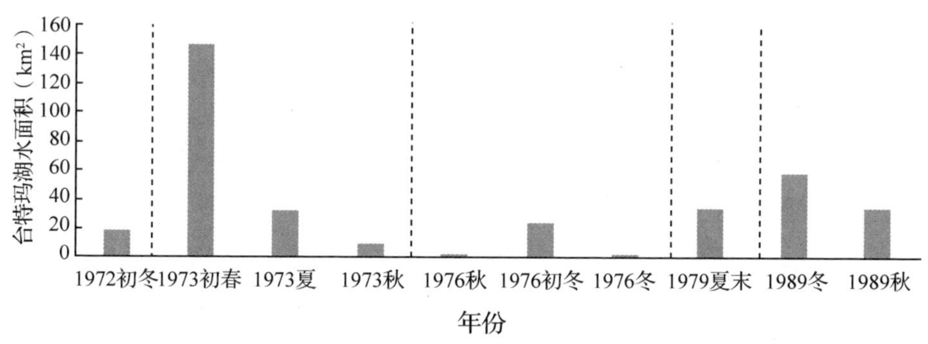

图 9-8　1972—1989 年台特玛湖面积(不含康拉克跑水区，数据为遥感实测)

②1989—2002 年时段，车尔臣河在最终汇入台特玛湖的过程中，1989 年开始改道，下游水量逐渐转移跑水至台特玛湖以西的风蚀洼地，被高大沙丘阻拦后，停留在康拉克区域。从 1989 年开始车尔臣河入台特玛湖的水量逐渐减小，该时段(有影像的)台特玛湖平均湖面面积仅为 7km^2(图 9-9)，甚至在 1992 年、1995 年、1997 年、1998 年和 2000 年里，台特玛湖湖面面积几近为零。在该时段车尔臣河对台特玛湖面积的贡献达到历史低点。因此，国内外学者认为“台特玛湖过去曾干涸过”，这一观点是对的。

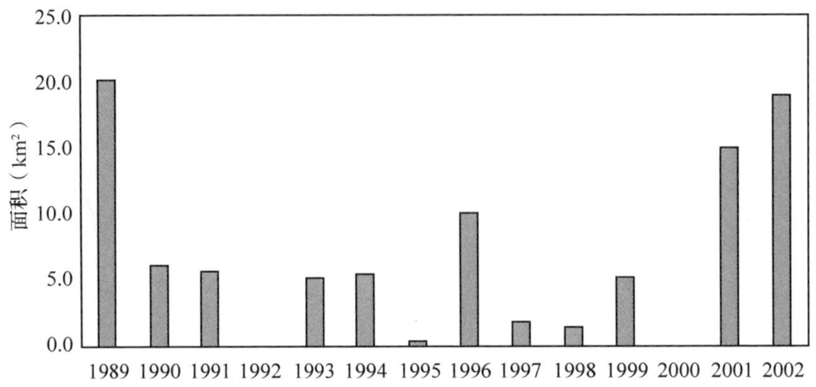

图 9-9　1989—2002 年台特玛湖面积(不含康拉克跑水区，数据为遥感实测)

2001 年，车尔臣河流域治理过程中对此处进行了河道疏通，目的是将部分水引至台特玛湖区。因此，车尔臣河保障了台特玛湖周边水文条件的完整性，使其未出现连续多年消失，从而为周边野生动植物物种存活提供了良好机会。1972 年以后，塔里木河下游大西海子水库以下 321km 的河道断流，而车尔臣河至今一直间歇性地向下游输水。塔里木河下游在生态输水工程实施以后，水才逐渐到达台特玛湖。从大西海子水库下泄水量和且末水文站径流量实测数据可以看出，车尔臣河近 20 年来水量稳定，形成的水面面积在一年内变化幅度较小(图 9-10)。

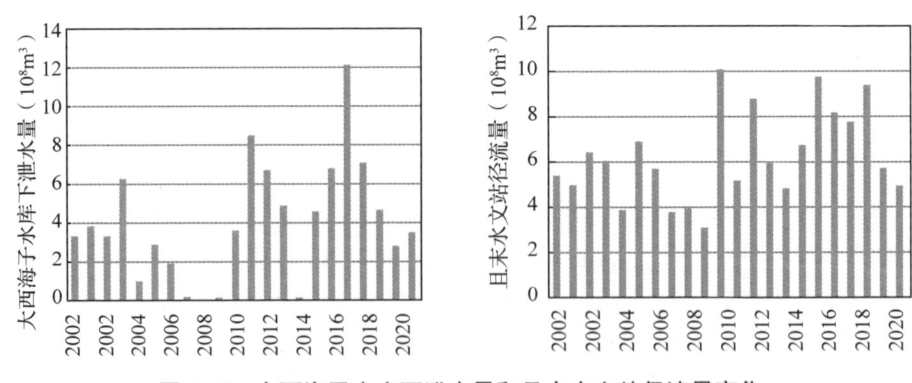

图 9-10　大西海子水库下泄水量和且末水文站径流量变化

参考中国科学院新疆生态与地理研究所阿布都米吉提·阿布力克木(2015)的研究成果，两河形成水面的相对水深中，车尔臣河形成水面的平均水深要大于塔里木河形成水面的平均水深。

根据 2019—2021 年车尔臣河与塔里木河两条河各自形成的水域面积数

据，车尔臣河形成的水面在一年内变化幅度较小，而塔里木河在台特玛湖形成的湖面面积变化较大(图9-11)。

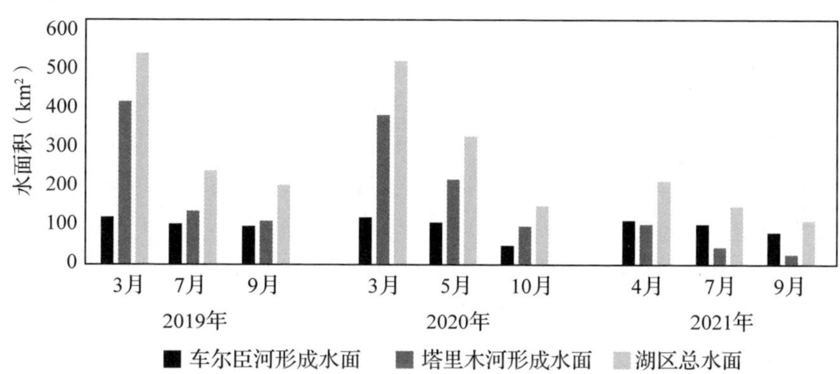

图9-11 近两年车尔臣河与塔里木河来水形成水域面积年内变化比较

从年际上看：车尔臣河形成的水面变化幅度小，塔里木河形成的水面变化幅度大(图9-11)。主要原因是由于塔里木河流经逾1300km，受沿途损耗及分流等众多因素影响，形成大西海子水库下泄水量不稳定所致。而车尔臣河距离台特玛湖较近，其下泄水量基本流入湖区。同时，水深大的区域水面消失速度相对要慢，水深不大的区域水分散失速度相对要快。基于长期调查与遥感监测形成一种说法“台特玛湖干涸不干涸看车尔臣河，湖面大不大看塔里木河”，即车尔臣河实现了台特玛湖不连续干涸，塔里木河决定了台特玛湖的规模。

9.2.6 注入罗布泊水流演变过程

(1)注入罗布泊的河流组成

罗布泊是塔里木盆地中的塔里木河、孔雀河、车尔臣河三条河流的归宿地，综合夏训诚(2007)、樊自立等(2012)对这三条主要河流的研究成果，可清晰认识到入罗布泊水流的演变过程，具体如下：

①塔里木河与罗布泊。约1500年前，塔里木河和孔雀河是合流从罗布洼地北部汇入罗布泊的。两河形成宽阔的、地势平坦的三角洲，同时注入罗布泊。后来，三角洲淤积愈加严重，河床地势逐渐抬高，导致塔里木河、孔雀河分开，并各自形成相对较窄的河流。三角洲以南为塔里木河、以北为孔雀河。塔里木河先流入罗布洼地南部的台特玛湖，再通过喀拉和顺湖流入罗布泊。

随着塔里木河的改道，孔雀河约在1952年后逐渐断流，不再入罗布泊。

塔里木河20世纪六七十年代也断流后，因无水注入，罗布泊干涸。塔里木河断流30年后，随着2000年塔里木河下游应急生态输水工程的开展，塔里木河下游水文过程完整性逐渐得到恢复，水流可到达台特玛湖，并在塔里木河流域综合治理和实施最严格的水资源管理制度下，以及近些年车尔臣河来水偏丰综合作用下，台特玛湖形成了一定的面积，丰水年份水域面积持续扩大。因此，近期的大湖面是近20余年的生态输水积攒的成绩与效果，而现实中台特玛湖与罗布泊仍然存在150~200km的直线距离。推断近期台特玛湖水溢流不能自然流至罗布泊。

说到台特玛湖到罗布泊的距离，这里不得不介绍台特玛湖到罗布泊的“中转站”——喀拉和顺湖。历史时期的喀拉和顺湖，据普尔热瓦尔斯基和斯文·赫定的记载，喀拉和顺湖是淡水湖，湖周生长着高大茂密的芦苇。喀拉和顺湖是塔里木河入罗布泊之前受红柳沟洪积扇阻隔而形成的，且仍然是保持着河道形态的两个积水洼地：靠北的一个东西长约30km，南北宽5~10km，靠北的水面较大，靠南的面积较小。以及据陈宗器记载，1931年喀拉和顺湖有间断水流流向罗布泊，但“尝其水味又苦”，湖水矿化度开始升高，由此判断喀拉和顺湖大约从1931年后逐渐消亡(樊自立，2012)。

②孔雀河与罗布泊。孔雀河是流入罗布洼地的第二条大河。孔雀河上游为开都河，开都河多年平均径流量为$35\times10^8m^3$。流入博斯腾湖部分水量消耗在蒸发和蒸腾上，流出博斯腾湖时称孔雀河。根据斯坦因1906年在楼兰遗址获得的文书可知，楼兰时期孔雀河的水量是很大的。以后随着楼兰的衰亡(公元330年以后)，孔雀河水量也日益减少。到了清代，按《大清一统舆图》及《新疆图志》(水道四)记载，孔雀河是汇塔里木河支流英气盖河(又称渭干北河)，从铁门堡沿依列克河在铁干里克一带入塔里木河，同注罗布泊。

1958年，为了灌溉塔里木农场的土地，修建了普惠大坝，拦蓄了孔雀河水，此后在普惠至阿克苏甫以下断流。营盘以下完全成了干河道，河床中的泥土已形成裂缝很深的龟裂地。孔雀河中、下游河道逐渐灌满流沙，偶有稀疏胡杨树和芦苇、红柳，下游河道则寸草皆无，一片死寂，沦为荒漠，河道两岸偶有枯胡杨。

③车尔臣河与罗布泊。车尔臣河是流入罗布洼地的第三条大河，《水经注》称它为“阿耨达大水。”当时出山后分为两支：右支入“牢兰海”(罗布泊)，左支入塔里木河“南河”，古且末即位于左支上。根据樊自立先生对唐朝时期的《新唐书·地理志》《新五代史·四夷传》中有关对车尔臣河的解释，认为在唐朝时期，且末地区只留下一条河流(即现在车尔臣河)汇入罗布泊，古且末所在的另一支(汇入塔里木河的)已断流无水了。到了清代《新疆图志》称车尔

臣河为“卡墙河”(车尔臣之转音)，并言“由卡墙(且末)入罗布淖尔约有千余里，虽不通舟楫，夏涨而冬不枯”，可见，那时它还是一条常年有水入罗布泊的河流。

车尔臣河多年平均径流量为$6.3\times10^8 m^3$。现主要用于且末县农业灌溉，在一般情况下只能流至且末北40km的塔提让，只有在丰水年份才有少量的水流到台特玛湖。在枯水时期，由于车尔臣河无水下泄，致使罗布庄附近通过该河的公路桥下也积满了流沙。

据相关历史遥感影像，20世纪60年代至今，车尔臣河水只能到达台特玛湖，因此，该时段车尔臣河也未入罗布泊。

(2)1900—1972年时段注入罗布泊路线演变

结合以上分析可知：历史时期“从1900年开始到1972年塔里木河断流”这一时段，罗布泊的供水线路共有两条：

①1900—1921年供水路线。该时段供水路线有：A塔里木河经铁干里克→喀拉和顺→由西南入口进罗布泊。B车尔臣河经塔提让→罗布泊。

②1921—1952年供水路线。该时段供水路线有：孔雀河下游→由西北口入罗布泊；车尔臣河只有在丰水年经塔提让→罗布泊。

③1956—1972年。1956年孔雀河断流，不再入罗布泊。20世纪六七十年代塔里木河断流，不再入台特玛湖—喀拉和顺湖，因此，在此之前也不再入罗布泊。罗布泊完全干涸。

9.3 罗布泊复苏可行性分析

9.3.1 “台特玛湖—罗布泊”沿线土壤特性分析

(1)积盐过程十分强烈

塔里木盆地是一个封闭的内陆盆地，位于其东北最低处的罗布洼地是一个断陷洼地，在第三纪末和第四纪初就已形成，从那时起塔里木盆地地表水就向这里汇集，成为盆地的集水中心。随着地表水的聚积，由它所携带的盐分，受封闭地形的影响，无外泄条件，便不断在洼地积累。于是在罗布泊干涸湖盆及其外围地区形成各种类型的盐壳，盐壳的厚度一般30~50cm，盐壳的盐分含量在30%~70%，罗布洼地及其周边盐壳的面积达25 390km^2，因此在塔里木盆地，它是积盐最重的地区(樊自立，2012)。除了罗布泊干涸湖盆有广泛的盐壳分布外，孔雀河、塔里木河及车尔臣河下游冲积平原还有大面积盐土分布，面积约 3330km^2。这样，罗布洼地及其周边盐壳和盐土合计总面积为 28 720km^2，约占整个罗布泊平原地区总面积的 35%左右。由此可见，本区积盐程度之重和积盐过程之强烈。本区盐分累积以氯化物为主，其他盐类含量较少，符合盐分迁移的地球化学规律。因为氯化物溶解度大，必然向最低洼的聚积地区迁移，同时也反映了本区荒漠性极强，使它成为第四纪以来塔里木盆地的积盐中心。

(2)风蚀、沙化十分严重

罗布洼地气候极端干旱，受地形控制和大气环流影响，全年盛行单一的东北风。据若羌和铁干里克气象站资料，年平均风速为 2. 1~2. 7m/s，年大于 8 级的大风日数 12~37. 8 天，沙暴日数 7. 5~19 天，最大风速 36m/s。若羌县曾出现过 44m/s 的瞬时最大风速。这种干旱多风的自然特点，致使本区土壤形成风蚀沙化十分严重。在罗布洼地经常可以看到的雅丹地貌，就是水平状河湖相沉积物，受流水切割影响，在风力雕塑下形成的。罗布泊地区土壤风蚀强度很大，如在楼兰一带一般风蚀沟深 5~6m，最深可达 10m。使草甸土缺少腐殖质层，龟裂土缺乏片状和鳞片状层。土壤风蚀对本区农业生产破坏很大，如若羌和铁干里克，春季一场大风，可刮走表土 3~4cm，有时连种子一起吹走，需要重播，延误作物生长期。本区土地沙漠化也十分严重。孔雀河、塔里木河下游广泛分布着河湖相沉积物，颗粒组成以粉砂、细砂为主，结构疏松，当水分条件发生变化或植被遭受破坏后，在强劲的风力吹扬下，最易就地起沙，形成各种类型的沙丘。同时沙丘移动速度也十分迅速。据观测计算，1m 高的沙丘每年可移动 102m，5m 高的沙丘，可移动 20m，10~20m 高的沙丘可移动 1~5m。沙丘移动常常阻塞交通，埋没渠道，侵袭农田。风沙流又能吹打作物，轻则造成机械损伤，重则致死，给农、林、牧业和交通运输等带来很大危害。受风沙活动影响，本区很多类型的土壤表面常覆盖着一层细砂，形成盖沙的盐土、盖沙的草甸土及盖沙的胡杨林土等，使土壤发育经常处于复幼状态，不利于有机物质积累。

(3)水文状况变化给土壤形成发育带来深刻影响

罗布洼地海拔高程在 780~800m，洼地面积约为 1×10^4km^2，过去曾是塔里木盆地地表水汇集中心，在塔里木河下游冲积平原和孔雀河三角洲上，河网交错，湖沼苇塘密布，沿河湖生长着茂密的胡杨林，河滩地及低阶地上有芦苇、罗布麻草甸，湖沼近旁有各种水生植物。在这样的植被群落环境下，发育着水成型的胡杨林土、草甸土及沼泽土。以后随着进入罗布洼地的地表水的大量减少，湖沼干涸、地下水位急剧下降，使上述水成型土壤逐渐经由半水成演变成自成型土壤。所以整个罗布洼地主要分布着半水成的荒漠化胡杨林土、荒漠化草甸土，以及完全脱离地下水影响的自成土，如残余盐土及残余沼泽土。

塔里木河在过去水量较大时，由于经常改道变迁，使其冲积平原上的土壤形成发育存在着草甸和荒漠两个相互可以逆转的过程。即在新河道形成的地方，土壤向草甸方向发育；在遗留下来的干涸旧河道，则向荒漠化方向发展。近半个世纪以来，由于塔里木河上游引水增加，使输往下游的水量锐减，英苏以下完全断流，这就使罗布泊地区土壤形成发育朝着单一的荒漠化方向发展。随着荒漠化程度的加深，罗布泊地区各种类型的土壤，在风力的蚀积作用下，最后演变成风蚀雅丹和沙丘，使土壤完全丧失生产能力。

(4) 土壤潜在肥力很低

罗布洼地是我国最干旱的地区，以干燥、高温、少雨、多风沙为其特点，就降水量每年只有 18~35mm，所以除了河流冲积平原及扇缘带受潜水补给有植被覆盖，以及在一些暴雨冲沟的边缘，有短暂的水流供给植物水分，通常生长一些极端耐旱的温带灌木和荒漠半灌木之外，其余广大地区皆为不毛之地，或极少植物生长，所以生物累积量很少。就是进入土壤的少量有机物质，在夏季高温(7 月平均气温 25~27℃，极端最高气温达 41~43℃)下，也极易被分解和矿质化，所以使罗布泊地区土壤有机质含量很少，潜在肥力很低。加之风力吹蚀和盖沙作用，使地表处于极不稳定状态，亦不利于有机物质积累。因而即使在水成条件下发育的土壤，有机质含量也不高。把罗布泊地区各种类型土壤与塔里木河上游阿克苏地区各类土壤潜在肥力加以比较(图 9-12)，可以看出，罗布泊地区的各类土壤有机质含量与全氮含量均较阿克苏地区的相应含量低，这与罗布泊地区较阿克苏地区更为干燥，风蚀沙化更为强烈有关(阿布都米吉提·阿布力克木，2015)。

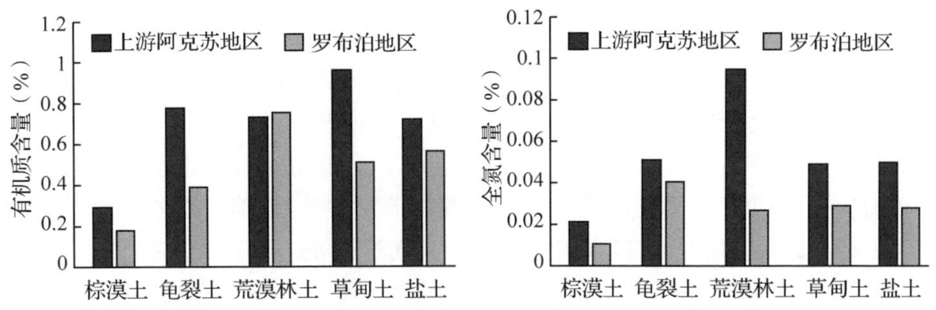

图 9-12　罗布泊地区和塔里木河上游阿克苏地区土壤潜在肥力比较

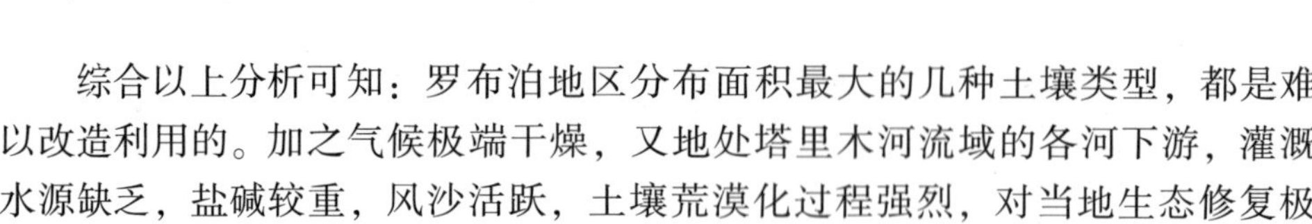

综合以上分析可知：罗布泊地区分布面积最大的几种土壤类型，都是难以改造利用的。加之气候极端干燥，又地处塔里木河流域的各河下游，灌溉水源缺乏，盐碱较重，风沙活跃，土壤荒漠化过程强烈，对当地生态修复极为不利。

9.3.2 基于土壤—植被特征罗布泊复苏必要性分析

台特玛湖—罗布泊沿线的植被在植被分区上隶属于罗布洼地荒漠州中的两个(大)小区：台特玛湖、喀拉和顺湖植被小区(II_3)和罗布泊干涸湖盆植被小区(II_5)，在这两种类型的面积占比特征上，罗布泊干涸湖盆植被小区面积占沿线面积的90%以上，而台特玛湖、喀拉和顺湖植被小区面积占沿线面积的10%。

由于罗布泊特殊的地势特征，该地区应该具有荒漠和水生植物系两种植被组成。因为罗布泊属于极端干旱性气候区，夏季酷热，冬季严寒，所以很多植物已经灭绝。基于前面分析，在近60年里，台特玛湖—罗布泊已形成了长期的无植被生长、95%以上为寸草不生的裸地，积水洼地的盐壳地段、砾石荒漠、雅丹地区几乎均为裸地，恶劣的自然条件使植物在此地难以生存。

2013年，中国科学院新疆生态与地理研究所在罗布泊地区建立了1.3hm^2的人工生态示范区，打破了罗布泊“绿化禁区”的魔咒。罗布泊人工生态示范区内采用了人工客土的土壤改良措施，去除表面盐壳，运走原状土，用土工布将周围土体与客土区域分隔开，再填入碎石、炉渣做隔盐层，以抑制盐分入侵，而后换入良性客土。在罗布泊人工生态示范区内引种和种植示范取得成功的耐盐碱的植物有苦马豆、罗布麻、多枝柽柳、沙拐枣、黑果枸杞、沙枣等。

以上具有示范意义的引种种植虽然取得了成功，但成本非常高。因此，对台特玛湖—罗布泊沿线进行植被修复难度非常高，也没有必要。具体原因如下：

首先，罗布泊在强烈的日晒、蒸发以及冻融交替作用下，使得巨厚的长垄状和龟裂状盐壳相互挤压、掀耸，形成巨大的长垄和多级发育的龟裂环。在如此地表盐分含量大、盐壳厚度大的基础上，即使台特玛湖水溢流到达了罗布泊，当地地表也长不出植被。土壤是植被生存的基础，需要将沿线地表盐壳去掉，采用人工方式换入培育性客土，而这又是一个巨大工程。

其次，沿线是150km的长度，若按宽度1m算，面积也是225亩，而不是1.3hm^2(19.5亩)的量。225亩的面积上需要铺上客土，土壤从哪里来？需要多少吨？按10cm厚度的土层来算，1m^2需要覆土5kg，那么总共需要750吨的土壤，这也是一个巨大工程。

再次，如此干旱的地区，种植草本植物是不可行的，因为草本植物根系有限，即使生长多年也不能实现后期自主利用地下水。

根据罗布泊人工生态示范区挑选的耐盐碱品种(苦马豆、罗布麻、多枝柽柳、沙拐枣、黑果枸杞、沙枣)中，能用得上的却只有少数种类，因此可选物种非常有限，只有多枝柽柳、沙拐枣、黑刺。播种或移栽的苗木需要水分灌溉。参照塔克拉玛干沙漠公路实施防护林生态工程实践中，在主公路两侧种植与维持 70m 宽林木带的办法，每隔 1km 打一口地下水井，抽取地下水对柽柳、沙拐枣、梭梭等防风固沙优良植物进行滴灌灌溉。沙漠公路两侧的地下水的矿化度为 3~5g/L，多数是 4.0g/L，地下水有利于塔克拉玛干沙漠公路的建设与主路两侧植被的维护，而罗布泊地下水的矿化度远高于它。

9.3.3　以台特玛湖为供水源复苏罗布泊可行性分析

以新疆塔里木盆地东端罗布泊积水洼地的罗布泊镇——“罗中”为中心，东距哈密市 370km，西距库尔勒市约 400km，南距若羌县 260km。若以塔里木河恰拉水库为水源经 35 团给罗布泊供水，此方案的供水要经过核试验军事禁区而不能成立；若以博斯腾湖为水源向东给哈密煤电基地输水，而后给罗布泊分水，此方案与塔里木河流域治理的水资源分配有矛盾也不能成立。

用塔里木河水连通罗布泊最大的困难还是水量的问题。现在塔里木河向下游生态输水，水能到达 36 团，并把塔里木河和车尔臣河下面这片胡杨林保护好，就已经达到塔里木河向下游生态输水的目标了。另外，因为胡杨林没有种子了，塔里木河下游恢复需要胡杨种子，洪水来了种子落到泥沙上才能萌发，而塔里木河来水都是 7 月以后了，种子已经基本飘落完。因此，用塔里木河水直接连通罗布泊不可行。

塔里木河流域综合治理的前期的台特玛湖水域面积的遥感影像图，通过对比近 10 年湖面分布格局及扩展方向，发现湖区的扩展方向是朝着海拔低的罗布泊方向延伸，特别是在 2010—2019 年这一时段。由于越向罗布泊方向海拔高程逐渐变低，罗布泊镇罗中内的“大耳朵”区是整个区域的海拔最低点(约 778m)。因此，台特玛湖水在水面逐渐扩大的条件下会自发地渐渐流向海拔低的积水洼地。

从昆金公路路碑 25km 处的过水桥向罗布泊镇方向(台特玛湖延伸向罗布泊方向)的直线距离约为 200km。而随着塔里木河下游生态输水工程的开展和流域综合治理，加上近些年车尔臣河来水偏丰的缘故，台特玛湖的面积逐步、持续地扩大，在 2017 年台特玛湖面积达到历史最大 511km^2。而此时台特玛湖水域与罗布泊镇的垂直距离还有130km。因为台特玛湖最大面积时，还有180km的溢流水程才能到达罗布泊，若遇到平—枯水年时更不可能到达。

9.4 小结

(1)罗布泊在20世纪60年代以前是塔里木河的归宿地，是中国塔里木盆地的最低积水洼地，也是塔里木盆地的积盐中心。随着20世纪60年代罗布泊的干涸，终点湖泊的位置上移到喀拉和顺湖，随着干旱的持续，终点湖泊的位置持续上移，位置到达了台特玛湖。因此，位于罗布洼地的罗布泊—喀拉和顺湖—台特玛湖间在历史上存在着水力联系。夏训诚和樊自立也研究认为，这三个湖泊不是彼此分割的积水洼地，而是有河道联系沟通的串珠湖，在塔里木河和车尔臣河入湖水量没有发生特殊变化的情况下，水流一般应先进入喀拉和顺湖或台特玛湖，最后归宿到罗布泊(中国科学院新疆分院罗布泊综合科学考察队，1987)。

(2)罗布泊三大水源为塔里木河、孔雀河、车尔臣河，孔雀河、塔里木河分别在1952年、1972年断流不再注入罗布泊，车尔臣河在20世纪五六十年代水量锐减，只能到达台特玛湖，形成罗布泊早在20世纪60年代初基本干涸。由于不同方向的水源注入，历史上进入罗布泊共有西北、西南两个入水口；分别由孔雀河从西北口入湖和塔里木河水通过喀拉和顺湖再流入罗布泊。

(3)从昆金公路路碑25km处的过水桥向罗布泊镇方向(台特玛湖延伸向罗布泊方向)的直线距离约为200km；而随着塔里木河下游生态输水工程的开展和流域综合治理，加上近些年车尔臣河来水偏丰的缘故，台特玛湖的面积逐步、持续地扩大，在2017年台特玛湖面积达到历史最大511km^2。而此时台特玛湖水域与罗布泊镇的垂直距离还有130km。因此，当前水量保障情况下，无法实现台特玛湖水流向罗布泊以复苏罗布泊。

第 10 章　台特玛湖保护与修复措施

自 20 世纪以来，随着科学与技术的不断发展和社会生产力的日益提高，人类通过先进的生产力创造了前所未有的物质财富。与此同时，人类也正以前所未有的规模和强度影响和改变着自然环境。由此造成的后果是原来的自然环境发生了巨大的变化，全世界范围内江、河、湖、海遭到了不同程度的人为污染。水资源的大力开发，改变了原来的自然水循环过程。自然河流被人工河道所取代；河流的自然水文过程被人为地控制，河道里的流水自然时空分布也被人工控制，实现了有目的地再分配。这类活动甚至引起了河流间歇性断流，部分河段引起了永久性断流，直接导致流域内尾闾湖干涸、土地荒漠化、水土流失、森林面积减少、植被破坏、草地退化、土地退化、土壤盐渍化、生物多样性丧失等一系列生态灾难。自有人类活动以来，特别是 1949 年以来，由于塔里木河流域人类活动频繁，加之塔里木河综合治理严重滞后，尤其对水、土资源的盲目、无序开发利用，致使塔里木河生态与环境恶化日趋严重，导致了塔里木河源流向干流下泄水量逐年减少，最为严重的是下游断流。自 1972 年大西海子水库建成后基本已无水下泄至塔里木河下游河道，导致了下游的生态退化，自然景观随河道的断流而发生了急剧的变迁。因此，如何在保证人类社会发展的同时，实现保护自然环境，防止生态系统的退化以及尽可能地恢复和重建受损的生态系统，改善人类的生存环境，实现可持续发展目标，已成为当今国际、国内生态学研究的前沿领域以及相关技术研发中的热点(艾里西尔·库尔班 等，2019)。面向生态学研究的前沿领域及热点问题，中国科学院新疆生态与地理研究所塔里木河生态水文研究团队，自 2014 年至今，承担国家自然科学基金项目并受相关部门委托相继开展了“塔里木河干流生态水配置关键技术研究”“塔里木河流域河道水量损耗占比研究”“河湖生态监测”和“台特玛湖输水量及适宜面积的研究”等项课题，在团队连续的研究、调研和监测等工作，并运用遥感和地理信息系统的理论和方法的基础上，经过反复推算和数据支撑，目前初步得到了台特玛湖的历史演变、天然-人工绿洲水量转化关系、台特玛湖与植被变化关系、台特玛湖生态保护目标及适宜规模等科研成果，集成《塔里木河下游尾闾台特玛湖生态监测与保护》专著。利用遥感和地理信息系统的理论和方法，数字化重现了 50

年来台特玛湖的历史演变过程，分析了台特玛湖的两大补给来源——塔里木河与车尔臣河水文要素变化特征，探讨了面向水资源合理配置的绿洲生产、生活用水与生态用水之间的关系，探讨基于水资源利用效率的塔里木河当代尾闾台特玛湖面积合理性，确定台特玛湖生态保护目标下的适宜规模，分析罗布泊历史演变及复苏的必要性和可行性。本章在回顾“塔里木河流域近期综合治理规划”项目实施过程基础上，思考与台特玛湖有关的几个问题，并提出塔里木河下游尾闾台特玛湖生态保护的建议举措。

10.1　台特玛湖的演变

台特玛湖位于新疆塔里木盆地东北部的若羌县，罗布洼地西南端，向东北还有上千平方千米喀拉和顺湖及面积最大曾达 5500km^2 的罗布泊(艾里西尔·库尔班，2019)，这 3 个湖过去是一组“串珠湖”，有河道连通。台特玛湖的水面高程在 801～803m。湖积平原南边为阿尔金山山前洪积-冲积平原，北为塔里木河下游冲积平原，西为车尔臣河冲积平原，西南为塔克拉玛干沙漠，东北为库鲁克沙漠。湖底地形平坦，湖的西岸及北岸界线较为明显，东岸界线已被风蚀，新月形沙丘大量发育，沙丘逐渐侵入湖区内，湖的南岸延伸较远，没有固定的界线可辨。

10.1.1　20 世纪 60 年代及以前，塔里木河与车尔臣河共同注入台特玛湖

根据本专著第 1 章所描述的诸多内容可知，罗布泊曾经是塔里木河与其相关联的孔雀河、车尔臣河等河流的最终归宿地，而罗布泊地区有三个相对较低的积水洼地，最南的是湖底海拔为 807m 的台特玛湖，中间的是湖底海拔为 788m 的喀拉和顺湖，最北的是湖底海拔为 778m 的罗布泊。根据 1969 年出版的 1∶100 000 地形图可知，河水将这三个洼地进行了彼此联通，三个湖泊被联接起来的干河床痕迹至今可见。

台特玛湖，在《新疆图志》(王树枬，2017)中(1911 年)称之为“阿不旦海”。书中记述，该时期台特玛湖除有塔里木河、车尔臣河流入外，还有来自阿尔金山的瓦石峡河、若羌河、米兰河流入；台特玛湖的面积最大时，延伸到罗布庄的东部，接近阿不旦。塔里木河从七克里克，一直流到喀拉和顺湖。

中国科学院新疆综合考察队在 1966 年出版的《新疆水文地理》一书中记述，台特玛湖的形状是东北西南方向长，南北方向窄，最窄处不到 1km。塔里木河从湖的东面注入，卡墙河(车尔臣河)从湖的西面注入，河口有较多的

汊流。湖的位置变化不大，但是随着河流下游注入水量的日渐减少，湖泊面积正在逐渐收缩中，面积约为 88km^2，湖中已有沙埂和小岛露出。湖底浅平，从北岸至湖心岛最深处不及 0. 8m，平均水深 30~40cm。湖周是一大片光板盐土。在湖的西岸，湖水的矿化度为 8. 56g/L；在分析塔里木河下游绿色走廊在现代历史变迁中，首先是塔里木河下游的流程开始缩短。1928 年之前，塔里木河的终点是在喀拉和顺湖，喀拉和顺湖在当时还是个流动的淡水湖，湖的四周长满芦苇。到 1928 年，喀拉和顺湖完全干涸。到了 1949 年，从铁干里克到若羌之间 240km 路内，沿途站口均无饮水。铁干里克附近的乌鲁克(100 户)、库兹勒克(200 户)等村庄的人们，由于缺水被迫迁往外地，村里无人留下。塔里木河下游严重缺水的情况一直持续到 1952 年，塔里木河中游的拉依河口修坝以后，塔里木河通过原有的旧河道，从铁干里克、阿拉干等地流向台特玛湖东南方向流去，最后注入台特玛湖。1957—1959 年间平均每年向台特玛湖输水达 4×10^8~5×10^8m^3，因此，又恢复了远至罗布庄的摆渡。从 20 世纪 50 年代到 70 年代初，是塔里木河下游绿色走廊生态环境较好的时间，而塔里木河下游绿色走廊的生态环境重新恶化始于 70 年代。

关于近代台特玛湖面积的变化，在阿布都米吉提·阿布力克木等(2016)研究成果中有记录：约瑟夫·查凡内在 1880 年所绘制的 1∶5 000 000 中亚地图中，孔雀河在阿拉干一带汇入塔里木河，然后在七克里克附近与车尔臣河一同注入台特玛湖，在台特玛湖地区有面积约 230km^2 的水域，台特玛湖东北有河道注入喀拉和顺湖(图中称谓罗布泊)，在喀拉和顺有水域面积约 1100km^2；由斯文·赫定所绘制的 1899 年至 1902 年塔里木河下游图中，台特玛湖水域面积为 208km^2，喀拉和顺湖水域面积为 1960km^2；以及 1903 年埃尔斯沃思·亨廷顿在其《塔里木盆地及周围地区图》中，台特玛湖地区绘制水域面积为 76. 6km^2，在喀拉和顺地区绘制 1400km^2 的水域；斯坦因在 1911 年、1916 年、1919 年、1925 年、1933 年所绘制的中国新疆和河西走廊西部地图中，在塔里木河下游绘制的台特玛湖水域面积为 70km^2 有余。

中国科学院新疆分院罗布泊综合科学考察队在《罗布泊科学考察与研究》(中国科学院新疆分院罗布泊综合科学考察队，1987)中指出，1942 年阿拉干与罗布泊沙漠之间距离仅为 15km。罗布泊的真正干涸是在 1972 年美国第一颗人造地球卫星拍摄的照片上反映出来的。

根据地形图，尤其是利用地球资源卫星相片以及上述历史文献资料内容，在 1921 年前的历史时期内，台特玛湖是塔里木河及车尔臣河的中间河，湖水向南溢入喀拉和顺湖，从南部入罗布泊。我们可以依据文献确定台特玛湖除有塔里木河、车尔臣河流入外，还有来自阿尔金山的瓦石峡河、若羌河、米兰河流入，台特玛湖的水域面积也不断变化。1964 年以前，塔里木河尚有较大水量入台特玛湖，车尔臣河每年亦有水汇入。据文献记载，1959 年，台特玛湖面积达到 183km^2。总之，20 世纪 60 年代以前，塔里木河与车尔臣河共同注入台特玛湖，台特玛湖是塔里木河与车尔臣河的当代尾闾。

10. 1. 2　1972—2020 年台特玛湖面积变化

1972—2002 年，台特玛湖入湖水量完全由车尔臣河承担，即该时段车尔臣河来水决定了台特玛湖的规模。这一阶段大致可以分为两个小阶段：

(1)1972—1989 年时段：1971 年塔里木河断流，无水注入台特玛湖，车尔臣河下游水量全部注入台特玛湖区，但由于间歇性供水，其后含跑水时段，故形成的水面积非常小(见第 9 章图 9-8)，除了 1973 年春一次特大洪水外，其他(有影像的)年份平均值仅为 23km^2，特别是 1976 年秋季、冬季湖面基本干涸。

(2)1989—2002 年时段：这一期间塔里木河仍然无水注入台特玛湖，仅有车尔臣河间歇性注水给台特玛湖。车尔臣河下游水体本应全部流入台特玛湖，但由于风向、地势等原因，在最终汇入台特玛湖的过程中 1989 年开始改道，下游水量逐渐转移跑水至台特玛湖以西的风蚀洼地，被高大沙丘阻拦后，停留在康拉克区域。

从 1989 年开始车尔臣河入台特玛湖的水量逐渐减小，该时段(有影像的)台特玛湖平均湖面面积(不含康拉克跑水水域)仅为 7km^2(见第 9 章图 9-9)，甚至在 1992 年、1995 年、1997 年、1998 年和 2000 年里，台特玛湖湖面面积几近为 0。若加上车尔臣河跑水，进入台特玛湖的水量只能在丰水年形成 30~70km^2 的湖面面积，其他年份基本干涸。

10. 1. 3　2000—2022 年台特玛湖面积变化

随着 2000 年塔里木河下游生态输水工程的开展，自 1972 年干涸的台特玛湖，直到 30 年后的 2001 年秋塔里木河水通过库尔干以下的 14km 人工河道到达台特玛湖区，形成一定面积。2010 年底以后因塔里木河下游应急输水量多、持续时间长，故台特玛湖保持相对较大水面。不同年份最大水面积变化情况如图 10-1 所示。

2000 年塔里木河下游实施生态输水工程，前期未到达尾闾湖，2003 年塔里木河下游从大西海子水库下泄水量 3.4×10^8m^3，车尔臣河也有一定水量注入，台特玛湖才形成一定面积，水面达到 190km^2；2006 年塔里木河水只流到库尔干，未入台特玛湖，到了 2009 年及 2010 年上半年处于无水状态；2010

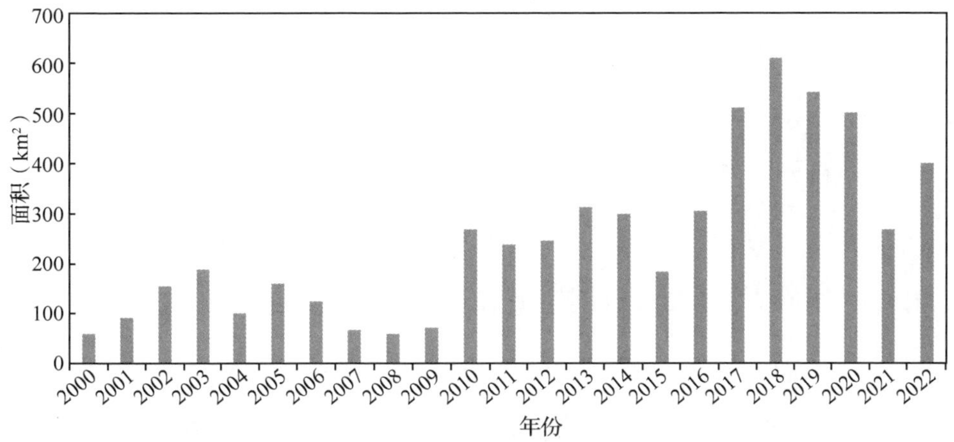

图 10-1　2000—2022 年台特玛湖最大面积(年内，含康拉克水域)

年初接近干涸；2010 年夏天开始重新入水，2010 年 8 月台特玛湖水面达到约 300km^2；2013 年初台特玛湖水域面积超过 320km^2；分别在 2017 年 10 月、2018 年 10 月、2019 年 3 月、2020 年 3 月，台特玛湖水面积分别达到 511km^2、611km^2、540km^2、501km^2。

2021 年 4 月、7 月及 9 月(台特玛湖+康拉克洼地)水面面积分别为 214km^2、152km^2 和 110km^2，平均面积为 159km^2，而地表植被面积约为 514.6km^2。综合分析，台特玛湖水面在年际上有所变化：车尔臣河形成的水面变化幅度小，塔里木河形成的水面变化幅度大(图 9-11)。主要原因是塔里木河干流流经 1300 多千米，受沿途损耗及分流等众多因素影响，大西海子水库下泄水量不稳定所致。而车尔臣河距台特玛湖较近，其下泄水量基本流入尾闾湖。车尔臣河实现了台特玛湖不连续干涸，塔里木河决定了台特玛湖的规模。

塔里木河河下游来水激增与生态输水影响范围的受限：2000 至 2021 年，大西海子水库累计下泄水量 87.95×10^{8}m^3，年均下泄 4.0 × 10^{8}m^3。随着塔里木河下游生态输水工程的不断推进，塔里木河下游来水激增。根据新疆塔里木河流域管理局监测资料，2016—2020 年塔里木河下游各断面平均地下水相对于 2000 年抬升了 45.8%。由于大西海子水库以下河段缺乏控制性水利工程，生态输水影响范围被束缚在河道两侧 1km 范围内。同时，近年来长期、大剂量的依靠单河道或双河道输水导致地下水位呈顶托态势，使得生态输水大量注入台特玛湖。

随着塔里木河下游水情的逐步稳定，湖面大小与阿拉尔水文站来水丰枯关系的一致性逐步增强。2002—2006 年，塔里木河阿拉尔水文站平均年来水量达到 $47.8\times10^8m^3$，这一时段湖面面积达到 $108km^2$。2007—2009 年，塔里木河流域整体的连续枯水期，大西海子水库无水下泄，台特玛湖湖面面积减小至 $6km^2$；直至 2010 年，阿拉尔水文站来水 $67.2\times10^8m^3$，2010—2013 年年均来水量达到 $55.9\times10^8m^3$，台特玛湖湖面持续增大，面积达到 $173km^2$。2014 年为塔里木河特枯水年，来水量仅 $22.6\times10^8m^3$，随之湖面面积减小到 $14km^2$。

10.2 台特玛湖生态功能定位

台特玛湖是塔里木河和车尔臣河的尾闾，是若羌县最重要的生态屏障之一，与喀拉库顺湖、罗布泊同为罗布泊地区的三大洼地。台特玛湖是由阿尔金山冲积平原和塔里木河交汇处的低地积水形成的，过去曾和罗布泊相通。车尔臣河与塔里木河干流均注入尾闾台特玛湖，组成一道绿色屏障，有力阻挡了塔克拉玛干和库鲁克塔格两大沙漠合拢，共同维系着塔里木盆地东南缘的重要生态安全屏障，保护着塔里木盆地东南缘绿色走廊的生态安全。

台特玛湖生态地位的重要性不仅仅是表现在其阻止塔里木河东边的库鲁克沙漠(也称罗布沙漠)和西边的塔克拉玛干沙漠两大沙漠的合拢，同时，也表现在它是候鸟迁徙的栖息地、中转站，当地野生动物重获生机的保护地，对保障物种多样性具有重要意义。台特玛湖和塔里木河下游及大西海子水库共同组成由河道、湖泊及其周边天然植被构成的绿色走廊，在塔里木盆地东北部发挥着重要的生态经济功能和效益。因此，厘清台特玛湖的生态功能定位显得十分重要。

生态功能区划为流域生态保护与修复提供重要的科学参考。而塔里木河流域由于缺少生态功能区划导致目前生态修复工程缺乏针对性，生态引水工程布局欠佳，以及生态修复和水资源管理的成效低下。为此，在对区域生态环境特征分析的基础上，建议将流域内不同区域的水文过程与生态结构、服务功能及生态环境敏感性相结合，依据生态功能区划原则、方法和指标体系，形成塔里木河流域生态功能区划方案，即将该流域分为 2 个生态大区、4 个生态区、28 个生态亚区。这一研究成果由邓铭江、樊自立、徐海量等共同撰写《塔里木河流域生态功能区划》，在 2017 年《干旱区地理》上已发表，在此简要叙述：塔里木河流域山区和盆地大体各占一半，盆地干旱少雨不产流，地表径流产于山区，通过大小河流流向盆地。根据水资源利用和生态保护规划，一级分区应以大地形单元分为山区和盆地两部分，山区是径流形成区，盆地是径流消耗、转化和散流区。在一级分区内再进行二级分区，山区根据山系组成、景观垂直结构进一步划分为两个二级单元：Ⅰ$_1$ 天山南坡中段荒漠、草原、森林生态较稳定区；Ⅰ$_2$ 帕米尔—昆仑山荒漠干寒草原生态不稳定亚区。按以上分区系统和分区标准，得到塔里木河流域生态分区评价保护方案及分区图(图 10-2 和图 10-3)，图中分区代码与本方案一致。

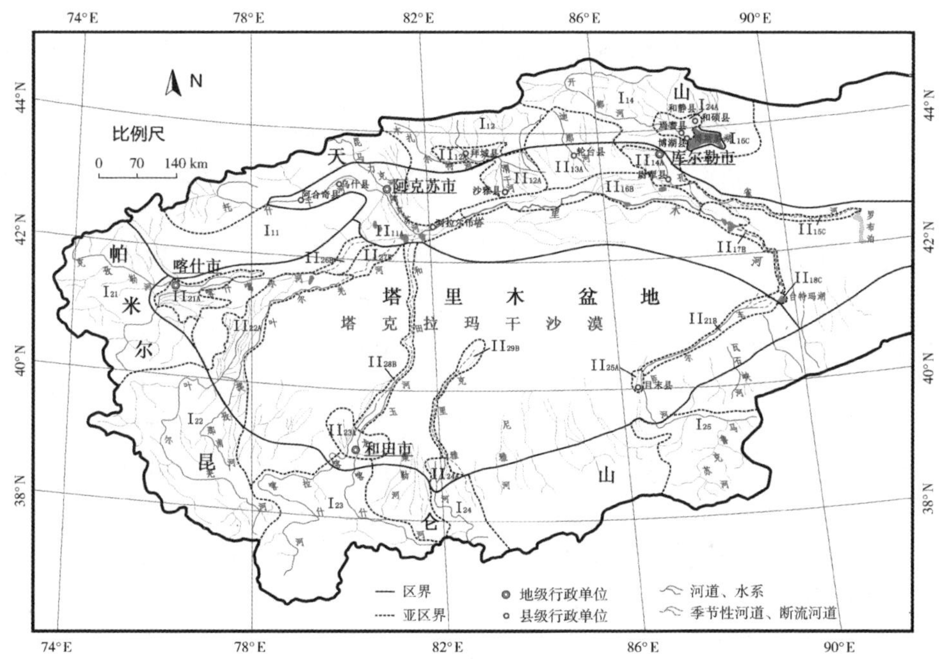

图 10-2　塔里木河流域生态分区

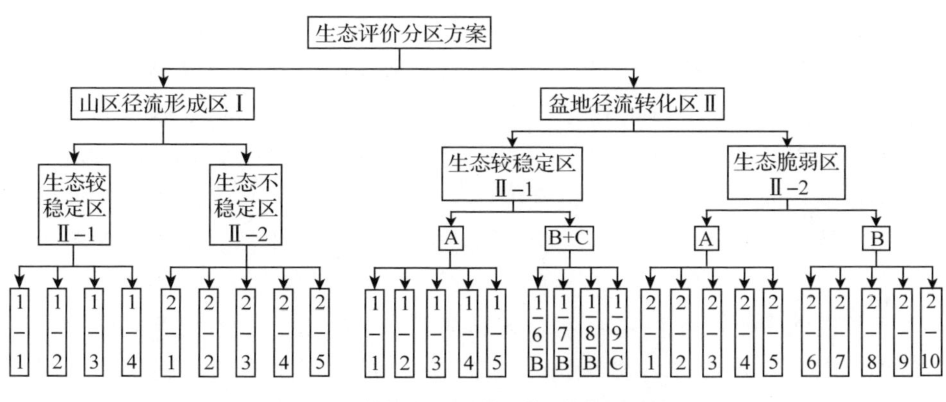

图 10-3　塔里木河流域生态功能分区结构

其中，Ⅱ$_{1-5B}$ 孔雀河中下游绿色走廊生态崩溃亚区、Ⅱ$_{1-7B}$ 塔里木河干流上、中游生态脆弱亚区、Ⅱ$_{1-8B}$ 塔里木河干流下游绿色走廊生态崩溃与恢复亚区和Ⅱ$_{1-9C}$ 台特玛湖尾闾咸水湖保护亚区以及Ⅱ$_{2-10B}$ 车尔臣河中下游绿色走廊生态较脆弱亚区归类到了塔里木河流域“九源一干”盆地生态功能区划的“绿色走廊 B 和湿地沼泽 C(径流散失和聚积区)”范围，属于盆地径流消耗、转化和散失大区。

塔里木河干流下游绿色走廊生态崩溃与恢复亚区(Ⅱ$_{1-8B}$)。塔里木河下游从恰拉开始直到台特玛湖，全长约 428km。可划分为两段，上段为恰拉—铁干里克绿洲，1958 年开荒建场时，水量较大，后因河流来水减少，修建引孔济塔干渠，灌溉用水保障程度差，出现干旱，致使 2006—2008 年部分耕地退耕。该段又处于“风之头”，大风和沙尘暴天气多，危害大，耕地盐渍化也较普遍，属生态不安全绿洲，今后应合理调配孔雀河供水，适度从塔里木河引水，全力保住现有耕地。从大西海子水库以下到台特玛湖全长 321km，河水断流长达 30 多年，使两岸地下水位下降 6~12m，植被衰败，草本植物死亡，胡杨大面积枯死，沙漠化以每年 0.27%速度增长，“218”国道有 145 处积沙，生态完全崩溃。塔里木河应急输水工程实施后，截至 2012 年累计向下游输水 $43\times10^8m^3$，使两岸地下水埋深上升到 2~4m，部分地段还有地表积水，沿河两岸乔、灌、草恢复，生长良好，生态由全面崩溃向好转方向发展，今后若能平均每年从大西海子水库下泄 2.0×10^8~$2.5\times10^8m^3$ 水量，生态与环境还会进一步改善(陈亚宁 等，2004)。

台特玛湖尾闾咸水湖湿地保护亚区(Ⅱ$_{1-9C}$)。台特玛湖是塔里木河和车尔臣河的尾闾湖，1983 年以前是一个间歇性有水湖泊，面积最大时曾达 $170km^2$。1983 年以后完全干涸，1999 年才见到局部有水，连续干涸 17 年，干涸后湖中形成 1m 高沙丘。台特玛湖是目前塔里木河下游保留下的唯一湖泊，具有养鱼、育苇和为候鸟迁移提供栖息地功能。若台特玛湖干涸将会演变成一片沙海，对 218 国道和青新铁路会带来巨大危害。从 2000 年开始的向下游生态输水，使湖面达 $189km^2$，最大时达到 $502km^2$(包括康纳克湿地)，通过历史数据及前人研究结果并根据河流来水的丰枯变化，建议台特玛湖湖面面积需维持在 $30km^2$ 以上，年均需 $4500\times10^4m^3$ 由塔里木河和车尔臣河各承担一半。

车尔臣河中下游绿色走廊生态较脆弱亚区(Ⅱ$_{2-10B}$)。车尔臣河绿色走廊由塔提让以下到入台特玛湖，全长约 280km，东为阿尔金山山前雅克托里克沙漠，西岸紧切塔克拉玛干沙漠，向东北流过，改线后的“315”国道从绿色走廊东侧穿过。车尔臣河在塔提让年下泄水量为 2×10^8~$2.5\times10^8m^3$，约占其径流量的 40%~50%，所以两岸植被生长较好，以芦苇草和柽柳灌丛为主，胡杨呈零星分布(李丽 等，2012)。陈涛(2012)认为，为了保护台特玛湖，车尔臣河每年可补给入湖水量0.3×$10^8$$m^3$。车尔臣河下游入湖三角洲在20纪七八十年代发生改道，东偏北流，在塔克拉玛干沙漠中的风蚀洼地，形成数十个小湖，这些小湖连接起来构成康拉克湿地，面积不少于50~100km^2，如将这些小湖入水口封堵，使河水沿古道入台特玛湖，将会使台特玛湖水域面积保持30km^2以上，其经济和生态效益会更大。本书第二章“2.1.3 丰枯变化分析”对车尔臣河来水量进行丰枯变化分析并认为：基于PⅢ型频率曲线法以及距平百分率法综合分析，得到丰水年河流来水量为6.630×$10^8$$m^3$，平水年河流来水量为5.319×$10^8$$m^3$，枯水年河流来水量为4.820×$10^8$$m^3$。

综上所述，在塔里木河流域生态功能区划过程中，提出了生态功能区划的原则：生态过程地域分异原则、生态区域的相似性和差异性原则和以生态水文过程的相互制约性和协调性为原则；还制定了生态功能区划的依据：第一级分为山地径流形成和盆地径流消耗两个大区。第二级在一级大区内，山地以山系构成及其景观垂直带对生态稳定性影响进行划分；盆地按大的景观类型结构比例和组合进行划分。第三级在第二级内划分亚区，山区按各源流的径流补给特点冠以流域名称。该分区可对包括塔里木河下游和台特玛湖在内的整个流域实现水资源的优化配置和生态环境保护提供了参考依据。

10.2.1 台特玛湖在河湖生态健康中的重要生态经济功能

河湖生态系统与社会、经济、人文以及生态环境等密切相关，我们要建设“健康河湖”“美丽河湖”“幸福河湖”。由于人类活动的不断加剧与经济社会的高速发展都对河湖生态系统造成了不同程度的负面影响。河湖生态系统具有多种保护意义。首先，河湖生态系统具有调节气候的功能，它能够保证全球气候的稳定性和大气循环的稳定性。其次，河湖生态系统能够改善生态环境，在生态系统中，各种生物因素息息相关，互相制约、互相联系。一个健康的河湖生态系统具备完整且合理的结构与功能。它能够为整个生态系统中的所有生物提供源源不断的能量与物质资源，这与可持续发展理念是一致的。

而台特玛湖作为塔里木河的尾闾湖，是塔里木河干流生态水文完整性的一个重要标志，也在河湖生态健康中有着重要地位。生态水文过程的完整是河流生态功能发挥的基础，对于鱼类洄游通道的打通，上、中、下游协调发展以及生态保护目标的实现意义重大。这也就是塔里木河综合治理目标确定为水流必须到达台特玛湖的根本原因。只有如此，我们才能说塔里木河是一条完整的河流。因此，保护和恢复塔里木河下游尾闾台特玛湖才能保护整个流域的生态系统的完整性。艾里西尔·库尔班等(2019)认为，台特玛湖具有重要的生态经济功能：①可以发展渔业。过去居住在这里的罗布泊人是以渔猎为生，过着“不食五谷，以鱼为粮，织野麻为衣，取雁毛为裘，借水禽翼为卧”的生活，湖泊沼泽变干后不得不迁徙他乡。维持一定的水域面积，可以养鱼，建成若羌县的养鱼基地，发展渔业。2003 年有水时，项目组成员就见到湖边有捕鱼的人。②为候鸟迁徙提供临时栖息地。过去有水，春天湖冰融化时，候鸟汇聚，一群一群，热闹非凡，它们从温暖的南国越冬之地(印度)回到北方故乡，筑巢交配，生儿育女，换毛长膘，到秋天又原路返回。台特玛湖成为候鸟的歇脚地，否则它们很难越过塔克拉玛干沙漠。③可成为国家一类保护动物新疆大头鱼的生存繁衍基地。新疆大头鱼过去在罗布泊和台特玛湖很多，有个体和人身一样长的。20 世纪 70 年代在塔里木河还可捕到十多千克重的，80 年代就很难见到了，如今，新疆大头鱼已被列为国家一级保护动物。近年在车尔臣河发现仍有新疆大头鱼生存，可能与这条河上游没有大的水利工程影响其洄游繁育有关。离罗布庄不远的康拉克湿地如今已被列为新疆大头鱼的保护繁衍基地。建议将康拉克沼泽湿地移至台特玛湖，将更有利于保护新疆大头鱼。④可以发展人工育苇基地。台特玛湖若能保持常年有水，就有可能发展成为育苇基地。在康拉克围堤筑堰，拦截车尔臣河水，形成 50~100cm 以上的水深，生长的芦苇可与博斯腾湖的一样高大，是良好的造纸原料，每年都可有批量的芦苇向周围地区运送，经济效益显著。在台特玛湖周边不少地方有残存 50cm 厚的泥炭和粗大的苇根，说明只要有水，就能生长高大芦苇，有可能发展成为育苇基地。⑤可以发展养貂。水貂也叫麝鼠，是水陆两栖类动物，十分珍贵的毛皮兽，貂皮素有“软黄金”之称。20 世纪新疆各地都有散养，但以塔里木河为多，20 世纪 70 年代仅尉犁县在洛乎罗克湖一带的湿地就有 7 万多只，占当时全疆水貂的 1/4，后因洛乎罗克湖干涸，养貂才停止。保护台特玛湖形成一定面积湿地，发展水貂养殖也能带来可观的经济效益，而且这里没有水利工程建筑，养貂不会对其产生危害。

10.2.2 台特玛湖在交通中的通道功能

台特玛湖是保证新疆与内地连接的第二条战略通道，是保证生态安全的交通通道。台特玛湖位于新疆巴音郭楞蒙古自治州若羌县境内，处于“218”国道与“315”国道衔接地，是塔里木河和车尔臣河的尾闾湖，是目前塔里木河下游保留下的唯一湖泊，自古以来就是内地通往中亚和新疆通往内地的第二条战略通道(包括：若羌—伊宁“218”国道、库尔勒—格尔木铁路、库尔勒—若羌高速公路)，作为内地通往中亚和新疆通往内地第二条战略通道的“天然屏障”，生态输水遏制了其生态恶化趋势，再现了原已消失的台特玛湖湿地景观且在2017年年末形成逾500km^{2}的现代历史最大湖面。曾是古“丝绸之路”的必经要道。艾里西尔·库尔班等(2019)等认为，台特玛湖在地理和交通中有重要通道功能：台特玛湖所在的若羌县，是我国面积最大的县，有近20×10^{4}km^{2}面积，境内的阿尔金山有铁、铜、银、黄金、玉石等矿产资源。罗布泊有丰富的钾盐，是世界少有的大型钾盐矿，储量居国内第一位，现已进行工业化生产。若羌县的红枣，驰名全疆，远销沿海各地，种植红枣已是当地农民致富的主要手段，全县农民人均收入达14 000元，为西北各省(自治区)之首。若羌有著名的楼兰、海头、米兰及瓦石峡古遗址，又有全国面积最大的阿尔金山自然保护区和国家级的罗布泊野骆驼保护区，旅游和探险资源也很丰富。因此，若羌县城有可能发展成塔里木盆地东部工业、农业、交通和旅游重镇。台特玛湖南距若羌县城50km，“218”国道从中通过。若羌县城正处于“218”国道与“315”国道衔接地，东通青海、甘肃，南达且末、和田，古代就是“丝绸之路”必经之地。在过去交通工具落后的情况下，依靠畜力运输，交通驿站多分布在河道形成的绿色走廊中，如罗布庄、库尔干、阿拉干和英苏都是塔里木河下游重要的驿站。如果说过去制约若羌县发展的主要社会经济要素是交通，仅有公路，运输不便的话，现已修建开通的青新铁路(由格尔木到库尔勒)和环塔里木盆地的铁路(由和田到若羌，再延伸到罗布泊镇至哈密)给若羌县带来了前所未有的、更大的发展前途。如果不保护台特玛湖湿地，使之变干，将会演变成一片沙海，不仅威胁现“218”国道，也将影响未来铁路和公路，对若羌社会经济发展会造成很大不利。故保护台特玛湖是事关今后若羌和塔里木盆地东部发展的长远大计，保护台特玛湖，发挥其在交通中的通道功能功在当代，利在千秋。

10.2.3 台特玛湖在沙害防治中的屏障功能

台特玛湖干湖盆区风力强劲，地面裸露，地层结构松散，极易风蚀，沙丘发育，移动快速，风沙对公路安全运行构成了巨大的威胁。风沙危害形成过程可以分解为风沙流的侵蚀过程、搬运过程和堆积过程，其结果造成风蚀、磨蚀、沙埋等危害。区域风沙危害主要表现形式是沙丘前移压埋危害、风沙流滞留积沙危害以及风蚀危害。库鲁克沙漠由东北向西南侵入台特玛湖区，在公路沿线湖相沉积地表分布着大量的形态低矮的新月形沙丘和线形沙丘，在强劲风力作用下快速移动，并可跨越防沙体系继续向路基移动，形成路面沙害。

路面积沙会影响道路正常通行，日常的客运班车只能依靠推土机清沙抢通，保持临时通行。乌若高速目前受风沙影响，路面积沙严重，通行风险高

(图 10-4)，同时道路养护工作量大，资金投入高，沙害严重影响道路通行，是经济发展的一大制约瓶颈。由于塔里木河下游断流期间，台特玛湖无水进入，湖面急剧萎缩，使湖上的沙子向西移动，东湖干涸，发展为沙漠化，成为新的沙尘暴。

图 10-4　乌若高速公路的路段积沙

这里我们仍然引用艾里西尔·库尔班等(2019)在《塔里木河下游生态保护与实践》一书中的两段野外考察纪实为佐证：

一方面，台特玛湖附近沙漠化发展状况是令人触目惊心，也是被我们几代科研人员见证了的现实惨状。1979 年，老一辈科学家樊自立参加新疆荒地资源考察来到位于台特玛湖北岸的罗布庄，那时还有养路道班和工人，车尔臣河通过罗布庄大桥时河道中还有积水，河中还有一艘木船(见图 1-5)，两岸生长着高大茂密的芦苇，附近只有低矮固定沙丘，在桥东一个 2m 高的固定沙丘上有一个 4m 高的测量标志三脚架。1982 年他再次来时，车尔臣河的西侧还残存积水，“218”国道还没有改建，穿过台特玛湖公路东侧，上风向路完全被沙埋，形成 1~2m 高的沙堆，路面有 30~50cm 厚的积沙，汽车难行。以后他每次来都看到沙漠化不断扩张。1999 年樊自立第六次来考察时，大桥全被沙埋，桥面上积沙厚度 1m 多，只能看到还没有被沙子全部掩埋的护桥栏杆，车尔臣河的东西两岸形成 3~5m 高的半流动沙丘(见图 1-6)，湖底为 0.5~1.0m 高的舌状或盾状沙丘，呈一片沙海景观。为了防止流沙危害公路，在上风向扎了近 100m 宽的草方格沙障，不久草方格沙障也被沙埋，路面已积沙 30~60cm，原在半固定沙丘上的三脚架也被沙埋。附近流动和半流动沙丘的高度上升到 6~8m，成为一片沙海；2001 年开挖的向台特玛湖放水渠，由于长期没有进水，到 2007 年附近全变成 3m 高的流动沙丘。2001 年后塔里木河又回到原河道，台特玛湖进水，环境虽有所改善，但从 2006—2009 年，湖盆又连续 3 年没有进水，湖底积沙又起，湖中低矮沙丘遍布，湖东的沙子通过过水洞吹向湖西，形成宽 3～5m、高 1～3m、长 20～30m 的沙梁。这些都说明在极端干旱的荒漠区，高大的沙丘形成后，要想逆转是十分困难的，证实了梁匡一先生 1983 年预言“在强烈的风蚀、风积作用下，一片荒漠上有 10m 高的流动沙丘，将使台特玛湖无湖痕可辨”，这绝不是危言耸听。

另一方面，众多的湖泊湿地演变成沙漠，也要求必须保护台特玛湖。塔里木河和孔雀河下游，过去是一个多湖沼地区，除罗布泊和喀拉和顺湖干涸外，最少还有 5 个湖群组，但现在均已消失，演变成沙漠，加速了绿色走廊环境恶化。①柴鲁特库勒湖群：这是 1942 年塔里木河下游向沙漠尖灭的湖群组，共有大小湖泊 12 个，1959 年干涸，地面遗留 20cm 的粗泥炭层，有些地方出现风蚀洼地和辫子状沙丘，目前全是半固定和流动沙丘。②罗尔代克湖群：又名孔雀海，这是孔雀河支流艾列克河在阿拉干以北形成的一系列“串珠湖”，面积在 $100km^2$ 以上。20 世纪 60 年代还有铁干里克的农田排水流向这里，1982 年全部干涸，演变成 2～4m 高的半固定沙丘，不少地段河旁和湖边胡杨已被沙埋，只露出树冠。③帕塔里克湖群：这也是由孔雀河一条支流向东南流入沙漠中形成的。《辛卯侍行记》称其为“营盘海子，周约三十里”。1934 年陈宗器也看到孔雀河在营盘以下“沿岸有无数湖泊，南岸尤多，为淡水或咸水，视其有出口与否而定。产鱼、多草。……湖以雅堪尔居为最大，长在二十里以上。”1942 年地形图上，这些湖泊大都存在，1962 年以后因孔雀河下游断流而干涸，遭受风力蚀积影响，形成风蚀与风积地貌相间景观。④彦格库尔湖群：在恰拉以南，这是塔里木河在汛期注入南岸沙丘洼地潴水而成，共有 12 个小湖，水域面积近 $100km^2$，是 31 和 32 团主要产鱼基地，1978 年还能捕到十多千克重的鱼。1980 年以后灌溉缺水，封堵了进水口，全部干涸。⑤洛乎罗克湖：1983 年面积 $157.7km^2$，面积最大时曾达 $280km^2$，湖最深时 3～4m，是塔里木河的一条支流乌斯曼河水注入形成的。过去丰水期有一部分从湖中流出入恰拉水库，现已干涸，还有一部分残存的芦苇，湖滨已形成 3～4m 高的固定和半固沙丘。在其附近的群克和阿克苏甫沼泽湿地，地下水埋深已降至 4m 以下，大部分芦苇等草本植物枯死，荒漠化在不断蔓延。

内陆湖泊是一个独特的生态系统，被誉为“大地之肾”，在维护生态平衡，特别是水平衡、调节气候、降解污染、提供珍稀动物栖息地和保存生物多样性方面，具有不可替代的作用。台特玛湖湿地若消亡，将会演变成一片沙海。因此，台特玛湖的水域在阻挡风沙方面有着重要作用，也可以使绿色走廊长期存在，更能从东面和北面防止塔克拉玛干沙漠扩大。

10.3 台特玛湖的积盐过程

在干旱区，土壤盐渍化是长期存在的问题，而内陆河流域困扰世界的一个难题就是盐最终汇集到哪里？它不像沿海地区可以通过河流将盐带入海洋，而塔里木河流域盐分最终的归宿就是罗布泊。因此，罗布泊成了一个盐的世界，土体中盐层厚度高达几米甚至几十米。随着罗布泊的干涸，在近几十年来台特玛湖承担了流域盐分汇聚地的作用，假如流入的河水是 0.5g/L 浓度的淡水，$1\times10^8m^3$ 水流入湖泊，每年也将带来 5×10^4t 的盐，数十年的积累，这也将是个天文数字。

10.3.1 罗布泊盐壳形成条件

据樊自立(2012)编著的《塔里木河与罗布泊研究》、中国科学院新疆分院罗布泊综合科学考察队(夏训诚，2007)汇编的《罗布泊科学考察与研究》一书中记载，罗布泊在《史记·大宛列传》中称作盐泽，顾名思义这里是一个低湿的盐沼地。《汉书·西域传》中也讲到罗布泊地沙卤，卤的含义就是被盐浸泡的意思。《水经注·河水篇》中对罗布泊的盐壳作了确切逼真的记述，称“地广千里，皆为盐而刚坚也，行人所经畜产皆布毡卧之，掘发其下，有大盐方如巨枕。”《太平御览》引《凉州异物志》也描述罗布泊的盐壳为“刚卤千里，蒺藜之形，綦下有盐，累綦而生”。罗布泊干涸湖盆及其外围地区的盐壳的总面积超过 $2\times10^4km^2$，是国内罕见的积盐最重地区之一，盐壳种类多，形态各异，成因不一，化学成分亦不相同。

就盐壳形成的条件来讲，罗布泊的盐壳分布与其特定的地质、地貌、水文地质及气候条件有关。在地质方面特点看，罗布洼地属塔里木稳定地块的奥哈尔特隆起。早更新世时，塔里木平原分为两个独立的盆地：南面的盆地水流汇入莎车洼地；北面的盆地水流汇入库车洼地。奥哈尔特隆起为两个盆地的分水岭，它所在位置就是今天的塔克拉玛干沙漠。由于第四纪新构运动的结果，塔里木平原南部和西部毗连较大的昆仑隆起，这里上升的高度比平原北部和东部边区上升的高度大，这样一来，塔里木平原就具有朝东北方向倾斜的一面坡度，促使昆仑山的河流向平原北部流去，并和从天山来的河流汇合而形成统一的水系，其终点就是罗布洼地。所以，从第三纪末到第四纪初，罗布洼地就成为塔里木盆地地表径流和化学径流汇集的中心，从此也就开始了盐分聚积。

从地形方面看，罗布洼地北为库鲁克塔格，东为北山，南隔库木塔格沙漠与阿尔金山相接，西为库鲁克沙漠，洼地海拔在 780~800m，在罗布泊湖盆区，地形却十分平缓，海拔 780m，实测湖盆高差只有 1~2m。在这样一个十分广袤而平坦的湖盆中，湖水很浅，入湖水量的稍许变化，就会引起湖泊范围的很大变化，且有助于湖面蒸发，极易积盐。注入罗布洼地的河流有塔里木河、孔雀河、车尔臣河，较小的还有瓦石峡河、若羌河及米兰河等。第四纪初东部疏勒河水也流入罗布泊。这些河流大都依靠冰雪融水、降雨及地下水补给。从径流形成区起，沿途逐渐溶解土壤及风化产物中的易溶盐，源源不断地向洼地输送(表 10-1)。受封闭地形的限制，被流水携带来的盐分无外泄条件，长期累积，为盐壳形成提供了充分的物质来源。

表 10-1 注入罗布洼地各河流水化学分析资料

河名	干涸残渣 (g/L)	离子总量 (g/L)	易溶性盐分(毫克当量数)						
			CO_3^{2-}	HCO_3^-	Cl^-	SO_4^{2-}	Ca^{2+}	Mg^{2+}	K^++Na^+
塔里木河(卡拉)	1.16	1.04		0.234	0.157	0.367	0.075	0.073	0.140
孔雀河(尉犁)	1.47	1.38		0.315	0.215	0.441	0.053	0.134	0.173
车尔臣河(塔提让)	0.97	0.90		0.223	0.241	0.240	0.059	0.049	0.195
若羌河(县城)	0.63	0.61		0.619	0.107	0.230	0.034	0.053	0.103
米兰河(36 团)	0.52	0.52		0.146	0.107	0.120	0.053	0.032	0.060
疏勒河(两湖)		2.00		0.218	0.288	0.909	0.199	0.098	0.290

罗布泊除为塔里木盆地地表水的汇集中心外，也是地下径流的汇集中心。汇聚来的地下水因长期处于停滞状态，强烈蒸发浓缩，结果导致其矿化度很高。洼地边缘矿化度为 3~20g/L，稍向里边为 30~50g/L，到湖盆中心高达 100~200g/L(表 10-2)，当出露地表时，很快就可结晶成盐。

众所周知，罗布泊地区是我国极为干燥的地区之一，根据若羌县和铁干里克气象站资料，年均降水量只有 20.5~45.7mm，而年蒸发潜力却高达 2602~2798mm。在这种极端干燥的环境中，强烈的蒸发，不但能加速湖水浓缩使其矿化度的升高，同时也会使高矿化的地下水沿毛管上升至地表，迅速结晶形成坚实的盐结壳。又由于降水极端稀少，致使过去或者现在聚积盐分，且均不能被淋溶，所以使盐壳得以长久保存下来。

夏训诚(2007)认为，按照成因和形态的不同，罗布洼地的盐壳可以划分为埋藏盐壳(分布于湖盆北部的台地上，即所谓新老方山系沉积的顶面上)、块状盐壳(主要发布在湖盆北部、西部的湖成阶地及湖中小岛上)、厚层龟裂状盐壳(这种盐壳在罗布泊分布比较广泛，但主要集中在湖盆中心，即为卫星

表 10-2　罗布洼地地下水典型水点化学分析资料

剖面号	离子总量(g/L)	易溶性盐分(毫克当量数)						
		CO_3^{2-}	HCO_3^-	Cl^-	SO_4^{2-}	Ca^{2+}	Mg^{2+}	K^++Na^+
罗-3	142. 60		0. 316	75. 303	15. 921	0. 794	5. 703	44. 761
罗-4	213. 20		0. 195	74. 285	70. 120	11. 045	13. 041	44. 514
罗-5	105. 10		0. 156	53. 993	13. 804	1. 095	4. 764	31. 358
罗-6	64. 30		0. 602	25. 960	19. 188	0. 876	5. 061	15. 692
罗-1	52. 10		0. 110	21. 044	12. 602	0. 804	1. 336	16. 270
罗-6	125. 10		0. 141	56. 857	23. 168	0. 795	3. 325	40. 808
罗-7	4. 10		0. 259	1. 528	0. 977	0. 324	0. 244	0. 775
罗-11	16. 20		0. 122	7. 316	3. 179	1. 002	0. 704	3. 807
罗-12	19. 20		0. 056	10. 360	2. 043	1. 164	0. 837	4. 797

相片上“环束线”所在的范围以内，也就是浅色“环束线”条带部分内)、薄层龟裂状盐壳(这种盐壳主要分布在罗布泊最后消亡退出的湖盆中及“环束线”的暗色条带部分)、棱角状盐壳(主要分布在罗布泊东部阿其克谷地、湖盆南部与山麓洪积扇扇缘过渡地段，以及喀拉和顺湖和台特玛湖湖盆的外围地区)5种类型。

根据中国科学院新疆分院罗布泊综合科学考察队(1987)的考察结果和樊自立(2012)、夏训诚(2007)的研究结果，我们分析罗布泊盐壳类型与湖泊演变关系认为：第四纪初罗布泊的范围是很大的，以后逐渐缩小，直至最后干涸，在这个漫长的历史变化过程中，随着湖泊演变的阶段不同，形成不同类型的盐壳。凡是因湖水干涸而形成的盐壳都具有龟裂的特点，这是由于受到湖水浸润而发生湿涨干裂作用的结果。它和湖滨没有受到湖水漫溢形成的盐壳有明显差别。反过来，从这些不同类型盐壳的分布状况也可看出，罗布泊自第四纪初形成以来，一直存在于罗布洼地中，进入全新世历史时期，罗布泊仍在不断缩小。从湖泊演变遗留下的痕迹——由厚度不等的盐壳形成的几乎呈同心圆形的环束线看，罗布泊是沿一个方向从东向西退缩的。这期间可能有过水量大小的变化，但湖水从未越出过湖盆的范围，没有发生过游移和变迁，直到它全部变干之前，一直是塔里木盆地的汇水、积盐中心，亦是塔里木盆地各主要河流的终点湖。

10. 3. 2　台特玛湖盐渍化问题

新疆地区的山脉和盆地在地质时期曾经都是海洋，随着时间的推移，这些地区逐渐形成了山脉和盆地。第三纪成土过程中，土壤普遍含盐较高。为了农业种植，农民必须开展一个压盐洗盐的过程，洗出的盐通过排渠最终流入塔里木河，实际上，塔里木河就是一个“盐分的搬运工”，保障了流域农业的发展。它将源流、干流的上、中游广阔的农田盐分源源不断汇入台特玛湖。而在塔里木河断流期间这些盐分被截留在大西海子水库，导致大西海子水库水的矿化度不断上升，造成直接用于灌溉棉花等作物出现大面积死亡的现象很普遍。而塔里木河流域综合治理后，大西海子水库的水质明显好转，原因就是盐分流向了下游，实际上进入了台特玛湖。

干旱区强烈的蒸发将浅水湖转变成“晒盐场”。台特玛湖所属区域位于干旱区暖温带，这里年蒸发潜势达到 3500mm 以上，而湖水又较浅，平均在 30~60cm，大量的水分在这一广阔的极端干旱环境下被蒸发，神似一个晒盐场。水分蒸发后即使是小于 0.5g/L 的淡水，最终也一定会变成高盐水。

在塔里木河流域实施生态输水工程前，中国科学院新疆生态与地理研究所科研人员在调研台特玛湖时，曾挖了近百个土壤剖面，基本上在 20~30cm 沙层下，都是厚度为 30~90cm 不等的盐壳，当水流入台特玛湖区域，盐壳融化造成矿化度急剧增大。同时根据《国家地表水环境质量标准》，台特玛湖的水质超标主要是矿化度，即与盐分相关的指标，如矿化度和 pH 值，如果不考虑盐分指标等问题，台特玛湖的水质甚至可以达到二类水的要求，因此，我们在认识和评判劣五类水质时，应该清楚地认识到这就是盐的问题。

综合以上，干旱区内陆河的特点决定了其尾闾湖的水质一定会变成高盐水，这一点是不随人的意志为转移的，例如玛纳斯湖、艾比湖、柴窝堡湖都是类似情形。艾比湖之前常年因水质劣五类被处罚，后经与环保部门协商，鉴于新疆的特殊情形，该区水质盐分不作为考核指标。塔里木河历史时期的尾闾罗布泊是塔里木盆地的集水中心，也成了集盐中心。现在罗布泊已经是钾盐的基地，这是其在长期发展过程中逐步形成的，是长期积累的结果。如果不保护塔里木河当代的尾闾台特玛湖，它将成为下一个罗布泊；也会形成像罗布泊一样的盐壳，从此成为不毛之地。所以建议加强塔里木河下游尤其是台特玛湖湿地环境管理，制定台特玛湖水资源保护及水质管理规划时，鉴于新疆塔里木盆地的特殊情形，科学合理的规划。

10.4　台特玛湖生态保护目标下的适宜规模的确定

虽然在塔里木河断流的 30 年时间段里(1972—2002 年)，台特玛湖确实存在，与过去消失的楼兰、干涸的罗布泊是不一样的。在车尔臣河水文影响下，台特玛湖除了在1992年、1995年、1997年、1998年和2000年这5年水面积几乎为零外，其余年份水域面积都保持在5~20km^{2}范围之内，因此，台特玛湖从未连续干涸超过5年。从而纠正了有关“1972年塔里木河断流，台特玛湖干涸”的报道，也回答了很多人的疑问：“塔里木河断流后台特玛湖是否还存在?”。只要台特玛湖没有消失，就存在地表与地下的水力联系，为周边野生动植物的生存提供机会与条件。只有台特玛湖没有消失，塔里木河下游的生态输水成效才得以瞩目。

10.4.1 台特玛湖生态保护目标的确定

通过对塔里木河下游河道两岸胡杨年轮生长量进行分析，其表现为生态输水对胡杨年轮生长的影响范围大多在1km。以“线状”模式为主要输水模式下，胡杨的生长恢复目前没有很好地实现生物量的积累。同时，以长时序依坎布吉马勒断面胡杨年轮宽度进行分析，可以看出，胡杨的年轮未达到1920年的胡杨年轮水平。

依据2000—2021年塔里木河下游河岸带、湖区植被面积与覆盖度变化可知，河岸带植被面积、盖度在2000—2015年时期呈增加趋势，2015年后呈稳定趋势，塔里木河下游植被覆盖、植被面积的增加主要体现在湖区。

自塔里木河下游生态输水工程实施以来，植物的多样性呈先增加后下降趋势。开始生态输水时，2005年漫溢区植被主要由一年生草本、多年生草本植物与灌木组成，其中一年生草本植物的重要值最大(0.50)，其次是灌木(0.30)，然后是多年生草本植物(0.20)，表明样地内一年生草本植物占主要优势，次优势为灌木，灌木主要是由原生植被——盐穗木、盐节木及柽柳的幼苗构成。2007年灌木重要值增长(由2005年的0.30增加至2007年的0.46)、一年生草本植物重要值下降(由2005年的0.50下降到2006年的0.22)、灌木重要值基本保持不变；2009年，该年份未有水到达台特玛湖，水分干扰形成灌木重要性达到最高(重要值达0.78)、多年生草本植物重要值也有一定增加(IV=0.69)，而一年生草本植物基本消失；2012年多年生草本植物重要值增大(IV=0.68)、灌木重要值减小，而多年生草本植物中的主要物种是芦苇，芦苇盖度占总盖度的90%以上。说明在少漫溢、过水时间短的情况下，可促进一年生草本植物的萌发与生长，随着漫溢次数的增加、过水时间的持续(2010年以后)，物种又以多年生草本植物占优势(即转化为以芦苇为主的植被群落)。

2000—2021年塔里木河下游河岸带、湖区植被面积与覆盖度变化显示河岸带植被面积、盖度在2000—2015年时期呈增加趋势，2015年后呈稳定趋势，塔里木河下游植被覆盖、植被面积的增加主要体现在湖区。

根据历史记载和实地考察结果，当湖区水面面积过小或消失时，会出现“湖区水面过小→天然植被覆盖度下降→植被面积萎缩→沙漠化”的生态退化传导过程，为维护台特玛湖湖区生态安全，同时实现水资源的高效利用，台特玛湖生态保护目标的提出应以保障现状下湖区天然植被“质(覆盖度)”与“量(面积)”为主要依据。因此，应从保护荒漠河岸林的物种多样性出发，以维持胡杨林和柽柳林内相对较高的植物多样性为目的。

10.4.2　不同来水情景下的台特玛湖适宜面积的确定

台特玛湖为宽浅式湖泊，由水域和湿地组成，湖区地势平缓，坡降在万分之二左右，没有明显的湖底形态(近似一个大平滩)，湖区属暖温带大陆性荒漠干旱气候(年均降水量 28.5mm，年均蒸发量 2920.2mm)，湖面存在强烈的蒸发作用。

台特玛湖适宜面积的确定需同时考虑车尔臣河、塔里木河的丰枯变化及对台特玛湖供水变化规律(图 10-5)。在年内：主要集中于 7~9 月，其来水占比约 70%；年际：年际来水量差异显著，表现为车尔臣河与塔里木河干流最大来水量分别是其最小来水量的 3.78 倍和 4.96 倍。叠加台特玛湖湖区强烈的蒸散发与平坦的湖底形态等因素，共同导致了台特玛湖湖面强烈的年内及年际变化。同时，湖区植被在与水文周期性规律变化的长时间适应过程中，其繁育更新、群落演替及分布格局与湖区水文过程形成了紧密的协同过程，即湖区植被是适应湖区水面强烈的年际与年内变化的。因此，干旱区河湖水量周期性变化的天然禀赋和水—植被协同适应关系，决定了台特玛湖难以也不必维持固定的湖面规模。

随着 2000 年向塔里木河下游生态输水以来，台特玛湖湖面面积整体呈现增大趋势，有效降低了沙尘危害，保障了植物物种多样性。但通过分析塔里木河下游(含湖区)长时间序列胡杨生长状态、植物物种多样性、植被覆被面积及盖度变化特征对生态输水的相应关系，应以水资源高效利用下的台特玛湖湖区天然植被不萎缩、塔里木河下游植被生长状态处于较好状态不退化为目的。

根据前期研究成果，将台特玛湖水域保护面积分为大面积(200~100km^2)、较大面积(100~30km^2)和小面积(30km^2)3 种情况，本研究认为应以早期的向塔里木河下游生态输水时期偏枯年份水量为依据，建议适宜湖水面积比较切合实际，比如 2000—2010 年，10 年间阿拉尔平均径流量为 36.4×10^{8}m^3，属偏枯年份，湖水平均面积为 22.3km^2。

基于多年长期的历史监测数据，若湖面面积萎缩至过小面积，会对生态

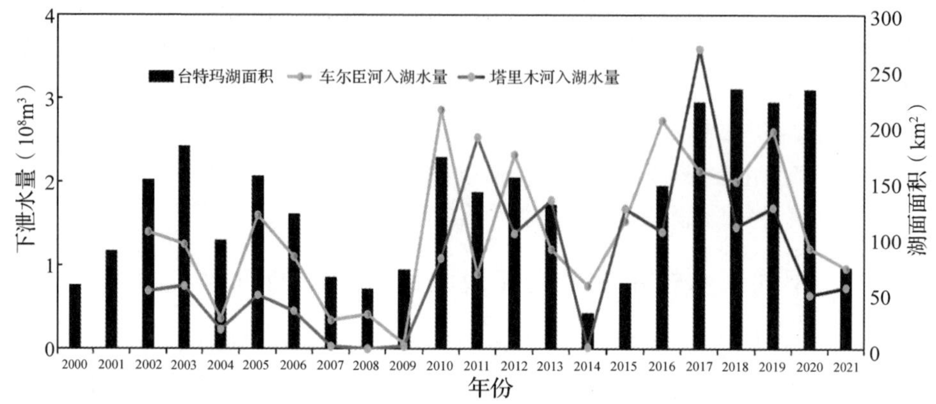

图 10-5　塔里木河干流及车尔臣河来水量与台特玛湖湖面面积年际过程线

功能造成不同程度的破坏。台特玛湖地理位置特殊，处于沙漠中，其大环境严重限制了“小水面”生态功能的发挥，其中存在如数百种候鸟中转站问题、兽类饮水繁衍争夺地盘等问题。且在湖岸线内外宽度 100m 范围，小气候效益差别极显著、风沙成堆影响道路安全等问题开始出现。从沙害治理、生态功能稳定的维持、河湖生态健康的保护以及在交通保障的角度看，台特玛湖必须维持有一定的水域面积。同时考虑生态水资源的高效利用，应结合车尔臣河与塔里木河的丰枯变化规律确定不同年份如何维持台特玛湖适宜面积。

(1)平水年台特玛湖应维持的适宜面积

很早就有专家学者提出应以早期的向塔里木河下游生态输水时期偏枯年份水量为依据，建议适宜湖水面积比较切合实际；1959 年，阿拉尔径流量为 $34.2\times10^8m^3$，属偏枯年份，台特玛湖面积为 $18.3km^2$；2000—2010 年，10 年间阿拉尔平均径流量为 $36.4\times10^8m^3$，属偏枯年份，湖水平均面积为 $22.3km^2$。最后根据台特玛湖历史变化与来水量变化特点，提出了台特玛湖规模应维持在 $30km^2$ 左右。

2004 年中国工程院重大咨询项目成果报告《西北地区水资源配置、生态环境和可持续发展战略研究(水资源卷)》中提出：塔里木河向台特玛湖输水，保持水域面积 $10km^2$，需水 $1500\times10^4m^3$。

根据历年湖区水面面积、植被面积和覆盖度遥感监测数据，以 2007—2009 年连续枯水年(大西海子水库总下泄水量仅为 $2438\times10^4m^3$)为例，2007 年湖面缩小至约 $30km^2$，2008 年植被盖度下降了 28.1%，2009 年植被面积下降，下降幅度为 4.97%。根据中国科学院新疆生态与地理研究所塔里木河生态水文研究团队的实地调研，2008、2009 年台特玛湖湖区和周边的部分区域再次形成了 0.3~0.5m 高的鱼鳞状沙丘，达到轻度沙漠化。2010 年后，大西海子水库下泄水量大幅度增加，加之车尔臣河入湖水量，植被面积及覆盖度随之恢复。

基于历史资料及实地调查分析，为避免台特玛湖湖区出现严重的生态退化，并且从发挥台特玛湖在河湖健康中的重要生态经济功能、在交通中的通道功能、在防沙治沙中的重要屏障功能的角度出发，在平水年来水条件下，应保障台特玛湖面积需维持在 $30km^2$ 左右。

(2) 丰水年台特玛湖应维持的适宜面积

据前期研究对高频水渍、适度水淹、长期不漫溢等不同水分干扰条件下的植物多样性等生态指标的影响分析中，揭示了中度水分干扰在干旱区生态系统修复中的重要作用。基于遥感手段，当台特玛湖湖面从供水后的“大湖面”到“小湖面”的萎缩过程中，“大湖面”与“小湖面”的水面积差值，即减少的水面积值，就是从水中逐渐被“解放”出来的植被面积值，“裸露”在地表、而不是“浸没”在水中。依据多期枯水期遥感影像数据算得的植被面积结果，得出植被面积没有明显下降，推测台特玛湖在每年的 7~10 月供水后，至少有 70%~80%的河岸带植被面积得到复苏。通过本书第 7 章的分析结果，台特玛湖周边植被面积、植被覆盖度及湖区面积数据建立的回归关系模型显示：当台特玛湖面积达到 $110km^2$ 时，对应的植被面积为 $232km^2$，植被覆盖度为 15.1%。此时为相对理想状态，在不需维持大湖面条件下，即可保障湖区天然植被的面积和质量达到正常状态。同时通过对年内台特玛湖湖面面积的解译与分析，建立台特玛湖湖面在无水入湖情况下的面积变化拟合曲线结果显示：保证 $30km^2$ 时需在 10 月湖面面积达到 $100km^2$，其与最优状态下湖面面积相近。与近 10 年过程中最大的 $511km^2$ 的湖面面积相比，这一供水目标下的供水量所能带来的生态恢复成效可能会有一些降低，对生态功能的发挥可能会产生部分影响，但不会出现生态功能明显退化的现象。在前期 20 多年的生态输水作用下，对地下水已有一定的补给，而地下水对湖面萎缩有一定的滞后效应，地下水位不会在短时间内下降。因此，认为此适宜面积较合理，可保证植被不发生退化。

综合两种分析结果，考虑在丰水年来水条件下，为保证现状下植被面积不萎缩以及生态功能的稳定，台特玛湖淹没面积需超过 $110km^2$，同时年内回落面积最小需保持在 $30km^2$ 以上。

(3) 枯水年台特玛湖应维持的适宜面积

基于塔里木河下游天然植被变化对生态输水响应情况的分析结果以及生

态保护目标的确定，我们认为随着生态输水的持续进行，其影响范围的效果较2000—2005年有所降低，以树木年轮的长时间序列数据进行分析，也反映出在近年来的生态输水过程中，其对植被长势的影响效果有限，对植被覆盖度及植被面积变化进行分析也表现在近年来的持续输水条件下，其面积逐渐趋于稳定，同时，从植物群落演替对生态输水的响应情况进行分析，在少漫溢、过水时间短的情况下，可促进一年生草本植物的萌发与生长，随着漫溢次数的增加、过水时间的持续(2010年以后)，植物物种又以多年生草本植物占优势(即转化为以芦苇为主的植被群落)。

综合分析认为，在枯水年来水条件下，要维持最低生态功能，防止沙害加重，台特玛湖需保证一定的适宜面积。

10.4.3 不同来水情景下台特玛湖供水水源的确定

根据2002—2021年且末水文站断面径流实测数据，车尔臣河出山口断面多年平均流量20.07m^3/s，多年平均径流量6.35×10^8m^3。根据且末水文站(合成)1958—2019年62年的实测年径流资料，多年平均流量为18.71m^3/s，多年平均径流量为5.901×10^8m^3。且末水文站径流系列的变差系数C_v较小，为0.3，表明车尔臣河年际变化相对稳定。车尔臣河以冰川积雪融水补给为主，径流年内分配不均，6~8月水量占全年总水量的45.4%，9~11月水量占全年总水量的19.9%，12月至翌年2月水量占全年总水量的8.7%，3~5月水量占全年总水量的26.0%。分析车尔臣河径流水文特性，采用皮尔逊Ⅲ型曲线选取了$P=25\%$、$P=50\%$、$P=75\%$的3种典型年份，对应典型年分别为2010年、2013年、2014年。

通过第2章的车尔臣河与塔里木河水文特征分析，车尔臣河来水(C_v=0.34)较稳定，建议台特玛湖适宜面积的维持由车尔臣河与塔里木河调剂互补，平水年以车尔臣河为主要水源，塔里木河保证有水入湖；丰水年可由两河作为共同水源。

10.5 保护塔里木河尾闾台特玛湖“功在当代、利在千秋”

塔里木河流域综合治理的初定目标已基本实现。但由于近期治理项目具有抢救性、应急性特点，未能从系统性、长期性等方面通盘考虑整个塔里木河流域的生态问题，同时受自然条件、当时经济社会发展阶段及水利投入等诸多因素局限，当前流域生态环境、经济社会与水资源利用管理等方面还存在较多问题和短板：生态水被挤占现象依旧存在，距河岸远的天然植被仍在退化，离高质量的生态保护要求还差很远，尚未实现生态水的时空均衡；河道输水效率低，洪水威胁依然存在，生态胡杨林配套水利工程建设不足，难以满足胡杨林区域灌溉的最大化问题。生态环境呈局部改善但整体恶化趋势，近期治理成果面临得而复失的风险。以巩固提升生态系统稳定性为目标，明确“五源一干”(孙嘉 等，2022)主要断面下泄水量，保障天然生态用水，加强水资源管控能力，提高水资源调度和管理水平，为塔里木河流域二期综合治理工程的开展提供科学支撑是当务之急。为实现台特玛湖生态保护目标，提升流域水资源利用水平，基于台特玛湖及塔里木河流域水资源利用需求，提出以下几点建议举措：

(1)重新构思流域及区域生态保护及修复目标

塔里木河流域内依托天然绿洲自然生态系统发展的绿洲经济和传统的农牧业为主发展模式对生态环境依赖程度较高，干旱恶劣的自然环境与极端脆弱的生态条件决定了这一区域的社会经济发展、乡村振兴离不开生态安全保障体系的不断巩固和提升。塔里木河流域综合治理初定目标已完全实现，但若仍沿用原有的生态保护及修复目标与对应的生态水指标，与流域生态格局难以匹配。当前，应着眼于塔里木河流域全局，均衡流域生态安全保障体系“提质”和“增量”的关系，重新构思流域及区域生态保护及修复目标。如当前维持塔里木河下游及台特玛湖生态系统稳定的水量为 $2.85\times10^8 m^3$，如何重新分配 $0.65\times10^8 m^3$ 生态水余量实现何种目标？是继续巩固和完善塔里木河下游“生态廊道”还是实现更广泛的生态恢复，如恢复与罗布泊的水力连通或是用于流域干流胡杨林区？

(2)构建科学精准的流域生态水调配技术方案

在水资源矛盾如此突出的塔里木河流域，如何协调经济发展与生态保护的关系，尽最大限度实现生态水供需的时空均衡？这不仅是科学研究工作者的长期愿望，也是加强生态文明建设和明确确立水资源开发利用控制、用水效率控制以及水功能区限制纳污“三条红线”的核心问题。当前，将来之不易有限的生态水，用于形成过大的湖面显然不符合水资源高效利用的治理初衷，造成这一问题的根本原因是流域或干流尺度的生态调度还仅停留在概念和思路的讨论上。虽然需求非常强烈，但缺乏流域尺度生态水调度和河段以闸口为单元的水资源优化配置等研究的支撑，生态水管理还处在有水就放、下达任务就放的初始水平上。如何统筹考虑塔里木河流域的水文过程和生态过程，基于流域生态保护及修复目标，构建科学精准的流域生态水调配技术方案，并同步完善生态水利工程布局与建设，不仅是当前流域管理最迫切的需求，也是国内外水资源管理研究亟待解决的科学问题。

(3)科学论证大西海子水库下泄水量及阿拉尔来水目标和实现方式

大西海子水库下泄水量及阿拉尔来水目标的实现，是“四源一干”在实施最严格水资源管理措施下通过水量调度与配置才最终实现的，目标的制定事关流域总体的生态—社会—经济用水的重分配，事关是否能够维系和巩固已取得的生态恢复成效。同时，本章中提出的目标是依据天然植被、地下水埋深等现状条件所计算出的理论数值，如以大西海子水库下泄 $2.5\times10^8m^3$ 实现“水头到达台特玛湖，保障天然植被及地下水的供需平衡”的目标，需要提出适宜的下泄流量过程且保障沿线生态闸能够适时适量的分水，才不会导致过多水量进入台特玛湖。因此，应在流域生态环境现状科学评估的基础上，对目标的重新制定和实现方式进行充分的科学论证。

(4)通盘考虑新一阶段的流域生态保护及修复目标

塔里木河流域综合治理工程实施已 23 年，初定目标已基本实现，但由于近期治理项目具有抢救性、应急性特点，未能从系统性、长期性等方面通盘考虑流域生态问题。当前，塔里木河流域生态保护目标固化，过于强调断面下泄水量的完成，忽视了流域整体生态保护及修复工作的协同，导致生态退化及恢复并存，生态环境呈局部改善但整体恶化趋势，近期治理成果面临得而复失的风险。在新的阶段，应以巩固和提升生态系统稳定性为要求，通盘考虑整个塔里木河流域生态保护及修复目标，保障天然生态用水的供需平衡。

(5)维持塔里木河下游与台特玛湖水力联系，车尔臣河保障台特玛湖的水量需求

车尔臣河是塔里木盆地东南部较大的河流，车尔臣河全流域 14.7 万的人口用水量不大，建议今后要加强车尔臣河的水入湖水量，对入湖三角洲河道进行整治，使河流由原来的故道入湖。首先，充分发挥车尔臣河在全流域的重要作用。从维护台特玛湖湖区植被生态功能稳定和结构完整方面考虑，紧紧围绕保持台特玛湖适宜水面核心指标，进一步加强塔里木河干流和车尔臣河水量灵活调度，实施台特玛湖水量以车尔臣河补给为主。其次，充分发挥两河“丰—枯”相互作用。为进一步盘活两河水资源，系统构建车尔臣河—台特玛湖-塔里木河下游三角洲的适宜生态，切实保障塔里木盆地东南缘绿色走廊的生态安全，按照以车尔臣河补给为主、塔里木河为辅，在车尔臣河下泄水量不足的情况下，通过塔里木河干流进行调剂补充入湖水量，保障台特玛湖适宜湖面。结合水资源高效利用并考虑台特玛湖湖面面积的“小湖面”效应及车尔臣河与塔里木河来水变化，在平水年台特玛湖水量以车尔臣河补给为

主，在枯水年台特玛湖水量可由塔里木河下游来水保证，而在丰水年则可考虑两河共同下泄，且不局限于最小面积。车尔臣河和塔里木河从不同方向汇入台特玛湖，可以形成湖区补水丰枯相济的格局，提高向台特玛湖生态输水的保证率。

(6) 系统谋划流域整体的生态水配置与调度方案，完善生态水利工程布局与建设

在水资源矛盾突出、流域规模庞大的塔里木河流域，构建科学精准的生态水调度体系是实现生态水供需的时空均衡的重要途径。但由于当前国内外均未开展大尺度精细化的生态调度研究与实践，缺乏可借鉴的成熟经验。目前，流域尺度和河段以生态闸及渠系为单元的生态水调度体系的缺失，导致流域生态水的管理还处在有水就放、下达任务就放的水平上。因此，应统筹考虑流域的生态水文过程，在明确流域整体的生态保护及修复目标的基础上，构建科学精准的生态水调配方案，并同步完善生态水利工程布局与建设。上游不用将水过量输往下游湖区，就可以更多用于流域内经济社会发展。同时，可以更多地将生态水用在干流的上游、中游和源流的胡杨林等天然植被区域。

(7) 恢复有“度”、修复有“量”

适宜度和可控性是制定生态保护目标的基本原则，而“修复”和“自然化”则是关键性的技术要求。目前新疆湖泊的状态是人工绿洲与天然绿洲转化的必然结果，尾闾湖演化特征的终极目标就是“死海”，应在保护自然的条件下延长湖泊演化时间，实现人与自然和谐共生。台特玛湖已经演化为以主要发挥湿地功能的生态湖泊，再持续保持 2017 年 511km^2 的水面是极不现实的，但要维持适宜的水域面积(不小于 30km^2)是非常必要的。李江等(2021)认为，生态恢复的“度”是一个目标阈值，即只能根据不同湖泊的功能定位，因地制宜实现湖泊面积、水位、水质在一定程度和一定限度上的恢复；生态修复的“量”，是指恢复“度”所需的水量。首先，应立足于当地，如源流节水、控水、管水，确保尾闾湖下泄一定水量；其次，有条件的地方可以考虑外流域调水补充，丰水期可以适当多补一些。为稳定塔里木河干流，必须整治源流，保障塔里木河的阿克苏河、叶尔羌河、和田河三源流到达干流阿拉尔的水量；干流的上游和中游必须做好节水灌溉和开发地下水，保证向下游生态输水，严禁开荒。对干流修建防护堤后漫溢水量减少所引起的生态变化进行监测，确保地下水位不下降。同时，进一步开展大西海子水库至台特玛湖之间的生态补水范围和措施研究。

(8) 确定生态补水时间

中国科学院新疆生态与地理研究所徐海量研究员在 2022 年 7 月 7 日接受

《新疆日报》记者刘东莱(2022)的采访时说："要想发挥生态输水的最大效益，就必须使输水时间和胡杨、柽柳等主要建群植物的落种时间达到一种生态默契，即种子落下时刚好补水，本次输水预计可持续到9月汛期结束，正好是胡杨落种时期。"可见，从塔里木河下游乔、灌、草落种时间看，最适宜的输水时间是7~9月；从塔里木河给水时间的可行性看，每年最佳的给水时间是8月中旬到9月底。作为季节性河流，塔里木河的水流主要来自各源流处高山融雪，仅夏季水量较大，其他季节水量小。中国科学院新疆生态与地理研究所塔里木河生态水文研究团队认为，生态补水时间提前至7月进行，对胡杨、柽柳等下游沿岸主要建群植物的落种意义重大。受每年河道来水影响，建群种植物种子落种时间经几千年演化形成规律，集中在8~9月。它们种子数量虽多，但寿命短，一般不超过15天。提前至7月开始生态输水，可大幅提高种子存活度，实现水与种的生态契合。

(9)全面推行台特玛湖湖长制

台特玛湖是塔里木河流域水系的重要组成部分，是蓄洪储水的重要空间，在生态、防沙、供水等方面具有不可替代的作用。首先，必须充分认识台特玛湖实施湖长制的重要意义及特殊性。其次，建立健全湖长体系，全面推行湖长制，按照行政区域分级分区设立湖长，明确界定湖长职责、落实主要任务。将法治建设作为根本性制度措施，切实将涉湖活动纳入法治化轨道，加强依法管理，完善长效管理机制；此举措是关于全面推行河长制的意见提出的明确要求，是加强湖泊管理保护、改善湖泊生态环境、维护湖泊健康生命、实现湖泊功能永续利用的重要制度保障。

(10)建议尽快制定《中华人民共和国塔里木河生态保护法》

呼吁起草《塔里木河生态保护法》在全国人民代表大会及其常委会得到通过并实施，加以巩固目前在台特玛湖保护修复过程中所取得的成果，发挥其产生的积极的生态效益。这部法律的具体内容可以包括总则、生态安全布局、生态保护修复、生态风险防控、保障与监督、法律责任、附则等。这部法律还要在坚持生态保护第一为原则的前提下，聚焦当代整个塔里木河流域生态保护的主要矛盾、特殊问题、突出特点，统筹推进山水林田湖草沙冰综合治理、系统治理、源头治理，为塔里木河流域生态保护和可持续发展提供强有力的法治保障。

10.6 小结

回顾过去，是为了思索现在，思索现在是为了更好地展望未来。

全国生态环境保护大会 2023 年 7 月 17 日至 18 日在北京召开。习近平总书记发表重要讲话，强调，“党的十八大以来，我们把生态文明建设作为关系中华民族永续发展的根本大计，开展了一系列开创性工作，决心之大、力度之大、成效之大前所未有，生态文明建设从理论到实践都发生了历史性、转折性、全局性变化，美丽中国建设迈出重大步伐。新时代生态文明建设的成就举世瞩目，成为新时代党和国家事业取得历史性成就、发生历史性变革的显著标志。”中华民族，走向生态文明新时代。人与自然，开启和谐共生新篇章。

2023 年 11 月 16 日出版的第 22 期《求是》杂志，发表习近平总书记的重要文章《推进生态文明建设需要处理好几个重大关系》，文章强调，随着新时代生态文明建设实践的深入推进，我们对生态文明建设的规律性认识不断深化。总结新时代 10 年的实践经验，分析当前面临的新情况、新问题，继续推进生态文明建设，必须以新时代中国特色社会主义生态文明思想为指导，正确处理几个重大关系：一是高质量发展和高水平保护的关系，高水平保护是高质量发展的重要支撑，要站在人与自然和谐共生的高度谋划发展，通过高水平环境保护，不断塑造发展的新动能、新优势，持续增强发展的潜力和后劲。二是重点攻坚和协同治理的关系，要坚持系统观念，抓住主要矛盾和矛盾的主要方面，对突出生态环境问题采取有力措施，同时强化目标协同、多污染物控制协同、部门协同、区域协同、政策协同，不断增强各项工作的系统性、整体性、协同性。三是自然恢复和人工修复的关系，要把自然恢复和人工修复有机统一起来，因地因时制宜、分区分类施策，努力找到生态保护修复的最佳解决方案，综合运用自然恢复和人工修复两种手段，持之以恒推进生态建设。四是外部约束和内生动力的关系，要激发起全社会共同呵护生态环境的内生动力，同时始终坚持用最严格制度最严密法治保护生态环境，保持常态化外部压力。五是“双碳”承诺和自主行动的关系，我们承诺的“双碳”目标是确定不移的，但达到这一目标的路径和方式、节奏和力度则应该而且必须由我们自己作主，决不受他人左右。总书记的这段话为我们推进生态文明建设指明了明确的方向和任务。

改革开放后，中国用 30 年的时间走完了发达国家 200 年的工业化进程，工业化进程创造了前所未有的物质财富，也产生了难以弥补的生态创伤，新疆的工农业发展进程也不例外，在如何处理经济发展与环境保护问题上，有过迷茫困惑，有过思索反省，也在不断调整修正着认知和实践，保护好我们的资源，我们行动起来了，尊重和顺应自然，保护自然，给大自然休养生息足够的时间和空间，依靠自然的力量恢复了生态系统平衡。

塔里木河是我国最大的内陆河，也是中亚乃至世界上一条著名的内陆河。塔里木河流域可分为源流区和干流区。干流上、中游是保护塔里木盆地北缘重要城市的绿色屏障，下游是遏制塔克拉玛干、库鲁克两大沙漠合拢的“绿色走廊”和新疆通往内地的第二条战略通道。近半个世纪以来，由于无序开发利用，塔里木河干流水量逐年减少，生态与环境日趋恶化，特别是下游区域问题非常严重。自 1972 年大西海子水库建成后基本已无水下泄至塔里木河下游河道，阿拉干以下自 20 世纪 70 年代完全断流；尾闾台特玛湖干涸；下游天然植被大面积衰败，沙漠化加剧；风沙天气增多，“218”国道受风沙侵害严重，两大沙漠已多处合拢。当地人民的生存环境受到严重威胁，具有战略意义的下游“绿色走廊”濒临毁灭，保护和恢复塔里木河下游以及台特玛湖曾经到了刻不容缓的地步。

塔里木河下游生态与环境劣变问题引起了社会各界的广泛关注，得到了党中央、国务院的高度重视。以生态治理为目标，总投资为 107 亿元的“塔里木河流域近期综合治理”项目实施的二十多年来，取得了显著成效，结束了塔里木河下游断流近 30 年的历史，重现了台特玛湖昔日的自然景观，实现了塔里木河全年不断流，天然植被大面积得到恢复，初步遏制了塔里木河下游生态与环境日趋恶化的趋势，产生了积极的生态效益、社会效益和经济效益。当前，塔里木河下游这种大规模生态输水，恢复原有的尾闾台特玛湖，在国内外树立了干旱区受损生态系统修复的典范，也从侧面证实了习近平总书记“生态文明建设从理论到实践都发生了历史性、转折性、全局性变化，美丽中国建设迈出重大步伐”这一重要论述。

王随继等(2021)认为，湖泊作为干旱区水资源的重要载体，维系着脆弱生态系统的平衡及人类经济社会发展的需求，是干旱区山水林田湖草沙冰系统中水分循环的重要组成部分。干旱区湖泊的演化反映了流域水资源量的变化。新疆干旱少雨、蒸发强烈的自然气候特征，使之长期处于水资源紧缺的制约环境中。湖泊作为天然水库和生态屏障，对协调新疆水资源时空平衡，维护地区生态健康，优化人类生活环境具有举足轻重的作用。李江等(2018)认为，湖泊生态环境治理与保护，成为保障新疆“社会—经济—资源—生态”协调发展的关键任务。湿地是一个独特的生态系统，在维护生态平衡特别是水平衡、调节气候、降解污染、提供珍稀动物栖息地和保存生物多样性等方面，均具有不可替代的作用；同时湿地还是提供肉类、药材、能源和工业原料的重要基地。湿地已被列入和农田、森林同等重要的生命保障系统，是人类最重要的环境资源之一。湿地保护和合理利用已成为国际社会热点，早在 1971 年各国就签订了《湿地公约》，我国是成员国之一。20 世纪 50 年代之前，塔里木河流域水资源尚未充分开发利用，大量的地表水流向塔里木盆地东北部，使这一带河网交错，湖泊沼泽广布，除沙漠外是一片水乡泽国。之后半个多世纪以来，由于无序开发利用，塔里木河干流水量逐年减少，生态与环境日趋恶化。特别是下游地区，问题非常严重。由于塔里木河源流及干流的上游和中游过量用水，使河流下游断流，罗布泊、喀拉和顺湖等大的湖泊相继干涸，塔里木河与孔雀河之间众多的湖泊也都消失，演变成了沙地或沙漠。历史上，台特玛湖是塔里木河的尾闾，也是最终的归宿地，由于人类活动不合理的开发利用水土资源，导致 20 世纪 70 年代起台特玛湖彻底干涸，从地图上消失长达 30 年之久。自 2001 年《塔里木河流域近期综合治理规划》经国务院批准实施之后，取得了显著成效。

从 2000 年起，截至 2022 年 7 月，新疆塔里木河流域管理局先后组织实施了 23 次向大西海子水库以下的塔里木河下游生态输水，生态输水总量达 $91.2\times10^8m^3$，取得显著成效，重现了历史时期湖面景观，目前，台特玛湖湿地已成为黄羊、马鹿、狐狸、白鹭、野鸭等野生动物的乐园，生态输水不但结束了塔里木河下游河道连续断流 30 年的历史，还实现了“水流到台特玛湖，塔里木河干流上、中游林草等植被得到有效保护和恢复，下游生态环境得到初步改善”的规划目标，累计补给地下水 $25.0\times10^8m^3$，使地下水埋深由 8～12m 上升到 4.0m 以内，达到适合天然植物生长的深度。乔、灌、草面积分别增加 2.4 倍、0.36 倍和 1.8 倍，2006 年“恒定植被”面积达到 $570km^2$，2010 年植被覆盖面积为 $1000km^2$；植物种类由输水前的 9 科 13 属 17 种增加到输水后的 15 科 36 属 46 种。水域面积明显扩大，进水河道长度增加 156.2km，河水漫溢面积 $174.6km^2$，连续干涸 17 年的台特玛湖水域面积达 $189.7km^2$(包括康拉克跑水区)。沙漠化得到逆转，由以前的年增加 0.27%变为-0.30%，阻挡了塔克拉玛干沙漠与库鲁克沙漠的合拢，“218”国道基本无沙害，可畅通无阻。2016 年起，全面贯彻最严格的水资源管理制度《塔里木河流域水量分配方案》转到了“三条红线”控制指标上来(徐海量 等，2015)，即严格控制用水总量，着力提高用水效率，严格控制河湖排污总量，严格按照水资源底线进行用水总量调度管理。由塔里木河下游荒漠河岸林来保护的格库铁路已完成铺轨，投入运行，胡杨作为荒漠河岸林的主体，为保护“218”国道的畅通起到了重要作用。2018 年的输水结束后，塔里木河下游阿拉干段河道形成积水处，阿拉干附近秋季景观以及上述成果今后如果不加以巩固和维持，台特玛湖将还会变成一片沙海，在塔里木盆地东北部的最后一块自然湿地将会再次消失，重演历史悲剧。保护台特玛湖就保护了整个塔里木河流域生态系统的完整性。塔里木河下游和车尔臣河有水入湖，可使绿色走廊长期存在，就能从东面和北面防止塔克拉玛干沙漠扩大。再加上西面的叶尔羌河和南面发源于昆仑山的诸河形成的扇形地扇缘地下水溢出带的植被，就能锁定塔克拉玛干沙漠不再扩大。

要巩固在生态环境综合治理方面所取得的丰硕成果，继续搞好塔里木河综合治理，保护其尾闾台特玛湖湿地，使其发挥好重要的生态功能，我们必须深入贯彻习近平生态文明思想，以更高站位、更宽视野、更大力度来谋划和推进新征程下塔里木河及其尾闾台特玛湖生态与环境保护工作，要按照生态系统的整体性、系统性及其内在规律，统筹考虑搞好塔里木河综合治理，必须以生态建设与环境保护为根本，以水资源的合理配置、节约和保护为核心，以流域总体规划为指导，坚持源流与干流统筹考虑，工程措施与非工程措施紧密结合，生态效益与经济效益相兼顾，继续开展塔里木河流域综合治理工程，尤其上下游、左右岸、干支流协同治理，持续加大水生态保护与修复力度，推动解决新疆可持续发展的水资源约束瓶颈，为经济社会高质量发展，推进“一带一路”绿色发展和建设“丝绸之路经济带”核心区，这也是塔里木河下游河岸带与尾闾台特玛湖保护为目标的生态水高效利用必须长期坚持的有效措施。

我们坚信，保护好台特玛湖，使其发挥多方面的综合功能，保护好塔里木河下游，实现整个塔里木河流域社会、经济和生态可持续发展，建设美丽新疆，具有十分重要的现实意义。

保护好台特玛湖，保护好塔里木河下游，功在当代，利在千秋。

参考文献

阿不都艾尼·阿不力孜，任强，王义成，等，2022. 塔里木河流域绿洲水土资源匹配特征及稳定性分析[J]. 中国水利水电科学研究院学报(中英文)，20(1)：71-78.

阿布都米吉提·阿布力克木，2015. 塔里木河下游湖泊格局时空演变[D]. 乌鲁木齐：新疆师范大学.

阿布都米吉提·阿布力克木，阿里木江·卡斯木，艾里西尔·库尔班，等，2014. 近40年台特玛-康拉克湖泊群水域变化遥感监测[J]. 湖泊科学，26(1)：46-54.

阿布都米吉提·阿布力克木，阿里木江·卡斯木，艾里西尔·库尔班，等，2016. 基于多源空间数据的塔里木河下游湖泊变化研究[J]. 地理研究，35(11)：2071-2090

艾比布拉·卡德尔，2007. 生态环境与罗布人生活方式的变迁——尉犁县喀尔曲尕乡个案为例[M]. 乌鲁木齐：新疆师范大学.

艾克热木·阿布拉，阿布都米吉提·阿布力克木，安外尔·艾则孜，等，2023. 塔里木河和车尔臣河对台特玛—康拉克湖水域面积变化影响分析[J]. 干旱区资源与环境，37(1)：52-57.

艾克热木·阿布拉，王月健，凌红波，等，2019. 塔里木河流域水资源变化趋势及用水效率分析[J]. 石河子大学学报(自然科学版)，37(1)：112-120.

艾里西尔·库尔班，徐海量，玉米提·哈力克，等，2019. 塔里木河下游生态保护与实践[M]. 乌鲁木齐：新疆人民出版社，新疆科学技术出版社.

白玉锋，徐海量，张沛，等，2017. 塔里木河下游荒漠植物多样性、地上生物量与地下水埋深的关系[J]. 中国沙漠，37(4)：724-732.

白元，徐海量，凌红波，等，2014. 塔里木河干流区天然植被的空间分布及生态需水[J]. 中国沙漠，34 (5)：1410-1416.

陈国亮，2016. 台特玛湖湖面面积与主要补给水源的关系分析[J]. 水利科技与经济，22(7)：41-44.

陈涛，2012. 基于多源遥感数据的车尔臣河下游河流改道引起的植被变化研究[D]. 乌鲁木齐：新疆大学.

陈亚宁，崔旺诚，李卫红，等，2003. 塔里木河的水资源利用与生态保护[J]. 地理学报，58(2)：215-222.

陈亚宁，张小雷，祝向民，等，2004. 新疆塔里木河下游断流河道输水的生态效应分析[J]. 中国科学(D辑)：地球科学，34(5)：475-482.

陈亚鹏，陈亚宁，李卫红，等，2004. 塔里木河下游干旱胁迫下的胡杨生理特点分析[J]. 西北植物学报，24(10)：1943-1948.

陈永金，艾克热木·阿布拉，张天举，等，2021. 塔里木河下游生态输水对地下水埋深变化的影响[J]. 干旱区地理，44(3)：651-658.
陈子豪，李莹莹，李凯，等，2021. 基于M-K、小波和R/S方法的黑河上游来水预测[J]. 人民黄河，43(12)：29-34.
陈宗器，1936. 罗布淖尔与罗布荒原[J]. 地理学报，(1)：19-49，246-247.
程皓，2007. 塔里木河中下游植被防风固沙、固碳功能研究[D]. 乌鲁木齐：新疆农业大学.
崔浩浩，张光辉，王茜，等，2023. 石羊河流域下游天然绿洲地下水生态功能强弱周期性与机制[J]. 水利学报，54(2)：199-208.
崔锦泰，1995. 小波分析导论[M]. 西安：西安交通大学出版社.
崔旺诚，2004. 塔里木河下游输水后生态效应研究[D]. 乌鲁木齐：新疆农业大学.
达伟，王书峰，沈永平，等，2022. 1957—2019年昆仑山北麓车尔臣河流域水文情势及其对气候变化的响应[J]. 冰川冻土，44(1)：46-55.
邓铭江，樊自立，徐海量，等，2017. 塔里木河流域生态功能区划研究[J]. 干旱区地理，40(4)：705-717.
邓铭江，杨鹏年，周海鹰，等，2017. 塔里木河下游水量转化特征及其生态输水策略[J]. 干旱区研究，34(4)：717-726.
邓铭江，周海鹰，徐海量，等，2016. 塔里木河下游生态输水与生态调度研究[J]. 中国科学：技术科学，46(8)：864-876.
邓正波，2005. 塔里木河下游应急输水的地下水响应与生态需水研究[D]. 南京：河海大学.
樊自立，2011. 塔里木河与罗布泊研究[M]. 乌鲁木齐：新疆科学技术出版社：194-206.
樊自立，艾力西尔·库尔班，徐海量，等，2009. 塔里木河的变迁与罗布泊的演化[J]. 第四纪研究，29(2)：232-240.
樊自立，马英杰，艾力西尔·库尔班，等，2004. 试论中国荒漠区人工绿洲生态系统的形成演变和可持续发展[J]. 中国沙漠，24(1)：12-18.
樊自立，徐海量，傅荩仪，等，2013. 塔里木河下游生态保护目标和措施[J]. 中国沙漠，33(4)：1191-1197.
樊自立，徐海量，傅荩仪，等，2013. 台特玛湖湿地保护研究[J]. 第四纪研究，33(3)：594-602.
樊自立，徐海量，张鹏，等，2014. 新疆车尔臣河及其水资源利用研究[J]. 干旱区研究，31(1)：20-26.
傅荩仪，徐海量，赵新风，等，2013. 塔里木河下游漫溢干扰频次和持续时间对河岸植被和土壤的影响差异[J]. 草业学报，22(6)：11-20.
高贤明，马克平，陈灵芝，2001. 暖温带若干落叶阔叶林群落物种多样性及其与群落动态的关系[J]. 植物生态学报，25(3)：283-290.
高行宜，谷景和，1985. 罗布泊地区鸟兽生态地理分布的研究[J]. 干旱区地理，(1)：6-11.

高行宜，等，1987. 东昆仑—阿尔金山地区的鸟类[J]. 干旱区研究，(4)：1-10.
郭巧玲，杨琳洁，李恩宽，2013. 额济纳绿洲植被生态需水量空间分布[J]. 干旱区资源与环境，27(8)：103-107.
韩德麟，1996. 加强中国绿洲的研究与建设[J]. 干旱区地理，(1)：43-47.
韩桂红，吐尔逊·哈斯木，石丽，等，2008. 塔里木河下游土地沙漠化及其原因探讨[J]. 中国沙漠，28(2)：217-222.
韩玉萍，李雪梅，刘玉成，2000. 缙云山常绿阔叶林次生演替序列群落物种多样性动态研究[J]. 西南师范大学学报(自然科学版)，25(1)：62-68.
何兵，高凡，闫正龙，等，2018. 叶尔羌河径流演变规律与变异特征[J]. 水资源与水工程学报，29(1)：38-43，49.
黄文弼，2023. 罗布淖尔考古记[M]. 南宁：广西师范大学出版社.
黄聿刚，丛振涛，雷志栋，等，2005. 新疆麦盖提绿洲水资源利用与耗水分析——绿洲耗散型水文模型的应用[J]. 水利学报，36(9)：1062-1066.
纪昀，2016. 钦定河源纪略[M]. 北京：中华书局 .
加帕尔·买合皮尔，A. A. 图尔苏诺夫，1996. 亚洲中部湖泊水生态学概论[M]. 乌鲁木齐：新疆科技卫生出版社：145-146.
雷志栋，黄聿刚，杨诗秀，等，2004. 渭干河平原绿洲耗水过程及特点[J]. 清华大学学报(自然科学版)，44(12)：1664-1667.
郦道元，1995. 水经注[M]. 谭属春，陈爱平，点校 . 长沙：岳麓书社：157.
李保国，马黎春，蒋平安，等，2008. 罗布泊“大耳朵”干盐湖区地形特征与干涸时间讨论[J]. 科学通报，53(3)：327-334.
李海涛，许学工，肖笃宁，2007. 民勤绿洲水资源利用分析[J]. 干旱区研究，24(3)：287-295.
李江，李淑珍，柳莹，等，2018. 新疆水库大坝建设的生态环境保护技术体系与实践//中国大坝工程学会 . 水库大坝高质量建设与绿色发展：中国大坝工程学会 2018 学术年会论文集[C]：11.
李江，岳春芳，2021. 新疆尾闾湖泊生态环境保护与修复措施的实践和探[J]. 环境与可持续发展，46(5)：73-80
李丽，曾庆伟，周会珍，等，2012. 新疆车尔臣河绿色走廊河湖湿地变化及原因分析[J]. 干旱区研究，29(2)：233-237.
李文斌，张莉，袁国映，2011. 罗布泊极旱荒漠区的土壤[J]. 新疆环境保护 ，33(3)：18-26.
李吟屏，2008. 论和田与罗布泊地区的双向移民[J]. 新疆师范大学学报，29(4)：52-55.
李媛媛，彭梦文，党寒利，等，2021. 塔里木河下游胡杨根际土壤细菌群落多样性分析[J]. 干旱区地理，44(3)：750-758.
李志赟，邓晓雅，龙爱华，等，2022. 三维生态足迹视角下塔里木河流域水土资源与生态承载状况评价[J]. 环境工程，40(6)：286-294.

梁匡一，1990. 塔里木河的归宿地——台特玛湖[C]. //梁匡一，刘培君主编．塔里木河两岸资源与环境遥感研究．北京：科学技术文献出版社，86-91.

刘东莱，2022. 棉饱麦壮皆润泽，胡杨繁衍喜遇水——科学调度成塔河下游生态输水底色[N]. 新疆日报 7 月 7 日：A01 版．

刘金鹏，费良军，南忠仁，等，2010. 干旱区绿洲合理生态用水量研究——以民勤绿洲为例[J]. 干旱区资源与环境，24(4)：45-49.

刘强，2021. 塔里木河流域水资源开发利用分析[J]. 陕西水利，(10)：27-29.

刘新华，徐海量，凌红波，等，2012. 塔里木河干流河道生态需水量研究 [J]. 干旱区研究，29 (6)：984-991.

刘歆，2019. 山海经，第二卷，西山经[M]. 成都：天地出版社.

刘宴良，焦广兴，戴建，等，2000. 塔里木河中下游实地踏勘报告．北京：中国统计出版社：129-138.

母敏霞，王文科，杜东，等，2008. 新疆奎屯河流域平原区生态需水研究[J]. 干旱区资源与环境，22(3)：96-102.

普尔热瓦尔斯基，1999. 走向罗布泊[M]. 黄建民，译．乌鲁木齐：新疆人民出版社：116-141.

钱燕文，等，1965. 新疆南部的鸟兽 [M]. 北京：科学出版社.

屈建军，郑本兴，俞祁浩，等，2004. 罗布泊东阿其克谷地雅丹地貌与库姆塔格沙漠形成的关系[J]. 中国沙漠，24(3)：40-46，127-128.

饶瑞符，1998. 塔里木河的变迁和整治[A]. //塔里木河流域水资源、环境与管理[C]. 北京：中国环境科学出版社：84-195.

热比亚木·买买提，2012. 干旱区内陆河流域人地耦合系统演变[D]. 乌鲁木齐：新疆大学.

斯文·赫定，1934. 亚洲腹地旅行记[M]. 李述礼，译. 上海：开明书店，189-205.

宋郁东，樊自立，雷志栋，等，2000. 中国塔里木河水资源与生态问题研究[M]. 乌鲁木齐：新疆科学出版社.

孙栋元，胡想全，金彦兆，等，2016. 疏勒河中游绿洲天然植被生态需水量估算与预测研究[J]. 干旱区地理，39(1)：154-161.

孙帆，王弋，陈亚宁，2020. 塔里木盆地荒漠-绿洲过渡带动态变化及其影响因素[J]. 生态学杂志，39(10)：3397-3407.

孙嘉，刘文斌，夏依买尔旦，2022. 基于流域统一管理的塔里木河流域水资源管理体制框架设计研究[J]. 水利发展研究，22(1)：50-54

覃姗，岳春芳，何兵，等，2019. 金沟河流域水文气象要素关系变异诊断[J]. 水资源与水工程学报，30(2)：50-56.

唐数红，2003. 新疆干旱区流域生态需水问题研究[J]. 中国水利，(5)：35-36，29.

陶保廉，2000. 辛卯侍行记[M]. 刘满，点校．兰州：甘肃人民出版社：410.

陶云，何群，2008. 云南降水量时空分布特征对气候变暖的响应[J]. 云南大学学报(自然科学版)，30(6)：587-595.

田永丽，张万诚，陈新梅，等，2010. 近 48 年云南 6 种灾害性天气事件频数的时空变化[J]. 云南大学学报：自然科学版，32(5)：561-567.

王慧玲，吐尔逊·哈斯木，2020. 生态输水前后台特玛湖生态环境变化探究分析[J]. 生态科学，39(1)：93-100.

王敏，胡守庚，张绪冰，等，2022. 干旱区绿洲城镇景观生态风险时空变化分析——以张掖绿洲乡镇为例[J]. 生态学报，42(14)：5812-5824.

王树枏，2017. 新疆图志·地图[M]. 上海：上海古籍出版社.

王随继，程维明，师庆三，2021. 流域尺度上山水林田湖草生命共同体内在机制分析[J]. 新疆大学学报(自然科学版)(中英文)，38(3)：313-320.

王涛，陈广庭，赵哈林，等，2006. 中国北方沙漠化过程及其防治研究的新进展[J]. 中国沙漠，26(4)：507-516.

王万瑞，艾克热木·阿布拉，陈亚宁，等，2021. 塔里木河下游生态输水对地下水补给量研究[J]. 干旱区地理，44(3)：670-680.

王文圣，丁晶，李耀清，2005. 小波分析[M]. 北京：化学工业出版社.

魏光辉，陈亮亮，董新光，等，2014. 基于熵值与关联分析法的塔里木河下游区域水面蒸发影响因子敏感性研究[J]. 沙漠与绿洲气象，8(1)：66-69.

魏征，1973. 隋书. 第 67 卷(裴矩传)[M]. 北京：中华书局.

夏婷婷，2022. 塔里木河流域土地利用变化及驱动因素分析[D]. 乌鲁木齐：新疆农业大学.

夏训诚，2007. 中国罗布泊[M]. 北京：科学出版社.

谢彬，2010. 新疆游记[M]. 乌鲁木齐：新疆人民出版社.

谢高地，肖玉，甄霖，等，2005. 我国粮食生产的生态服务价值研究[J]. 中国生态农业学报，13(3)：10-13.

谢高地，张钇锂，鲁春霞，等，2001. 中国自然草地生态系统服务价值[J]. 自然资源学报，16(1)：47-53.

新疆百科全书编纂委员会，2002. 新疆百科全书[M]. 北京：中国大百科全书出版社：15.

新疆维吾尔自治区测绘局，中国地图出版社，2005. 新疆维吾尔自治区地图集[M]. 北京：中国地图出版社：129.

新疆维吾尔自治区人民政府，中华人民共和国水利部，2001. 塔里木河流域近期综合治理规划报告[M]. 北京：中国水利水电出版社.

徐海量，樊自立，杨鹏年，等，2015. 塔里木河近期治理评估及对编制流域综合规划建议[J]. 干旱区地理，38(4)：645-651.

徐海量，叶茂，丁宇，等，2007. 塔里木河下游地下水抬升的地表植被恢复价值初探[J]. 干旱区地理，21(4)：482-486.

徐海量，叶茂，李吉玫，等，2007. 河水漫溢对荒漠河岸林植物群落生态特征的影响[J]. 生态学报，27(12)：4990-4998.

徐海量，叶茂，李吉玫，等，2008. 不同水分供应对塔里木河下游土壤种子库种子萌发的影响[J]. 干旱区地理，31(5)：650-658.
徐海量，叶茂，宋郁东，等，2005. 塔里木河流域水资源变化的特点与趋势[J]. 地理学报，60 (3)：487-494.
徐海量，张广朋，赵新风，等，2023. 对塔里木河及尾闾台特玛湖水资源几个关键问题的研究[R].
徐海量，赵新风，等，2018. 塔里木河尾闾台特玛湖区域生态环境调查评估及综合治理方案[R].
徐松，2005. 西域水道记外二种[M]. 朱玉麒，整理. 北京：中华书局.
杨川德，邵新媛，1993. 亚洲中部湖泊近期变化[M]. 北京：气象出版社：92-100.
杨发相，雷加强，张志伟，2021. 新疆荒漠概论[M]. 北京：地质出版社.
杨帆，2011. 区域气候背景下流域极端气候与水文事件的关系研究[D]. 郑州：郑州大学.
叶朝霞，陈亚宁，李卫红，2007. 基于生态水文过程的塔里木河下游植被生态需水量研究[J]. 地理学报，62(5)：451-461.
于晓，严成，魏岩，2009. 盐生草(*Halogeton glomeratus*)二型种子的休眠与萌发[J]. 生态学报 ，29(3)：1616-1621.
俞祥祥，2016. 台特玛湖干涸湖盆区风沙活动特征[D]. 乌鲁木齐：中国科学院新疆生态与地理研究所.
张荣祖，1999. 二十一世纪东亚保护地策略——第三次东西保护地会议简报[J]. 山地学报，17(4)：399-400.
张煜星，孙司衡，1998.《联合国防治荒漠化公约》的荒漠化土地范畴[J]. 中国沙漠(2)：93-97.
赵文智，常学礼，何志斌，等，2006. 额济纳荒漠绿洲植被生态需水量研究[J]. 中国科学D辑：地球科学，36(6)：559-566.
赵文智，任珩，杜军，等，2023. 河西走廊绿洲生态建设和农业发展的若干思考与建议[J]. 中国科学院院刊，38(3)：424-434.
中国科学院新疆分院罗布泊综合科学考察队，1987. 罗布泊科学考察与研究[M]. 北京：科学出版社.
中国科学院新疆综合考察队，1966. 新疆水文地理[M]. 北京：科学出版社：32-33.
钟新才，1988. 博斯腾湖水面蒸发量初步估算[J]. 干旱区地理，11(4)：41-46.
周斌，2011. 河水漫溢对荒漠河岸林植被及土壤的影响[D]. 乌鲁木齐：新疆大学.
周龙，杨鹏年，王永鹏，等，2022. 塔里木河下游河段耗水特征与输水方式演变研究[J]. 干旱区研究，39(1)：144-154.
朱成刚，艾克热木·阿布拉，李卫红，等，2021. 塔里木河下游生态输水条件下胡杨林生态系统恢复研究[J]. 干旱区地理，44(3)：629-636.
朱永华，张生，赵胜男，等，2017. 气候变化与人类活动对地下水埋深变化的影响[J]. 农业机械学报，48(9)：199-205.
LING H B，XU H L，FU J Y，2014. Changes in intra-annual runoff and its response to cli-

mate change and human activities in the headstream areas of the Tarim River Basin, China [J]. Quaternal International , 336: 158-170.

LING H B, ZHANG P, GUO, B, et al, 2017. Negative feedback adjustment challenges reconstruction study from tree rings: A study case of response of *Populus euphratica* to river discontinuous flow and ecological water conveyance[J]. Science of Total Environment, 574: 109-119.

SMITH S D, WELLING A B, NACHLINGER J L, et al, 1991. Functional responses of riparian vegetation to streamflow diversions in eastern Sierra Nevada[J]. Ecological Applications, 1: 89-97.

ZHAN X F, XU H L, ZHANG P, 2022. Changes of lake area, groundwater level and vegetation under the influence of ecological water conveyance —a case study of the tail lake of Tarim River in China[J]. Water, 14(7): 1026-1031.

ZHAO X F, XU H L, ZHANG P, et al, 2013. Soil water, salt, and groundwater characteristics in shelterbelts with no irrigation for several years in an extremely arid area[J]. Environmental Monitoring and Assessment, 185(12): 10091-10100.

ZHAO X F, XU H L, ZHANG P, et al, 2021. Relationships in diversity, vegetation indexes and water area in terminal lake of the Tarim River, Northwest China[J]. Ecologies, 2 (4): 1-6.

ZHAO X F, XU H L, 2019. Study on vegetation change of Taitemar Lake during ecological water transfer[J]. Environmental Monitoring and Assessment, 191(10): 613-618.

ZHU G L, AN L L, JIAO X R, et al, 2019. Effects of gibberellic acid on water uptake and germination of sweet sorghum seeds under salinity stress[J]. Chilean Journal of Agricultural Research, 79(3): 415-424.